化工事故

模型与模拟分析

王志荣 著

**Chemical Accident Model
And Simulation Analysis**

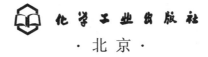

化学工业出版社

·北京·

内 容 简 介

本书首先介绍化工介质与环境特性参数理论计算方法，然后详尽阐述了化工事故性泄漏、扩散、火灾和爆炸理论模型及其模拟分析方法，最后介绍了化工事故风险定量评价技术。

本书以化工灾害性事故为对象，详细论述易燃易爆或有毒有害物质泄漏扩散及其火灾爆炸的理论模型及事故模拟分析技术。

本书不仅适合作为化工企业等广大职工的安全技术培训教材和自学参考读本，也可供相关科研院所和企业化工安全方面的科研人员和技术人员阅读参考，还可供高等学校安全科学与工程、化工安全、化工工艺等专业的师生参考。

图书在版编目（CIP）数据

化工事故模型与模拟分析/王志荣著. —北京：化学
工业出版社，2021.7（2023.8重印）
ISBN 978-7-122-38883-4

Ⅰ.①化… Ⅱ.①王… Ⅲ.①化学工程-工程事故-
事故模型-事故分析 Ⅳ.①TQ02

中国版本图书馆 CIP 数据核字（2021）第 064020 号

责任编辑：卢萌萌　　　　　　　　　　　文字编辑：李 玥
责任校对：王素芹　　　　　　　　　　　装帧设计：史利平

出版发行：化学工业出版社（北京市东城区青年湖南街 13 号　邮政编码 100011）
印　　装：北京七彩京通数码快印有限公司
787mm×1092mm　1/16　印张 14¾　字数 360 千字　　2023 年 8 月北京第 1 版第 4 次印刷

购书咨询：010-64518888　　　　　　售后服务：010-64518899
网　　址：http://www.cip.com.cn
凡购买本书，如有缺损质量问题，本社销售中心负责调换。

定　　价：98.00 元

前言

随着化学工业和石油化学工业的快速发展，由于化工介质和工艺装备固有的危险特性，化工过程可能会发生泄漏和火灾爆炸等灾害性事故。化工事故发生具有突发性、破坏性、复杂性、继发性等特点，一旦发生事故，不仅会造成巨大的经济损失，还可能导致灾难性的后果；不仅厂区内部，而且邻近地区人员的生命与财产都将遭受巨大损失和危害。化工事故所带来的严重后果和环境与社会问题远远超过了事故本身，尤其是对生态环境的不可逆性破坏将无法挽回，严重地影响了当代化学工业和石油化学工业的良性健康发展。深入开展危险性物质泄漏扩散及其火灾爆炸过程的发生机理、相关条件及伤害机理等方面的研究，建立描述化工事故理论模型及定量风险评价技术，开发事故模拟分析技术，对于科学预防灾害的发生、指导紧急救灾具有重要理论价值和现实意义。

本书对典型化工过程易燃易爆和有毒有害物质泄漏扩散和火灾爆炸事故机理和模型以及模拟分析技术做了较全面而系统的介绍，内容翔实全面，结构合理，收集了作者多年来的科学研究成果，并充分吸纳了安全科学技术领域的最新研究成果，为化工事故定量风险评估提供了有效手段。既可为高等院校安全工程及相关工程类专业本科生或研究生提供系统性较强的教学科研用书，同时也可作为专业技术人员和安全管理人员的参考资料。

本书在编写过程中得到了南京工业大学、中国科学技术大学、中国矿业大学、东北大学、华东理工大学、中国石油大学、中南大学、北京理工大学、郑州大学、常州大学、西安科技大学、中国安全生产科学研究院、中石化青岛安全工程研究院等单位有关专家的大力支持，在此表示衷心感谢！本书也参阅了大量的有关资料，在此谨对原作者表示最诚挚的谢意！江凤伟和甄亚亚在文字与绘图方面给予了大力帮助，在此一并表示衷心感谢！

由于水平有限，时间仓促，疏漏和不当之处在所难免，恳请广大读者批评指正。

著者

目 录

第3章
泄漏模拟分析

第4章
扩散模拟分析

第 1 章
概 论

1.1 化工事故概念

化学工业是运用化学方法从事产品生产的工业。它是一个多品种、历史悠久、在国民经济中占据重要地位的工业部门。化学工业作为国民经济的支柱型产业，与农业、轻工、纺织、食品、材料、建筑及国防等领域有着密切的联系，其产品已经并将继续渗透到国民经济的各个领域。

事故是指人们在进行有目的的活动过程中，突然发生的违反人们意愿，并可能使有目的的活动发生暂时性或永久性中止，造成人员伤亡或（和）财产损失的意外事件。简单来说即凡是引起人身伤害、导致生产中断或国家财产损失的所有事件统称为事故。根据该事故定义，事故有以下三个特征：

① 事故来源于目标的行动过程。

② 事故表现为与人的意志相反的意外事件。

③ 事故结果为目标行动停止，事故结果可能有四种情况。

a. 人受到伤害，物也遭到损失；

b. 人受到伤害，而物没有损失；

c. 人未受到伤害，物遭到损失；

d. 人未受到伤害，物也没有损失，只有时间和间接的经济损失。

一般来说，化工事故往往是由危险化学品引发的，而根据伯克霍夫的定义，危险化学品事故又可以定义为：个人（或集体）在生产、经营、储存、运输、使用危险化学品和处置废弃危险化学品的活动过程中，突然发生的、违反人的意志的、迫使活动暂时或永久停止的事件。危险化学品事故后果通常表现为人员伤亡、财产损失或环境污染。危险化学品事故有三个特征：

① 事故中产生危害的危险化学品是事故发生前已经存在的，而不是在事故发生时产生的。

② 危险化学品的能量是事故中的主要能量。

③ 危险化学品发生了意外的、人们不希望的物理或化学变化。

在化工生产中，从原料、中间体到成品，大多具有易燃、易爆、有毒等危险特性。化工工艺过程复杂多样，高温、高压、深冷等不安全因素很多，导致化工生产存在大量危险源。

这些危险源在一定的条件下可以发展成为"事故隐患"，而事故隐患如果失去控制，则可能转化为化工事故。化工生产中可能出现的化工事故有泄漏、火灾、爆炸、中毒、电气伤害等，火灾、爆炸、中毒是最典型的化工事故类型。

1.2 化工事故特性

大量的事故统计结果表明，化工事故具有因果性、偶然性与必然性、潜伏性三个特点。

1.2.1 因果性

事故因果性是说一切化工事故的发生都是由一定原因引起的，这些原因就是潜在的危险因素，事故本身只是所有潜在危险因素或显性危险因素共同作用的结果。在化工生产过程中存在着许多危险因素，不但有人的因素（包括人的不安全行为和管理缺陷），而且也有物的因素（包括物的本身存在着不安全因素以及环境存在着不安全条件等）。所有这些在化工生产过程中通常被称为隐患，它们在一定的时间和地点相互作用就可能导致事故的发生。事故的因果性也是事故必然性的反映，若化工生产过程中存在隐患，则迟早会导致事故的发生。因果关系具有继承性，即第一阶段的结果可能是第二阶段的原因，第二阶段的原因又会导致第二阶段的结果，它们的关系如图 1-1 所示。

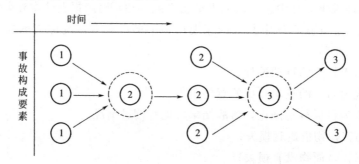

①结果→②原因→②结果→③原因→③结果
图 1-1　事故因果关系示意图

因果继承性也说明了化工事故的原因是多方面的。有的和事故有着直接关系，有的则是间接关系，并不是某一个原因就能造成事故，而是诸多因素相互作用共同促成的。因此，不能把化工事故简单地归结为单一因素，在识别危险过程中是要把所有的因素都找出来，包括直接的、间接的，乃至更深层次的。只要把危险因素都识别出来，事先对其加以控制和消除，化工事故本身才可以预防。

1.2.2 偶然性与必然性

偶然性是指事物发展过程中呈现出来的某种摇摆、偏离，是可以出现或不出现，可以这样出现或那样出现的不确定的可能性。必然性是客观事物联系和发展的合乎规律的、确定不移的趋势，在一定条件下具有不可避免性。化工事故的发生是随机的，同样的前因事件随时间的进程导致的后果不一定完全相同。但偶然中有必然，必然性存在于偶然性之中。随机事件服从于统计规律，可用数理统计方法对事故进行统计分析，从中找出事故发生、发展的规律，从而为预防事故提供依据。

美国安全工程师海因里希曾统计了 55 万件机械事故，其中死亡、重伤事故 1666 件，轻伤 48334 件，其余则为无伤害事故。从而得出一个重要结论，即在机械事故中，死亡、重伤和无伤害事故的比例为 1:29:300，其比例关系见图 1-2。

这个关系说明，在机械生产过程中，每发生 330 起意外事故，有 300 起未产生伤害，29 起引起轻伤，有 1 起是重伤或死亡。国际上把这一法则称为海因里希事故法则。对于不同行业，不同类型事故，无伤、轻伤、重伤的比例不一定完全相同，但是统计规律告诉人们，在进行同一项活动中，无数次意外事件必然导致重大伤亡事故的发生，而要防止重大伤亡事故必须减少或消除无伤害事故。所以要重视事故的隐患和未遂事故，把事故消灭在萌芽状态，否则终究会酿成大祸。用数理统计的方法还可得到事故其他规律，如事故多发时间、地点、工种、工龄、年龄等。这些规律对预防事故都起着十分重要的作用。

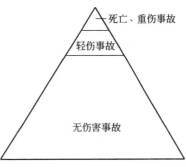

图 1-2　海因里希事故法则

1.2.3　潜伏性

化工事故的潜伏性是说事故在尚未发生或还未造成后果之时，是不会显现出来的，好像一切还处在"正常"和"平静"状态。但在化工生产中的危险因素是客观存在的，只要这些危险因素未被消除，事故总会发生，只是时间的早晚而已。化工事故的这一特征要求人们消除盲目性和麻痹思想，要常备不懈，居安思危，在任何时候、任何情况下都要把安全放在第一位来考虑。要在事故发生之前充分辨识危险因素，预测事故发生可能的模式，事先采取措施进行控制，最大限度地防止危险因素转化为事故；制定事故防治和应急救援方案，使事故发生及产生的损失降低到最低。化工事故的发展过程往往是由危险因素的积聚逐渐转变为事故隐患，再由事故隐患发展为事故。化工事故是危险因素积聚发展的必然结果。

1.3 化工事故分类

1.3.1　伤亡事故分类

根据《企业职工伤亡事故分类标准》（GB 6441—86），企业职工伤亡事故的主要类别有：

① 物体打击（指落物、滚石、锤击、碎裂崩块砸伤等伤害，不包括因爆炸而引起的物体打击）；

② 车辆伤害（包括挤、压、撞、倾覆等）；

③ 机械伤害（包括绞、辗、碰、割、戳等）等；

④ 起重伤害（指起重设备有缺陷或操作过程中所引起的伤害）；

⑤ 触电（包括电击）；

⑥ 淹溺；

⑦ 灼烫（包括化学灼伤）；

⑧ 火灾；

⑨ 高处坠落（包括从架子上、屋顶上以及平地坠入坑内等）；

⑩ 坍塌（包括建筑物、土石、堆置物倒塌）；

⑪ 冒顶片帮；

⑫ 透水；

⑬ 放炮；

⑭ 火药爆炸（指生产、运输、储藏过程中发生的爆炸）；

⑮ 瓦斯爆炸（包括粉尘爆炸）；

⑯ 锅炉爆炸；

⑰ 压力容器爆炸；

⑱ 其他爆炸（包括化学爆炸、炉膛、钢水包爆炸等）；

⑲ 中毒和窒息；

⑳ 其他伤害（扭伤、跌伤、冻伤、野兽咬伤等）。

上述事故分类中，除了坍塌、冒顶片帮、透水和放炮等事故外，其他绝大部分事故均有可能在化工生产中出现。

1.3.2 化工事故分类

从事故理化表现来看，在化工生产过程中，典型的化工事故类型主要是火灾、化学爆炸、物理爆炸和中毒。

(1) 火灾

火灾是可燃物与助燃物发生的一种发光放热的化学反应，是失控的燃烧过程。火灾必须同时具备下述三个条件：可燃性物质、助燃性物质、点火源。三者同时存在、互相作用，火灾才能发生。

(2) 化学爆炸

化学爆炸是物质发生急剧的化学变化，在瞬间释放出大量的能量并伴随有巨大声响的过程。在化学爆炸过程中，爆炸物质所含能量的快速释放，变为对爆炸物质本身、爆炸产物及周围介质的压缩能或运动能。物质爆炸时，极短的时间内大量能量在有限体积内突然释放并聚集，造成高温高压，对邻近介质形成急剧的压力并引起随后的复杂运动。爆炸介质在压力的作用下，表现出不寻常的运动或机械破坏效应，以及爆炸介质受振动而产生的音响效应。化学爆炸通常会产生较大能量，使化工装置、机械设备、容器等成为爆炸碎片，碎片飞散出去会在相当大的范围内造成危害。化工事故爆炸碎片造成的伤亡占很大比例。爆炸碎片的飞散距离一般可达 $100\sim500\mathrm{m}$。

（3）物理爆炸

物理爆炸是由物理原因所引起的爆炸。对于非燃烧性压力容器，反应、分离、传热、储运等化工过程都在其中进行，并伴随有一定的化学腐蚀和热学环境，所处理的工艺介质多数易燃、易爆、有毒，一旦发生超压事故，所造成的损害要比常温常压机械设备大得多，而且易产生中毒、火灾、化学爆炸等次生灾害。对压力容器而言，其最常见的失效形式是破裂失效，通常有以下几种形式：

① 韧性破裂：是指容器壳体承受过高的应力，以至超过或远远超过其屈服极限和强度极限，使壳体产生较大的塑性变形，最终导致破裂。

② 脆性破裂：容器未发生明显塑性变形就破坏的破裂形式。化工容器常发生低应力脆断，主要原因是热学环境、载荷作用和容器本身结构缺陷所致。所处理的介质易造成容器应力腐蚀、晶间腐蚀、氢损伤、高温腐蚀、热疲劳、腐蚀疲劳、机械疲劳等，使焊缝和母材原发缺陷易于扩展开裂，或在应力集中区易产生新的裂纹并扩展开裂，使容器承受的应力低于设计应力而破坏。

③ 疲劳破裂：压力容器长期在交变载荷作用下运行，其承压部件发生破裂或泄漏，容器外观没有明显的塑性变形，而且是突发性的破裂。它往往发生在应力较高或存在材料缺陷处。如果容器材料强度较低而韧性较好，不一定发生破裂，而是疲劳裂纹穿透器壁发生泄漏。如果容器材料强度偏高而韧性较差，则可能发生爆破事故。

④ 应力腐蚀破裂：由于压力容器广泛使用在石油、化工等工业部门，因此腐蚀破裂是压力容器中最常见的破裂形式。由于许多压力容器材料对应力腐蚀敏感，所以应力腐蚀是压力容器最重要的一种腐蚀形式。应力腐蚀破裂是容器材料在特定的介质环境中，在拉应力作用下，经一定时间后发生开裂或破裂的现象。

⑤ 蠕变破裂：在高温下运行的压力容器，当操作温度超过一定限度，材料在应力作用下发生缓慢的塑性变形，塑性变形经长期累积，最终会导致材料破裂。蠕变破裂有明显的塑性变形和蠕变小裂纹，断口无金属光泽呈粗糙颗粒状，表面有高温氧化层或腐蚀物。

（4）中毒

中毒是指在化工生产过程中由于接触化学毒物引起的中毒。化学工业是毒性物质品种最多、数量最大、分布最广的行业，化学工业中许多化工产品的原料、中间体和产品本身就是毒性物质，再加上副产物和过程辅助物料，毒性物质可以说是无时不有、无处不在。化工生产中的工业毒物各有其特定的理化性质，常以固体、液体或气体三种状态存在。相比于固体而言，液体或气体状态危险性相对较大。由于腐蚀和设备失效的原因，化工生产中可能会出现毒性液体或气体泄漏，有毒液体泄漏后挥发产生蒸气，或者有毒（液化）气体泄漏后产生气体，在空气中扩散，会在劳动环境中产生有毒的气体，毒性气体通过呼吸道侵入人体引起中毒事故。

1.4 化工事故模型

关于火灾、爆炸、中毒等典型化工事故，国内外已经做了大量研究，建立了能够描述化工事故的理论模型，主要包括以下几种。

（1）泄漏（release）模型

泄漏模型用于模拟计算液体、气体、气液两相混合物通过管道孔洞、储罐孔洞泄漏速率，还可以计算挥发性液体蒸发速率。

（2）扩散（dispersion）模型

扩散模型用于模拟计算易燃易爆或有毒有害物质在一定的泄漏模式和扩散环境下的泄漏扩散危害范围。

（3）池火灾（pool fire）模型

池火灾指可燃液体作为燃料的火灾，比如罐区池火灾主要是由于超载或雷击等原因导致LPG泄漏而形成液池，遇到火源而引起池火灾。池火灾模型用于计算池火灾事故后果的严重度和危险等级、灾害影响范围。

（4）喷射火（jet fire）模型

当可燃气体或液体经泄漏孔形成射流扩散后，在喷射口被点燃就形成喷射火。喷射火的主要危害是火焰的强烈热辐射对周围人员及装备的危害，在火焰环境下，易导致周围装置及设备的破裂而引发二次灾害。

（5）室内火灾（house fire）模型

室内火灾指发生在密闭建筑物中的火灾，比如厂房内部由于可燃物燃烧引起的火灾。该模型用于计算室内火灾事故后果的严重度和危险等级、灾害影响范围。

（6）敞开空间蒸气云爆炸（unconfined vapor cloud explosion）模型

敞开空间蒸气云爆炸是指可燃气体或蒸气与空气的云状混合物在开阔地上空遇到点火源引发的爆炸。该模型用于计算可燃气体或液化气体可能产生蒸气云爆炸事故的后果严重度和危险等级、影响范围。

（7）沸腾液体扩展蒸气爆炸（boiling liquid expanding vapor explosion）模型

沸腾液体扩展蒸气爆炸指液化介质储罐在外部火焰的烘烤等条件下突然破裂，压力平衡破坏，介质急剧气化，并随即被火焰点燃而产生的爆炸。该模型用于计算沸腾液体扩展蒸气爆炸事故的后果严重度、危险等级和灾害影响范围。

（8）凝聚相爆炸（condensed phase explosion）模型

凝聚相爆炸指炸药等类型的含能材料发生的爆炸。该模型用于模拟计算凝聚相爆炸事故的后果严重度、危险等级、灾害影响和破坏范围。

（9）压力容器超压爆炸（pressure vessel explosion）模型

压力容器爆炸指压力容器由于超压而发生的爆炸。该模型用于模拟计算压力容器爆炸事故的后果严重度、危险等级和灾害影响和破坏范围。

（10）受限空间爆炸（confined space explosion）

受限空间爆炸是指可燃气体或粉尘在密闭容器中发生的爆炸现象。在实际爆炸中也往往发生密闭容器的爆炸，或者是第一阶段是在密闭情况下的爆炸发展，然后再是破坏或泄压。

1.5 化工事故模拟分析

1.5.1 模拟评价方法

模拟评价方法是在数学物理模型的基础上，选择适当的数值计算方法，对危险单元或系统进行模拟，预演事故的发生过程及事故后果的影响范围，从而能更加形象直观地认识所评价单元或系统的危险及危害性，为设计人员、管理人员和企业、政府职能部门的高层决策者提供客观依据的一种评价方法。模拟评价方法通过采用数学模型对所确定的危险单元或系统进行事故过程模拟，对事故所造成的危害影响则选用相应的伤害模型进行危害评价，对事故的影响区域、人员伤亡、财产损失情况进行描述。

运用各种技术和装置的模拟，对某些操作系统进行逼真的试验，可得到所需要的更符合实际数据的一种方法。例如训练模拟器、各种人体模型、机械模型、计算机模拟等。因为模拟器或模型通常比所模拟的真实系统价格便宜得多，而又可以进行符合实际的研究，所以获得较多的应用。

模拟评价是近年来新出现的一种评价技术，它具有形象、直观、易于理解等优点，是对现有评价方法的补充。以往的评价方法只能得出评价单元的危险等级，但是对危险后果却不能得出一个比较直观的感性认识，通过模拟评价技术，可以预演任何事故类型的发生，并能以图像或图表的形式对事故的影响区域、人员伤亡、财产损失后果及评价人员所关心的影响区域内的浓度分布、压力分布、温度分布等直接进行预测或评价。它可以对易燃、易爆、有毒有害介质泄漏后在大气或水体中的分布情况进行动态评价以及易燃、易爆气体泄漏后所形成的各种形式的火灾、爆炸过程及后果进行模拟，得到火灾、爆炸过程中动态变化的温度场、冲击波超压分布等重要数据。模拟评价技术还可以用来模拟再现整个事故过程，从而对事故调查起到辅助指导的作用。

1.5.2 国内外相关软件

国外对于易燃易爆或有毒有害物质泄漏扩散和火灾爆炸，已经问世了多款模拟分析软件，列举部分软件如下。

① SAFET Ⅰ：该系统是一种多功能的定量风险分析和危险评价软件包，适用于化工厂和其他类型工程及交通运输行业，1982年由英国 TECHNICA Ltd（公司）开发。

② SAVE Ⅱ：该系统是一种定量风险分析软件包，有15个事故模型，可用于火灾、爆炸、毒物泄漏危险评价，工厂安全设计，安全报告以及事故预防等目的，评价结果可

用数值或图形显示工厂的个人和群体风险率，该系统是 1989 年由荷兰咨询科学家公司开发的。

③ SIGEM：该系统是一种应急管理软件，主要用于风险评价，适用于风险管理者和应急计划制定者，该系统是 1984 年由意大利 TEMA 公司开发的。

④ WHAZAN：该系统是定量评价石油、化工、天然气等过程工业危险性的计算机软件系统，是由危险物质数据库的一系列事故模型组成，可及时估计可能发生的火灾、爆炸、毒物泄漏事故的后果，该系统是 1986 年由英国 TECHNICA Ltd（公司）开发的。

⑤ EFFECTS：1985 年荷兰应用科学研究院（TNO）开发的 EFFECTS 是一种定量风险分析软件包，具有危险辨识和建模功能。

⑥ IRMSS：该系统是欧共体 Ispra 联合研究中心 1986 年开发的环境评价和风险分析软件包，拥有一系列与风险管理有关的数据库和模拟模型。

⑦ PHAST：该系统是英国 TECHNICA Ltd（公司）1989 年在 SAFETI 系统的基础上开发的风险评价软件包。

⑧ RISKCURVES：该系统是荷兰 TNO 公司于 1990 年开发的概率危险评价软件，主要适用于工业活动定量危险分析。

⑨ SAFEMODE：该系统是美国 Technology and Management System 公司于 1989 年开发的定量风险评价软件。

⑩ STRA：该系统是意大利 STA 公司 1989 年开发的风险评价软件，适用于制定安全计划、应急反应、居民迁移、安全报告等。

国内在这方面研究相对较晚，中国科技大学、北京理工大学、东北大学、中国矿业大学、南京理工大学、南京工业大学、原劳动部安全科学研究所、中石化安全科学研究院等开展了相关工作，开发了一些化工事故模型和软件。其中，由南京工业大学开发的化工过程安全分析与评价软件能对化工事故灾害后果及严重度进行定量的模拟评价，同时软件系统包含了危险品物性数据库和典型化工事故案例数据库。软件开发所用模拟计算理论模型均通过理论或实验验证，软件用户界面友好，提供了与常用的办公软件（Word、Excel 等）的接口，与 Internet 直接接口，并提供了网络浏览器，提供了完善的用户在线帮助。

1.5.3 事故模拟分析

目前已问世的安全评价方法只是对危险及危害单元或系统以危险等级的形式来表示该单元或系统的危险程度，评价结果是静态的，而且对其危险后果无法进行定量的直观描述。这些安全评价方法或多或少地存在一定的局限性。因此，必须更新观念，综合利用边缘学科的最新成就，提高安全评价的技术水平。重要的是利用数学工具和计算机技术，建立动态的数学模型来进行灾害过程的模拟评价。模拟评价方法正是基于这一点的考虑而提出的。模拟评价方法通过采用合理的数学模型对所确定的危险单元或系统进行事故过程模拟，对事故所造成的危害影响则选用相应的伤害模型进行危害评价，并以动画、图形、图表、文字、声音等途径对事故的影响区域、人员伤亡、财产损失情况进行描述。

模拟评价方法的关键是数学模型和数值计算方法的选取，这将直接决定模拟结果的精确程度、正确与否和模拟的效率问题。数学模型可结合模拟评价的对象、所涉及的危险介质的存储状态、周围的地理及气候条件、事故发生的机理及原因和评价要求进行选取，在必要时还要针对模拟评价对象重新建模或对现有模型进行修正。而数值计算方法的选取则以模拟计算的效率最高和所占用的计算机资源最少为原则进行。当然，计算机作为模拟评价的主要和重要工具，其本身性能的好坏也同样制约着模拟的效率问题。随着计算机技术的高速发展，使高性能计算机用于模拟评价成为可能，其对模拟评价效率的影响也越来越小。该方法包括以下几个分析步骤：

（1）熟悉情况，收集资料

对化工项目现场情况的熟悉是提高模拟评价准确性的关键。必要时要进行现场调研，并广泛收集资料，广泛了解各方面的情况并进行分析和整理。

（2）事故假设

要进行模拟评价，首先要对化工项目的具体情况进行深入分析，包括化工项目中所使用的危险有害物质的种类、储运条件、易于发生的事故类型、装置及设备的尺寸大小、地理位置、气象条件等。在此基础上，建立模拟评价的物理模型，即事故假设。事故假设要符合化工项目的实际情况，并具有实用性和可行性的特点。事故假设通常以最大危险性为原则，如对某酒精储罐进行池火灾模拟评价，可假设储罐中的酒精全部泄漏形成液池并引发池火灾。

（3）选择评价模型

在事故分析和假设的基础上选择合适的评价模型是模拟评价最重要的步骤。因为评价模型的选择直接影响后面的评价结果和评价结论。化工生产装置，大部分具有易燃、易爆、有毒有害、高温高压、深冷低温等特点。特别是随着生产日趋复杂和生产规模的扩大，一旦工艺或装置的平衡遭到破坏，就会导致灾难性的后果。研究表明：毒性物质泄漏扩散、池火灾和蒸气云爆炸是化工生产常见的三种事故类型，其对应的数学模型是模拟评价分析的基础。

（4）选取参数

参数选取是模拟评价的一个重要的环节。模拟评价中所使用的参数一般是根据化工项目的具体情况确定，如进行有毒物质的泄漏扩散模拟评价时，风向宜采用化工项目所在地的常年主导风向，风速宜采用该地区的年平均风速。由于参数选取具有大量不确定性因素，有时很难确定。在参数难以确定的情况下，可采用各种合理的方法分析确定，如用统计分析方法、构造模糊集进行确定等。

（5）模拟分析与评价

利用有关模拟分析软件对系统事故过程进行模拟，得到化工事故过程中各参量随时间或空间的变化历程以及事故发生后的严重程度，包括事故损失和事故影响范围。

（6）给出模拟评价结论

根据模拟评价结果，结合对同类化工装置典型事故案例的分析，对其模拟评价结果进行归纳和分析，给出模拟评价结论，并提出对化工项目有指导意义的对策措施和建议。

第 **2** 章

化工介质与环境特性参数理论计算

2.1 概述

由于化工装置绝大部分介质具有易燃、易爆、有毒有害等危险特性，在其生产、储运和使用过程中极易引起火灾、爆炸或中毒等化工事故。随着化学工业和石油化学工业的发展，装置高度自动化、连续化、大型化及高温、高压、高能量储备的特点，使得化工事故具有突发性、灾难性、复杂性和社会性。化工事故模型可以模拟事故过程和定量分析事故后果，对于化工事故应急救援和化工过程定量风险评估具有重要的意义。化工事故模拟分析中需要使用化工介质和事故环境特性参数。对化工介质与环境特性参数进行计算分析，既是制定事故应急救援措施和化工装置安全设计的基础，也是化工事故模拟分析的关键。标准状态下化工介质特性参数可以通过查阅相关文献或手册获取，但绝大部分情况下，化工介质工况是非标准状况，化工事故发生环境也不是标准状况。因此，非标准状况下化工介质和环境特性参数计算至关重要。本章将介绍主要的非标准状况下化工介质和环境特性参数计算方法。

2.2 化工介质特性参数理论计算

2.2.1 密度

(1) 密度的定义

在物理学中，把某种物质单位体积的质量叫作这种物质的密度。某种物质的质量和其体积的比值，即单位体积的某种物质的质量，叫作这种物质密度，符号 ρ。国际主单位为 kg/m^3，常用单位还有 g/cm^3。密度的数学表达式为 $\rho = m/V$。在国际单位制中，质量的主单位是 kg，体积的主单位是 m^3，于是取 $1m^3$ 物质的质量作为物质的密度。对于非均匀物质则称为"平均密度"。值得注意的是，一般在手册中所查出的密度数据均为标准状况下的数据，密度受温度等因素影响较大，因此在不同条件下，可通过以下各种方法测定。

(2) 固体密度测定

密度的测定方法遵循基本原理：$\rho = m/V$，式中，m 是物质质量，kg；V 是物质体积，m^3。

① 称量法。一般利用天平、量筒、水、细绳来测定被测物体密度。首先，用天平称出被测物体的质量；其次，往量筒中注入适量水，读出体积为 V_1；最后，利用细绳系住被测物体放入量筒中，浸没，读出体积为 V_2。通过计算表达式 $\rho = m/(V_2 - V_1)$ 计算得出密度值。

② 比重杯法。一般利用烧杯、水、天平来测定被测物体密度。首先，往烧杯装满水，放在天平上称出质量为 m_1；其次，将被测物体轻轻放入水中，溢出部分水，再将烧杯放在天平上称出质量为 m_2；最后，将被测物体取出，把烧杯放在天平上称出烧杯和剩下水的质量 m_3。然后通过计算表达式 $\rho = \rho_{水}(m_2 - m_3)/(m_1 - m_3)$ 可计算得出密度值。

③ 阿基米德定律法。一般利用弹簧秤、水、细绳来测定被测物体密度。首先，用细绳系住被测物体，用弹簧秤称出被测物体的重量 G_1；其次，将被测物体完全浸入水中，用弹簧秤称出被测物体在水中的重量 G_2。然后通过计算表达式 $\rho = G_1 \rho_{水}/(G_1 - G_2)$ 可计算得出密度值。

④ 浮力法。一般利用水、细针、量筒来测定被测物体密度。首先，往量筒中注入适量水，读出体积为 V_1；将被测物体放入水中，漂浮，静止后读出体积 V_2；用细针插入木块，将木块完全浸入水中，读出体积为 V_3。然后通过计算表达式 $\rho = \rho_{水}(V_2 - V_1)/(V_3 - V_1)$ 可计算得出密度值。

也可以利用刻度尺、圆筒杯、水、小塑料杯来进行测定被测物体密度。首先在圆筒杯内放入适量水，再将塑料杯杯口朝上轻轻放入，让其漂浮，用刻度尺测出杯中水的高度 h_1；其次，将被测物体轻轻放入杯中，漂浮，用刻度尺测出水的高度 h_2；最后，将物体从杯中取出，放入水中，下沉，用刻度尺测出水的高度 h_3。然后通过计算表达式 $\rho = \rho_{水}(h_2 - h_1)/(h_3 - h_1)$ 可计算得出密度值。

⑤ 密度计法。一般利用密度计、水、盐、玻璃杯来测定被测物体密度。首先，在玻璃杯中倒入适量水，将被测物体轻轻放入，被测物体下沉；再往水中逐渐加盐，边加边用密度计搅拌，直至被测物体漂浮，用密度计测出盐水的密度即等于被测物体的密度。

(3) 液体密度测定

① 称量法。一般利用烧杯、量筒、天平对待测液体进行测定。首先，用调好的天平称出烧杯和待测液体的总质量 m_1；其次，将烧杯中的液体（适量）倒入量筒中，用天平测出剩余液体和烧杯的总质量 m_2；最后读出量筒中液体的体积 V。利用表达式 $\rho = (m_1 - m_2)/V$ 计算得出密度值。

② 比重杯法。一般利用烧杯、水、天平对待测液体进行测定。一般用天平称出烧杯的质量 m_1；往烧杯内倒满水，称出总质量 m_2；最后倒去烧杯中的水，擦干，往烧杯中倒满待测液体，称出总质量 m_3。然后利用计算表达式 $\rho = \rho_{水}(m_3 - m_1)/(m_2 - m_1)$ 计算密度值。

③ 阿基米德定律法。一般利用弹簧秤、水、小石块、细绳子对待测液体进行测定。首先用细绳系住小石块，用弹簧秤称出小石块的重量 G；再将小石块浸没入水中，用弹簧秤称出小石块的重量 G_1；最后，将小石块浸没入待测液体中，用弹簧秤称出小石块的重量 G_2。最后利用计算表达式 $\rho = \rho_{水}(G - G_2)/(G - G_1)$ 计算得出密度值。值得注意的是用此种方法的条件是：待测液体不溶于水，待测液体的密度小于水的密度。

④ 密度计法。利用密度计测定待测液体密度时,可将密度计放入待测液体中,直接读出密度。

(4) 气体密度测定

对于气体密度的获取,主要有两种方法:①查阅相关手册获取气体密度数据;②根据理想气体状态方程或者真实气体状态方程计算气体密度。采用气体状态方程计算出体积,进而可以计算气体密度。

$$pV = zRT \tag{2-1}$$

式中,p 是气体压力,Pa;V 是气体体积,m³;R 是理想气体状态常数,8.314J/(mol·K);T 是气体温度,K;z 是压缩因子,无量纲,可通过下式计算:

$$z = z^{(0)} + \frac{\omega}{\omega^{(h)}}\left[z^{(h)} - z^{(0)}\right] \tag{2-2}$$

式中,ω 是物质的偏心因子;$z^{(0)}$、$z^{(h)}$ 由下式计算:

$$z^{(i)} = \frac{p_r V_r}{T_r} = 1 + \frac{B}{V_r} + \frac{C}{V_r^2} + \frac{D}{V_r^5} + \frac{c_4}{T_r^3 V_r^2}\left(\beta + \frac{\gamma}{V_r^2}\right)\exp\left(-\frac{\gamma}{V_r^2}\right) \tag{2-3}$$

其中

$$B = b_1 - \frac{b_2}{T_r} - \frac{b_3}{T_r^2} - \frac{b_4}{T_r^3} \tag{2-4}$$

$$C = c_1 - \frac{c_2}{T_r} + \frac{c_3}{T_r^3} \tag{2-5}$$

$$D = d_1 + \frac{d_2}{T_r} \tag{2-6}$$

式中,下标 r 表示参考参数;p 是气体压力,Pa;T 是气体温度,K;V 是气体体积,m³;b_1、b_2、b_3、b_4、c_1、c_2、c_3、c_4、d_1、d_2、β、γ、B、C、D 是常数,可由文献查取。

对于混合物,应使用混合临界性质和偏心因子计算对比参数,混合规则如下:

$$V_{cm} = \frac{1}{4}\left[\sum_{i=1}^{N} y_i V_{ci} + 3\left(\sum_{i=1}^{N} y_i V_{ci}^{2/3}\right)\left(\sum_{i=1}^{N} y_i V_{ci}^{1/3}\right)\right] \tag{2-7}$$

$$T_{cm} = \frac{1}{4V_{cm}}\left[\sum_{i=1}^{N} y_i V_{ci} T_{ci} + 3\left(\sum_{i=1}^{N} y_i V_{ci}^{2/3}\sqrt{T_{ci}}\right)\left(\sum_{i=1}^{N} y_i V_{ci}^{1/3}\sqrt{T_{ci}}\right)\right] \tag{2-8}$$

$$\omega_m = \sum_{i=1}^{N} y_i \omega_i \tag{2-9}$$

$$p_{cm} = (0.2905 - 0.085\omega_m)RT_{cm}/V_{cm} \tag{2-10}$$

式中,下标 c 表示临界参数,m 表示混合物;y 为体积分数,%;i 为混合物中物质种类数量,总数为 N;p 是气体压力,Pa;T 是气体温度,K;V 是气体体积,m³;ω 是物质的偏心因子,无量纲;R 是理想气体状态常数,8.314J/(mol·K)。

2.2.2 沸点

(1) 沸点的定义

当物质受热时,其蒸气压升高,当蒸气压达到与外界压力(通常为 1 个大气压,

0.1MPa）相等时，液体开始沸腾的温度，就是该物质的沸点。由于物质的沸点与外界大气压有关，物质的沸点数据一定要注明测定时的外界大气压。

（2）沸点的获取

通常来说，可以通过查阅相关手册获取物质在 1 个大气压下的沸点，同时也可通过实验测得物质在 1 个大气压下的沸点。纯液态物质在蒸馏过程中沸点范围很小（0.5~1℃），常用毛细管法来测量。当用毛细管法测定时，先加热到内管有连续气泡快速逸出后，停止加热，使温度自行下降，气泡逸出速度逐渐减慢，当最后一个气泡刚要缩进内管而没有缩进，即与内管管口平行时，这时待测液体的蒸气压就正好等于外界大气压，这时的温度就是待测液体的沸点。

标准大气压为 760mmHg，但由于地区不同，地势高低不同，大气压也会因之略有不同。即使在同一地点，大气压也随着气候的变化而在一定的范围内变化。物质的沸点可以根据不同大气压条件下测定的沸点进行计算：

$$T_0 = T_s - (0.030 + 0.00011 T_s) \Delta P \tag{2-11}$$

式中，T_0 为标准状态时的沸点，K；T_s 是测得的沸点，K；ΔP 为测定时大气压与标准大气压之差，mmHg。例如，在大气压为 730mmHg 高度时，测得水的沸点为 98.88℃，则应用公式(2-11) 转化成标准状态时的沸点 100.11℃。

2.2.3　饱和蒸气压

（1）饱和蒸气压的定义

当气-液或气-固两相平衡时，气相中 A 物质的气压，就为液相或固相中 A 物质的饱和蒸气压，或者说，纯液体与其蒸气达平衡时的蒸气压称为该温度下液体的饱和蒸气压，简称蒸气压。

（2）液体蒸气压的测定

液体蒸气压随温度而变化，温度升高时，蒸气压增大；温度降低时，蒸气压降低，这主要与分子的动能有关。当蒸气压等于外界压力时，液体便沸腾，此时的温度称为沸点。外压不同时，液体沸点将相应改变，当外压为 $p^{\ominus}$（101.325kPa）时，称为该液体的正常沸点。液体蒸气压与温度的关系用克劳修斯-克拉贝龙方程式表示：

$$\frac{d(\ln p)}{dT} = \frac{\Delta_{vap} H_m}{RT^2} \tag{2-12}$$

式中，p 是液体蒸气压，Pa；T 是物质温度，K；$\Delta_{vap} H_m$ 是温度 T 时纯液体的摩尔气化热，J/mol；R 是理想气体状态常数，8.314J/(mol·K)。

假定 $\Delta_{vap} H_m$ 与温度无关，或因温度范围较小，$\Delta_{vap} H_m$ 可以近似作为常数，积分得：

$$\ln p = -\frac{A}{T} + B \tag{2-13}$$

式中，p 是液体蒸气压，Pa；T 是物质温度，K；A、B 是常数。从式(2-13)可求出液体蒸气压。

2.2.4　焓与熵

(1) 焓的定义和计算

① 焓的定义。一个物体，如果它跟外界不发生热交换，也就是它既没有吸收热量也没有放出热量，则外界对其做功等于其热力学能的增量：$\Delta U_1 = W$。如果物体对外界做功，则 W 为负值，热力学能增量 ΔU_1 也为负值，表示热力学能减少。如果外界既没有对物体做功，物体也没有对外界做功，那么物体吸收的热量等于其热力学能的增量：$\Delta U_2 = Q$。如果物体放热，则 Q 为负值，热力学能增量 ΔU_2 也为负值，表示热力学能减少。一般情况下，如果物体跟外界同时发生做功和热传递的过程，那么物体热力学能的增量等于外界对物体做功加上物体从外界吸收的热量，即 $\Delta U = \Delta U_1 + \Delta U_2 = Q + W$。因为热力学能 U 是状态量，所以，$\Delta U = \Delta U_{末态} - \Delta U_{初态} = Q + W$，该公式即为热力学第一定律的表达式。

化学反应都是在一定条件下进行的，其中以恒容与恒压最为普遍和重要。在密闭容器内的化学反应就是恒容过程。因为系统体积不变，而且只做体积功（即通过改变物体体积来对物体做功，使物体内能改变，如在针管中放置火柴头，堵住针头并压缩活塞，火柴头会燃烧），所以 $W = 0$，代入热力学第一定律表达式得：$\Delta U = Q$。它表明恒容过程的热等于系统热力学能的变化，也就是说，只要确定了过程恒容和只做体积功的特点，Q 就只决定于系统的初末状态。

在敞口容器中进行的化学反应就是恒压过程。所谓恒压是系统的压强 p 等于环境压强 $p_{外}$，并保持恒定不变，即 $p = p_{外} = $ 常数。由于过程恒压和只做体积功，所以：

$$W = -p_{外}(V_2 - V_1) = -(p_2 V_2 - p_1 V_1) \tag{2-14}$$

式中，下标 1 和 2 表示过程状态；W 是外界对系统做的功，J；p 是系统的压强，Pa；$p_{外}$ 是环境压强，Pa；V 是体积，m^3。

由热力学第一定律得：$Q = \Delta U - W = U_2 - U_1 + (p_2 V_2 - p_1 V_1) = (U_2 + p_2 V_2) - (U_1 + p_1 V_1)$。因为 $U + pV$ 是状态函数（即状态量）的组合（即一个状态只有一个热力学能 U、外界压强 p 和体积 V），所以将它定义为一个新的状态函数——焓，并用符号 h 表示，所以式(2-14) 可变为：$Q = h_2 - h_1 = \Delta h$。它表明恒压过程中的热等于系统焓的变化，也就是说，只要确定了过程恒压和只做体积功的特点，Q 就只决定于系统的初末状态。焓是表征热力学系统能量最常用的参数，焓的数值是相对的，在实际计算中一般都用焓的变化来确定物理变化的热效应，因此，只要基准温度相同，焓值数据就能相加减。

② 液体比焓。在压力不太高时，纯物质液体的比焓可由其定压比热式积分得到：

$$h_i = \int_0^T c_{pi} \, \mathrm{d}T = AT + \frac{B}{2} T^2 + \frac{C}{3} T^3 + \frac{D}{4} T^4 \tag{2-15}$$

式中，h_i 是第 i 种物质的焓，J；c_{pi} 是第 i 种物质的定压比热容，J/(kg·K)；T 是温度，K；A、B、C、D 是常数。

混合物液体的比焓可以通过下式计算：

$$h = \sum_{i=1}^{N} y_i h_i \tag{2-16}$$

式中，h 是液体的比焓，J/kg；y_i 是第 i 物质的物质的量分数，%；h_i 是第 i 物质的焓，J；N 是混合液体中物质种类的数量。

③ 气体比焓。纯物质理想气体的比焓可由其定压比热容式(2-17) 积分得到：

$$h_i^0 = \int_0^T c_{pi}^0 \mathrm{d}T = AT + \frac{B}{2}T^2 + \frac{C}{3}T^3 + \frac{D}{4}T^4 \tag{2-17}$$

式中，上标 0 表示理想状态；h_i 是第 i 物质的比焓，J/kg；c_{pi} 是第 i 物质的定压比热容，J/(kg·K)；T 是温度，K；A、B、C、D 是常数。

理想气体混合物的比焓可以通过下式计算：

$$h^0 = \sum_{i=1}^N y_i h_i^0 \tag{2-18}$$

式中，h^0 是理想气体混合物的比焓，J/kg；h_i^0 是第 i 种理想气体的比焓，J/kg；y_i 是第 i 种物质的物质的量分数，%；N 是混合液体中物质种类的数量。

真实气体比焓的计算必须考虑压力的影响。比焓可以通过下式计算：

$$h = h^0 - \frac{RT_c}{M}\left(\frac{H^0-H}{RT_c}\right) \tag{2-19}$$

式中，h 是真实气体的比焓，J/kg；h^0 是理想气体混合物的比焓，J/kg；下标 c 表示临界状态；R 是理想气体状态常数，8.314J/(mol·K)；T 是温度，K；M 是气体分子量，无量纲；H 是比焓，J/kg。式中括号内是计算真实气体比焓的无量纲压力校正项：

$$\left(\frac{H^0-H}{RT_c}\right) = \left(\frac{H^0-H}{RT_c}\right)^{(0)} + \theta\left(\frac{H^0-H}{RT_c}\right)^{(h)} \tag{2-20}$$

式中，$\left(\frac{H^0-H}{RT_c}\right)^{(0)}$ 是简单流体压力对焓的影响，无量纲；$\left(\frac{H^0-H}{RT_c}\right)^{(h)}$ 是非简单流体压力对焓的影响，无量纲；θ 是常数。

(2) 熵的定义和计算

① 熵的定义。熵是物质微观热运动时混乱程度的标志。熵是热力学中表征物质状态的参量之一，通常用符号 s 表示。熵可用增量定义：

$$\mathrm{d}s = \mathrm{d}Q/T \tag{2-21}$$

式中，s 是单位质量物质的熵，称为比熵，J/K；Q 为熵增过程中加入物质的热量，J；T 是温度，K。若过程是不可逆的，则 $\mathrm{d}s > \mathrm{d}Q/T$。

② 液体比熵。在压力不太高时，纯物质液体的比熵可由其定压比热容公式积分得到：

$$s_i = \int_0^T \frac{c_{pi}}{T}\mathrm{d}T = A\ln T + BT + \frac{C}{2}T^2 + \frac{D}{3}T^3 - M_i \tag{2-22}$$

式中，s_i 是第 i 种物质的比熵，J/K；c_{pi} 是第 i 种物质的定压比热容，J/(kg·K)；T 是温度，K；A、B、C、D 是常数。在数学上，式(2-22) 的积分下限是不能求出的，取下限为 M_i。

混合物液体的比熵可以通过下式计算：

$$s = \sum_{i=1}^N y_i s_i \tag{2-23}$$

式中，s 是混合液体的比熵，J/K；y_i 是第 i 种物质的物质的量分数，%；s_i 是第 i 种物质的比熵，J/K；N 是混合液体中物质种类的数量。

③ 气体比熵。纯物质理想气体的比熵可由其定压比热容公式积分得到：

$$s_i^0 = \int_0^T \frac{c_{pi}^0}{T} \mathrm{d}T = A\ln T + BT + \frac{C}{2}T^2 + \frac{D}{3}T^3 - M_i \tag{2-24}$$

式中，上标 0 表示理想状态；s_i 是第 i 种物质的比熵，J/kg；c_{pi} 是第 i 种物质的定压比热容，J/(kg·K)；T 是温度，K；A、B、C、D 是常数；M_i 是积分下限。

理想气体混合物的比熵可以通过下式计算：

$$s^0 = \sum_{i=1}^{N} y_i s_i^0 \tag{2-25}$$

式中，上标 0 表示理想状态；s 是混合气体的比熵，J/K；y_i 是第 i 种物质的物质的量分数，%；s_i 是第 i 种物质的比熵，J/K。

计算真实气体的比熵必须考虑压力的影响。比熵可以通过下式计算：

$$s = s^0 - \frac{R}{M}\left(\frac{S^0 - S}{R}\right) \tag{2-26}$$

式中，上标 0 表示理想状态；s 是真实气体的比熵，J/K；R 是理想气体状态常数，8.314J/(mol·K)；T 是温度，K；M 是气体分子量，无量纲；括号内是计算真实气体比熵的无量纲压力校正项：

$$\left(\frac{S^0 - S}{R}\right) = \left(\frac{H^0 - H}{RT_c}\right) + \ln\left(\frac{f}{p}\right) + \ln p \tag{2-27}$$

式中，$\left(\dfrac{H^0 - H}{RT_c}\right)$ 是简单流体压力对焓的影响，无量纲；p 是气体压力，Pa；逸度系数 f 可以通过下式计算：

$$\ln\left(\frac{f}{p}\right) = \ln\left(\frac{f}{p}\right)^{(0)} + \frac{\omega}{\omega^{(h)}}\left[\ln\left(\frac{f}{p}\right)^{(0)} + \ln\left(\frac{f}{p}\right)^{(h)}\right] \tag{2-28}$$

$$\ln\left(\frac{f}{p}\right)^{(i)} = z^{(i)} - 1 - \ln z^{(0)} + \frac{B}{V_r} + \frac{C}{2V_r^2} + \frac{D}{5V_r^5} + E \tag{2-29}$$

式中，上标 0 表示理想状态；上标 h 表示真实气体；上标 i 表示第 i 种物质；下标 r 表示参考参数；ω 是物质的偏心因子，无量纲；z 是压缩因子，无量纲；V 是气体体积，m³；B、C、D、E 是常数，其中，B、C、D 的计算见式(2-4)~式(2-6)，E 通过下式计算：

$$E = \frac{c_4}{2T_r^3\gamma}\left[\beta + 1 - \left(\beta + 1 + \frac{\gamma}{V_r^2}\right)\exp\left(-\frac{\gamma}{V_r^2}\right)\right] \tag{2-30}$$

式中，下标 r 表示参考参数；c_4、β、γ 为常数；T 是气体温度，K；V 是气体体积，m³。

2.2.5 比热容

(1) 比热容的定义

在物质体积不变的情况下，单位质量的某种物质温度升高 1℃ 所需吸收的热量，叫作该种物质的"定容比热容"。在物质压强不变的情况下，单位质量的某种物质温度升高 1℃ 所需吸收的热量，叫作该种物质的"定压比热容"。

(2) 定压比热容与定容比热容的计算

因为气体在压强不变的条件下，当温度升高时，气体一定要膨胀而对外做功，除升温所需热量外，还需要一部分热量来补偿气体对外所做的功。因此，气体的定压比热容比定容比热容要大些。由于固体和液体在没有物态变化的情况下，外界供给的热量是用来改变温度的，其本身体积变化不大，所以固体与液体的定压比热容和定容比热容的差别可以忽略不计。

对于理想气体：

$$C_p = C_V + R \tag{2-31}$$

$$k = \frac{C_p}{C_V} \tag{2-32}$$

$$C_V = \frac{R}{k-1} \tag{2-33}$$

式中，C_p 是定压比热容，J/(mol·K)；C_V 是定容比热容，J/(mol·K)；R 是理想气体状态常数，8.314J/(mol·K)；k 是一个和气体有关的常数，称为绝热指数，无量纲，对于单原子理想气体，$k=5/3$，对于双原子理想气体，$k=7/5$。

此外，可以通过查阅相关热力学参数表获取定压比热容 C_p 与定容比热容 C_V。

2.2.6 爆燃强度

(1) 爆燃强度的定义

可燃性气体与助燃性气体混合，达到爆炸极限后，遇点火源就会发生燃烧爆炸事故。爆炸产生的冲击波超压和爆炸温度是表示气体爆燃强度的两个重要参数。容器内气体爆炸系统可以分成两部分，可燃性气体混合物和周围环境。周围环境包括容器和容器外的空气。气体爆炸反应在常温常压或低温低压下引爆，爆炸压力不会太高，因此爆炸性混合气体可近似地作为理想气体处理。爆炸反应所释放的化学能绝大部分用来使反应后的气体从室温升到爆炸温度，极少部分传递给周围的环境，但由于爆炸几乎是在瞬间完成，爆炸时产生的能量通过器壁传给外界的量极少，接近绝热条件。因此，假设容器内气体爆炸过程为理想气体绝热恒容过程，即可燃气体在爆炸前后物质热力学能保持不变，采用化工热力学的分析方法对气体爆炸温度和压力进行计算。

(2) 密闭容器内均匀混合气体燃爆温度与压力的计算

① 反应焓计算方法。容器内气体爆炸系统由可燃性气体混合物和周围环境组成，以气体为研究对象，满足热力学能量守恒方程：

$$\Delta U = Q + W \tag{2-34}$$

式中，ΔU 是物系热力学能增量，J；Q 是物系从环境中吸收的能量，J；W 是物系对外界做功，J。

容器内气体爆炸过程属于恒容绝热过程，气体与周围环境没有热量和功的传递，物系热力学能保持恒定，所以 $W=0$，$Q=0$。

$$\Delta U = 0 \tag{2-35}$$

气体爆炸的恒容绝热反应过程可以简化为恒温恒容反应过程和恒容升温过程,如图 2-1 所示。

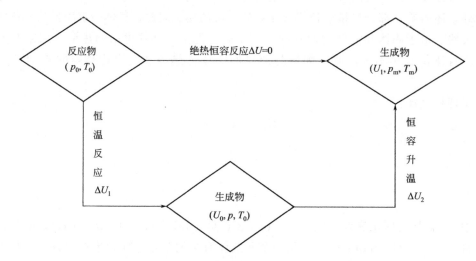

图 2-1 容器内气体爆炸过程等效分析简图

根据热力学第一定律,恒容条件下(封闭系统)可燃气体燃爆前后的热力学能不变。由状态函数的性质可知:

$$\Delta U = \Delta U_1 + \Delta U_2 \tag{2-36}$$

式中,ΔU 是物系热力学能增量,J;ΔU_1 是恒温恒容反应过程热力学能增量,J;ΔU_2 是恒容升温过程热力学能增量,J。

恒温反应过程和恒容升温过程可以分别通过反应焓和比热容进行计算。

$$\Delta U_1 = \Delta H_1 - \sum n_1 RT \tag{2-37}$$

$$\Delta U_2 = \sum n_2 C_{v,\mathrm{m}} \Delta T \tag{2-38}$$

式中,ΔU_1 是恒温恒容反应过程热力学能增量,J;ΔU_2 是恒容升温过程热力学能增量,J;ΔH_1 是气体反应焓变,J;n_1 是反应物系物质的量的增量,mol;n_2 是气体反应计量系数;$C_{v,\mathrm{m}}$ 是气体平均等容比热容,J/(kg·K);R 是理想气体状态常数,8.314J/(mol·K);T 是燃烧爆炸反应温度,K;ΔT 是反应温度增量,K。通过查阅《化工手册》或相关文献可得到气体混合物各组分的标准摩尔生成焓、比热容等参数,从而可以比较方便地计算可燃气体爆炸温度,再由理想气体状态方程计算爆炸压力。

② 热力学能计算方法。可燃气体在爆炸前后物质热力学能保持不变,容器中气体爆炸温度和压力,可根据燃烧反应热或热力学能来计算。恒温反应的热力学能的变化可由反应焓或燃烧热计算。

$$\Delta U_1 = y \Delta H_{\mathrm{m}}^{\ominus} \tag{2-39}$$

式中,ΔU_1 是恒温恒容反应过程热力学能增量,J;y 是化学当量比系数;$\Delta H_{\mathrm{m}}^{\ominus}$ 是标准摩尔生成焓,J。

从图 2-1 可以看出:

$$\Delta U_2 = U_1 - U_0 \tag{2-40}$$

$$\Delta U_2 = U_1 - U_0 = -\Delta U_1 = -x \Delta H_{\mathrm{m}}^{\ominus} = yQ \tag{2-41}$$

式中，ΔU_1 是恒温恒容反应过程热力学能增量，J；ΔU_2 是恒容升温过程热力学能增量，J；U_0 是爆炸前温度下爆炸产物的热力学能，J；U_1 是系统内爆炸产生的总能量，J；$\Delta H_m^{\ominus}$ 是标准摩尔生成焓，J；x 是可燃物燃烧计量系数；y 是化学当量比系数；Q 是物系从环境中吸收的能量，J。

通过试差法和内插法计算爆炸温度 T_m，爆炸压力 p_m 根据气体状态方程式求得。

$$p_m = \frac{T_m}{T_0} p_0 \tag{2-42}$$

式中，p_m 表示气体爆炸后的压力，Pa；p_0 表示气体爆炸前的压力，Pa；T_0 表示气体爆炸前的温度，K；T_m 表示气体爆炸后的温度，K。

(3) 密闭容器内局部可燃气体燃爆温度与压力的计算

化工及石油化工生产和加工过程中，可燃气体经常在受限空间（如各类容器、反应釜、地下存储室、密闭厂房等）发生泄漏，在可燃气体未充满整个空间发生爆炸，此类爆炸事故属于密闭空间内局部可燃气体爆炸。化学计量比浓度附近的等容爆燃强度最大，但事故案例表明：密闭空间内很多爆炸事故不是发生在化学计量比浓度的条件下，多数情况下属于局部可燃气体的爆炸。从化工热力学分析角度，通过推导可以建立绝热爆炸混合模型，利用该模型对小空间局部可燃气体爆炸进行了研究和分析，计算结果给化工装置危险性分析评价和事故模拟分析提供了理论依据和重要参考。

① 绝热混合模型：绝热混合模型中，局部可燃气体燃爆温度和压力可以通过式(2-43)和式(2-44)进行计算：

$$T_e = T_{A_1} T_{B_1} \left(\frac{p_{A_1} V_{A_1} + p_{B_1} V_{B_1}}{p_{A_1} V_{A_1} T_{B_1} + p_{B_1} V_{B_1} T_{A_1}} \right) \tag{2-43}$$

$$p_e = \frac{p_{A_1} V_{A_1} + p_{B_1} V_{B_1}}{V} \tag{2-44}$$

式中，下标 e 表示最终状态；A_1、B_1 表示绝热混合前的空气、已燃气体；T 表示温度，K；p 表示压强，Pa；V 表示气体体积，m^3。

产生一定压力 p_e 所需要的可燃气体与空气混合物的体积为：

$$V_{B_1} = V \frac{p_e - p_{A_1}}{p_{B_1} - p_{A_1}} \tag{2-45}$$

式中，下标 e 表示最终状态；下标 A_1、B_1 表示绝热混合前的空气、已燃气体；p 表示压强，Pa；V 表示气体体积，m^3。

可燃气体的体积为：

$$V_F = y V_{B_1} \tag{2-46}$$

式中，下标 B_1 表示绝热混合前的已燃气体；下标 F 表示可燃气体；V 表示气体体积，m^3；y 表示可燃物燃烧计量系数。

② 绝热爆炸混合模型：绝热混合模型认为整个燃爆过程中可燃气体与空气体积不变，空气温度和压力没有变化，这对于大空间较为合适，但对于小空间并不适用。因为小空间内已燃气体和空气的体积和温度都不是不变的，都随着密闭空间中压力的升高而变化，小空间局部可燃气体爆炸过程可以简化成图 2-2～图 2-4 所示的物理模型。

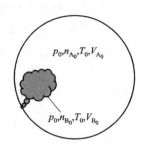
图 2-2　可燃气体泄漏并与空气混合

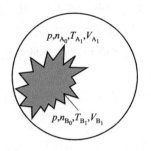
图 2-3　气体混合物绝热爆炸

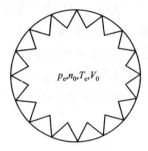
图 2-4　燃烧产物与空气混合

通过分析，可以认为绝热爆炸混合模型需要满足以下条件：

a. 密闭空间内充满空气，常温常压；

b. 密闭空间周围壁面是刚性的，绝热，不可渗透；

c. 可燃气体泄漏与空气迅速混合并达到化学计量比浓度；

d. 可燃气体与空气混合物局部填充密闭空间；

e. 密闭空间内可燃气体与空气属于理想气体，满足理想气体状态方程；

f. 可燃气体与空气混合物总物质的量在爆炸前后基本保持不变；

g. 密闭空间内燃料与空气混合物与周围无热量交换，且无外界做功；

h. 点火后气体与空气混合物燃烧，在燃烧过程中受到绝热压缩；

i. 整个爆炸过程中容器内压力均匀。

气体点火后立即燃烧，通过绝热条件下气体燃烧能量守恒方程可以求出气体燃烧温度 T_f：

$$\sum_{k=1}^{m}\int_{T_0}^{T_f} M_k C_{pk,\mathrm{b}}\,\mathrm{d}T + \sum_{k=1}^{n} N_k \Delta H_{ck} = 0 \tag{2-47}$$

式中，下标 0 表示初始状态，f 表示火焰，b 表示已燃气体，c 表示燃烧，k 表示组分，p 表示定压；m，n 表示已燃、未燃气体组分数；C 表示比热容，J/(mol·K)；ΔH 表示气体燃烧热，J/mol；M，N 表示气体的物质的量，mol；T 表示温度，K。

气体在燃烧过程中受到绝热压缩，根据绝热压缩方程，可求得已燃气体和未燃气体的温度：

$$T_{A_1} = T_0 \left(\frac{p}{p_0}\right)^{\frac{k_u - 1}{k_u}} \tag{2-48}$$

$$T_{B_1} = T_f \left(\frac{p}{p_0}\right)^{\frac{k_b - 1}{k_b}} \tag{2-49}$$

式中，下标 A_1、B_1 表示绝热混合前的空气、已燃气体；下标 u 表示未燃气体或空气，b 表示已燃气体，0 表示初始状态，f 表示火焰；k 表示绝热指数，无量纲；p 表示压力，Pa；T 表示温度，K。

已燃气体的绝热指数可由热化学和能量守恒计算求得：

$$k_b = \cfrac{1}{1 - \cfrac{\displaystyle\sum_{i=1}^{m} M_k R T_{B_1}}{\cfrac{k_u}{k_u - 1} R T_{A_1} \displaystyle\sum_{j=1}^{n} N_k + Q}} \tag{2-50}$$

式中，下标 A_1、B_1 表示绝热混合前的空气、已燃气体，u 表示未燃气体或空气，b 表示已燃气体；R 表示组分；k 表示绝热指数，无量纲；Q 表示气体燃烧热，J；R 表示气体常数，8.314J/(mol·K)；M，N 表示气体的物质的量，mol；m，n 表示已燃、未燃气体组分数；T 表示温度，K。

由理想气体状态方程，可得：

$$pV_{A_1}=n_{A_0}RT_{A_1} \tag{2-51}$$
$$pV_{B_1}=n_{B_0}RT_{B_1}$$

式中，下标 A_1、B_1 表示绝热混合前的空气、已燃气体，A_0、B_0 表示初始状态下的空气、已燃气体；R 表示气体常数，8.314J/(mol·K)；T 表示温度，K；p 表示压力，Pa；n 表示气体的物质的量，mol。

由质量守恒方程，可得：

$$V_{A_1}+V_{B_1}=V_{A_0}+V_{B_0} \tag{2-52}$$

式中，下标 A_1、B_1 表示绝热混合前的空气、已燃气体，A_0、B_0 表示初始状态下的空气、已燃气体；V 表示气体体积，m^3。

联立式(2-47)～式(2-52)，可求出 T_f、p、T_{A_1}、T_{B_1}、V_{A_1} 和 V_{B_1}。

当燃烧产物与空气混合时，容器内可燃气燃烧结束后就与周围空气混合，由于绝热，整个体系遵守能量守恒定律，即：

$$n_{A_0}C_{V_A}(T_e-T_{A_1})=n_{B_0}C_{V_B}(T_{B_1}-T_e) \tag{2-53}$$

式中，下标 A_0、B_0 表示初始状态下的空气、已燃气体，V_A、V_B 表示恒容状态下的空气、已燃气体，e 表示最终状态，A_1、B_1 表示绝热混合前的空气、已燃气体；C 表示比热容，J/(mol·K)；T 表示温度，K；n 表示气体的物质的量，mol。

由式(2-53) 可得容器内最终温度为：

$$T_e=\frac{n_{A_0}C_{V_A}T_{A_1}+n_{B_0}C_{V_B}T_{B_1}}{n_{A_0}C_{V_A}+n_{B_0}C_{V_B}} \tag{2-54}$$

式中，下标 A_0、B_0 表示初始状态下的空气、已燃气体，V_A、V_B 表示恒容状态下的空气、已燃气体，e 表示最终状态，A_1、B_1 表示绝热混合前的空气、已燃气体；C 表示比热容，J/(mol·K)；T 表示温度，K；n 表示气体的物质的量，mol。

由理想气体状态方程可求出最终平衡压力：

$$p_e=\frac{(n_{A_0}+n_{B_0})RT_e}{V_{A_0}+V_{B_0}} \tag{2-55}$$

式中，下标 A_0、B_0 表示初始状态下的空气、已燃气体，e 表示最终状态；p 表示压力，Pa；n 表示气体的物质的量，mol；T 表示温度，K；R 表示气体常数，8.314J/(mol·K)；V 表示气体体积，m^3。

对于计算特定燃爆压力时可燃气的量时，可以通过已知参量 p_e，利用式(2-55)求出 T_e，得到关于 T_{A_1} 和 T_{B_1} 的计算关系式；然后由式(2-53) 可得：

$$n_{B_0}=\frac{n_0C_{V_A}(T_e-T_{A_1})}{C_{V_A}(T_e-T_{A_1})+C_{V_B}(T_{B_1}-T_e)} \tag{2-56}$$

式中，下标 B_0 表示初始状态下的已燃气体，V_A、V_B 表示恒容状态下的空气、已燃气体，0 表示初始状态，e 表示最终状态，A_1、B_1 表示绝热混合前的空气、已燃气体；C 表示比热容，J/(mol·K)；T 表示温度，K；n 表示气体的物质的量，mol。

可燃气的物质的量为：

$$n_F = y n_{B_0} \tag{2-57}$$

式中，下标 F 表示可燃气体，B_0 表示初始状态下的已燃气体；n 表示气体的物质的量，mol；y 表示可燃物燃烧计量系数。

可燃气体的量还可以通过第二种方法计算：计算时可采用试差法，先假设可燃气体的量，根据前面介绍的方法计算燃爆温度或压力，将计算值与已知的燃爆温度或压力值进行比较，如果计算值大于已知的燃爆温度和压力，则需要降低可燃气的量，反之则应该增加可燃气的量。反复迭代直到计算的燃爆温度和压力达到规定误差为止。

2.2.7 爆轰参数

(1) 爆轰参数的定义

爆轰又称爆震。它是一个伴有大量能量释放的化学反应传输过程。反应区前沿为一以超声速运动的激波，称为爆轰波。爆轰波扫过后，介质成为高温高压的爆轰产物。能够发生爆轰的系统可以是气相、液相、固相或气-液、气-固和液-固等混合相组成的系统。通常把液、固相的爆轰系统称为炸药。爆轰过程不仅是一个流体动力学过程，还包括复杂的化学反应动力学过程。两者互相影响、互相耦合。爆轰还伴随着热、光、电等效应。爆轰同周围介质相互作用时，周围介质中会产生激波或应力波，推动物体运动，造成物体破坏。爆轰同燃烧最明显的区别在于传播速度不同。燃烧时火焰传播速度小于燃烧物料中的声速，而爆轰波传播速度大于物料中的声速。例如，化学计量的氢、氧混合物在常压下的燃烧速度为 10m/s，而爆轰速度则约为 2820m/s。爆轰速度、爆轰温度和爆轰压力等统称为爆轰参数。

(2) 爆轰参数的计算

爆轰产物总的平均比热容为：

$$C_v = \sum \overline{C_{v,i}} = a + bT \tag{2-58}$$

式中，C_v 是爆轰产物总的平均比热容，J/(mol·K)；$\overline{C_{v,i}}$ 是爆轰产物 i 的平均定容比热容，kJ/kg；T 是绝热反应温度，℃；a、b 是常数。

爆轰反应的爆热为：

$$Q_v = C_v T = (a + bT)T \tag{2-59}$$

式中，Q_v 是爆轰反应的爆热，J/kg；C_v 是爆轰产物总的平均定容比热容，J/(mol·K)；T 是绝热反应温度，℃；a、b 是常数。

绝热反应温度的理论计算式为：

$$T = \frac{-a + \sqrt{a^2 + 4bQ_v}}{2b} \tag{2-60}$$

$$T_d = T + 273 \tag{2-61}$$

式中，T 是绝热反应温度，℃；Q_v 是爆轰反应的爆热，J/kg；T_d 是绝热反应温度，K；a、b 是常数。

爆轰产物等熵指数为：

$$\gamma = \frac{C_p}{C_v} \tag{2-62}$$

$$C_p = C_v + nR \tag{2-63}$$

式中，γ 是爆轰产物等熵指数，无量纲；C_p 是爆轰产物总的平均定压比热容，J/(mol·K)；C_v 是爆轰产物总的平均定容比热容，J/(mol·K)；n 是爆轰反应计量系数之和；R 是理想气体状态常数，8.314J/(mol·K)。

爆轰波速度可采用下式计算：

$$V_D = \sqrt{\frac{\gamma^2-1}{2}Q_v + C_0^2} + \sqrt{\frac{\gamma^2-1}{2}Q_v} \tag{2-64}$$

式中，V_D 是爆轰速度，m/s；γ 是等熵指数，无量纲；Q_v 是爆轰反应的爆热，J/kg；C_0 是声速，340m/s。

混合气体爆轰压力可采用下式计算：

$$P_D = \frac{1}{\gamma+1}\rho_0 V_D^2 \tag{2-65}$$

$$\rho_0 = \frac{273}{298} \times \frac{M_0}{22.4} = 0.041M_0 \tag{2-66}$$

式中，P_D 是爆轰压力，Pa；γ 是等熵指数，无量纲；ρ_0 是可燃气体与空气混合物密度，kg/m³；V_D 是爆轰速度，m/s；M_0 是可燃气体与空气混合物平均分子量，无量纲。

爆轰温度采用下式计算：

$$T_D = \frac{2\gamma}{\gamma+1}T_d \tag{2-67}$$

式中，T_D 是爆轰温度，K；γ 是等熵指数，无量纲；T_d 是绝热反应温度，K。

2.2.8　爆热

(1) 爆热的定义

爆热亦称爆炸热，是指 1mol 爆炸物爆炸时放出的热量。爆热是爆炸物产生巨大破坏、抛掷和粉碎功的能源，它与爆炸物的爆速、爆压等数据密切相关。因为爆炸变化极为迅速，可以看作是在定容下进行的，因此一般用 Q_v 来表示。如果发生爆轰，爆轰过程的爆热是指爆轰波中 C-J 面（C-J 面指的是冲击波阵面后爆轰产物瞬间形成区）上所放出的能量，它完全传递给爆轰波的稳定传播；爆破热则是在爆轰波中进行的一次化学反应的热效应的总和，它与爆炸物的做功能力有着密切关系。

(2) 爆热的计算

计算爆热的理论依据是盖斯定律。该定律指出：反应的热效应与反应的路径无关，只取决于反应的初态和终态。在运用盖斯定律时，反应过程的条件是不变的，即整个过程或者都是等压过程，或者是等容过程。如图 2-5 所示，状态 1 为组成炸药元素的稳定单质状态，即初态；状态 2 为炸药，即中间态；状态 3 为爆炸产物，即终态。

从状态 1 到状态 3 有两条途径：一是由元素的稳定单质直接生成爆炸产物，同时放出热量 $Q_{1,3}$

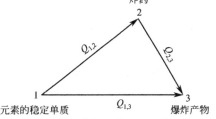

图 2-5　计算炸药爆热的盖斯定律示意图

（即爆炸产物的生成热之和）；二是从元素的稳定单质先生成炸药，同时放出或吸收热量 $Q_{1,2}$（炸药的生成热），然后再由炸药发生爆炸反应，放出热量 $Q_{2,3}$（爆热），生成爆炸产物。根据盖斯定律，系统沿第一条途径转变时，反应热的代数和应该等于它沿第二条途径转变时的反应热的代数和，即：

$$Q_{1,3} = Q_{1,2} + Q_{2,3} \tag{2-68}$$

则炸药的爆热 $Q_{2,3}$ 为：

$$Q_{2,3} = Q_{1,3} - Q_{1,2} \tag{2-69}$$

式中，$Q_{1,3}$ 是元素的稳定单质直接生成爆炸产物放出的热量，J；$Q_{1,2}$ 是元素的稳定单质生成炸药放出或吸收的热量，J；$Q_{2,3}$ 是炸药的爆热，J。

用盖斯定律计算爆热时，需要知道炸药接近于真实情况下的爆炸反应方程式和有关的生成热数据。1964 年，阿瓦克扬提出了一种计算爆热的经验方法，只要知道炸药的分子式和生成热数据就可算出其爆热。当氧系数 $A = 12\% \sim 115\%$ 时，其爆热的计算误差不超过 $0.5\% \sim 3.5\%$。此法将炸药爆炸产物总定容生成热 $Q_{1,3}$ 视为该炸药氧系数 A 的单值函数，并且，对任一确定的 A 值，$Q_{1,3}$ 总有一个确定的最大值 $Q_{1,3max}$ 与之相对应。如果 A 在 $12\% \sim 115\%$ 范围内，$Q_{1,3}$ 与 $Q_{1,3max}$ 的关系为：

$$Q_{1,3} = KQ_{1,3max} \tag{2-70}$$

式中，$Q_{1,3}$ 是元素的稳定单质直接生成爆炸产物放出的热量，J；$Q_{1,3max}$ 是 $Q_{1,3}$ 的最大值，J；K 为炸药爆炸产物的真实性系数，无量纲，可以通过下式计算：

$$K = 0.32(100A)^{0.24} \tag{2-71}$$

式中，A 是氧系数，无量纲。

$Q_{1,3max}$ 按最大放热原则确定。即炸药爆炸变化时，平衡反应 $2CO \rightleftharpoons CO_2 + C$ 和 $CO + H_2 \rightleftharpoons H_2O + C$ 向右移动，此时的热效应就是最大爆热。换言之，$Q_{1,3max}$ 是将炸药分子中氢全部氧化为 H_2O，并用剩余的氧使碳氧化为 CO_2 这一过程产生的热效应。

于是，只要知道炸药的分子式，就能算出其氧系数 A 及产生的最大定容生成热 $Q_{1,3max}$，由式(2-70) 和式(2-71) 可得到爆炸产物的定容生成热 $Q_{1,3}$；如果再知道炸药的定容生成热 $Q_{1,2}$，就可求出炸药的爆热 Q_V。对于 $C_aH_bO_cN_d$ 类炸药，其爆热计算式为：

当 $A \geqslant 100\%$ 时，爆热为：

$$Q_V = 0.32(100A)^{0.24}(393.5a + 120.3b) - Q_{Vfe} \tag{2-72}$$

当 $A < 100\%$ 时，爆热为：

$$Q_V = 0.32(100A)^{0.24}(196.6c + 22b) - Q_{Vfe} \tag{2-73}$$

式中，Q_V 是炸药的爆热，J/mol；Q_{Vfe} 为炸药的定容生成热，J/mol；a、b、c 为常数；A 是氧系数，无量纲。

2.2.9 TNT 当量

(1) TNT 当量的定义

用释放相同能量的 TNT 炸药的质量表示物质爆炸释放能量的一种习惯计量，称为 TNT 当量。

（2）TNT 当量的计算

爆炸物质质量与 TNT 当量质量之间的换算关系为：

$$W_{TNT} = W \times Q_E / Q_{TNT} \tag{2-74}$$

式中，W_{TNT} 是可燃气体的 TNT 当量，kg；W 为爆源质量，kg；Q_E 为炸药的爆热，kJ/kg；Q_{TNT} 为 TNT 的爆热，kJ/kg。

可燃气体的 TNT 当量：

$$W_{TNT} = \frac{\alpha W Q}{Q_{TNT}} \tag{2-75}$$

式中，W_{TNT} 为可燃气体的 TNT 当量，kg；α 为可燃气体蒸气云当量系数，无量纲，统计平均值为 0.04；W 为蒸气云中可燃气体质量，kg；Q 为可燃气体的燃烧热，J/kg；Q_{TNT} 为 TNT 的爆热，J/kg。

2.2.10　液体燃烧速度

（1）液体燃烧速度的定义

液体燃烧速度取决于液体的蒸发，其燃烧速度有两种表示方法。一种是液体燃烧线速度，用单位时间燃烧的液体层的高度表示，另外一种是液体燃烧质量速度，用单位面积燃烧的液体质量表示。易燃液体的燃烧速度与很多因素有关，如液体的初温、储罐直径、罐内液面的高低、液体中水分含量等。初温越高，燃烧速度越快，储罐中低液位燃烧比高液位燃烧的速度要快。含水的比不含水的石油产品燃烧速度要慢。

（2）液体燃烧速度的计算

① 质量燃烧速度：

$$\dot{m}'' = \dot{m}_v'' = \frac{\dot{q}_e'' + f \Delta H_c \dot{m}'' - \dot{q}_1''}{L_v} \tag{2-76}$$

式中，$\dot{m}''$ 是可燃气消耗速度，即质量燃烧速度，kg/(m²·s)；$\dot{m}_v''$ 是可燃气供给速度，即燃料气化速度，kg/(m²·s)；$\dot{q}_e''$ 是外部热源给予液体表面的热通量，W/m²；$\dot{q}_1''$ 是液体表面单位面积的热损失速度，W/m²；f 是液体燃烧热反馈到液体表面的分数；ΔH_c 是蒸气的燃烧热，J/kg；L_v 是液体从初始温度状态到蒸发或分解为可燃气所需的热量，或称为广义气化热，包括气化潜热或分解热、从初始温度到沸点或分解温度所需热，J/kg。

为了简化计算，有时采用近似表达式计算燃烧速度。当液池中的可燃液体的沸点高于周围环境温度时，液体表面上单位面积的燃烧速度为：

$$\dot{m}'' = \frac{0.001 \Delta H_c}{C_p(T_b - T_0) + \Delta H_v} \tag{2-77}$$

式中，$\dot{m}''$ 是质量燃烧速度，kg/(m²·s)；ΔH_c 是蒸气的燃烧热，J/kg；C_p 是液体的平均定压热容，J/(kg·K)；ΔH_v 是气化或分解为可燃气所需的热量，J/kg；T_b 是液体的沸点，K；T_0 是环境温度，K。

当液体的沸点低于环境温度时（如加压液化气或冷冻液化气），其单位面积的燃烧速度为：

$$\dot{m}'' = \frac{0.001\Delta H_c}{\Delta H_v} \qquad (2\text{-}78)$$

式中，$\dot{m}''$是质量燃烧速度，kg/(m²·s)；ΔH_c是蒸气的燃烧热，J/kg；ΔH_v是气化或分解为可燃气所需的热量，J/kg。

可燃液体的燃烧速度与火焰特性、液体的初温、物质自身的物化性质密切相关。蒸发热（或分解热）越小，燃烧热越大的物质，其液池的燃烧速度越大。液体的初温越高，从液体气化为可燃气所需的热量越小，液体的燃烧速度越快。此外，液体燃烧速度与液池直径、液位高度、环境条件等因素也有一定的相关性。

② 燃烧线速度：燃烧线速度是单位时间内燃烧掉的液层厚度，可以用下式表示：

$$V = \frac{H}{t} \qquad (2\text{-}79)$$

式中，V是液体燃烧线速度，m/s；H是液体燃烧掉的厚度，m；t是液体燃烧所需时间，s。

部分液体燃烧速度如表 2-1 所示。

表 2-1 部分液体燃烧速度

名称	相对密度	燃烧速度	
		线速度/(mm/min)	质量速度/[kg/(m²·h)]
航空汽油	0.73	2.1	91.98
车用汽油	0.77	1.75	20.88
煤油	0.835	1.10	55.11
直接蒸馏的重油	0.938	1.41	78.1
丙酮	0.79	1.4	66.36
苯	0.879	3.15	165.37
甲苯	0.866	2.68	138.29
二甲苯	0.861	2.04	104.05
乙醚	0.715	1.93	125.84
甲醇	0.791	1.2	57.6
丁醇	0.81	1.069	52.08
戊醇	0.81	1.297	63.034
二硫化碳	1.27	1.745	132.97
松节油	0.86	2.41	123.84
醋酸乙酯	0.715	1.32	70.31

2.2.11 燃烧热

(1) 燃烧热的定义

在 1 个大气压时，1mol 物质完全燃烧生成稳定的氧化物时所放出的热量，叫作该物质的燃烧热。燃烧热的单位一般是 J/mol。

（2）燃烧热的测定

燃烧热可在恒容或恒压情况下测定。由热力学第一定律可知，在不做非膨胀功的情况下，恒容反应热 $Q_v=\Delta U$，恒压反应热 $Q_p=\Delta H$。在氧弹式量热计中所测燃烧热为 Q_v，而一般热化学计算用的为 Q_p，这两者可通过下式进行换算：

$$Q_p=Q_v+\Delta nRT \qquad (2\text{-}80)$$

式中，Q_p 是恒压反应热，J/mol；Q_v 是恒容反应热，J/mol；R 是理想气体状态常数，8.314J/(mol·K)；T 是温度，℃；Δn 是反应时物质的量增量，mol。

在盛有定量水的容器中，放入内装有一定量样品和氧气的密闭氧弹，然后使样品完全燃烧，放出的热量通过氧弹传给水及仪器，引起温度升高。氧弹量热计的基本原理是能量守恒定律，测量介质在燃烧前后温度的变化值，则恒容燃烧热为：

$$Q_v=(M/m)W(T_{\text{终}}-T_{\text{始}}) \qquad (2\text{-}81)$$

式中，Q_v 是恒容反应热，J/mol；W 为样品燃烧放热使水及仪器每升高 1℃所需的热量，称为水当量，J/K；M 是样品的摩尔质量，kg/mol；m 是样品的质量，kg；$T_{\text{始}}$ 是起始温度，K；$T_{\text{终}}$ 是终态温度，K。

水当量的求法是用已知燃烧热的物质放在量热计中燃烧，测定其始、终态温度。一般来说，对不同样品，只要每次的水量相同，水当量就是定值。热化学实验常用的量热计有两种：一种是绝热式氧弹量热仪，装置中有温度控制系统，在实验过程中，环境与实验体系的温度始终相同或始终略低 0.3℃，热损失可以降低到极微小程度，可以直接测出初温和最高温度；另一种为环境恒温量热仪，量热计的最外层是温度恒定的水夹套，实验体系与环境之间有热交换，因此需由温度-时间曲线（即雷诺曲线）校正后确定其始、终态温度。

2.2.12　闪点

（1）闪点的定义

闪点就是在空气中或液面附近产生蒸气，其浓度足够被点燃时的最低温度。单组分闪点是指纯易燃、可燃液体的闪点。

（2）单组分可燃液体的闪点

对于标准状态下单组分闪点可从有关手册或专业技术工具书中查找。但由于可燃液体的闪点随温度的变化而变化，因此可通过相关计算模型计算非标准状态下可燃液体的闪点。对于单组分液体的闪点，可利用闪点和蒸气压以及爆炸下限的关系计算。根据物理化学原理，纯液体的蒸气压与温度的关系，可由克拉贝龙-克劳修斯方程确定。

$$\frac{\text{d}(\ln P^0)}{\text{d}T}=\frac{\Delta H_v}{RT^2} \qquad (2\text{-}82)$$

式中，P^0 是对应于某一温度时的饱和蒸气压，mmHg；ΔH_v 是汽化潜热，J/mol；R 是理想气体状态常数，8.314J/(mol·K)；T 是温度，K。

如果把汽化潜热 ΔH_v 近似看成常数，将上式积分并整理得：

$$\ln P^0=(-0.2185\Delta H_v/T)+F \qquad (2\text{-}83)$$

式中，P^0 是对应于某一温度时的饱和蒸气压，mmHg；ΔH_v 是汽化潜热，J/mol；T 是温度，K；F 是对应于液体的常数。上式可简化为：

$$\ln P^0 = A - B/T \tag{2-84}$$

式中，P^0 是对应于某一温度时的饱和蒸气压，mmHg；T 是温度，K；A、B 是常数，可通过可燃液体在两种温度下的蒸气压的值来确定。由爆炸下限和蒸气压的关系可得：

$$P^0 = 7.6L \tag{2-85}$$

式中，P^0 是对应于某一温度时的饱和蒸气压，mmHg；L 是爆炸下限，无量纲。

由此，可得闪点：

$$T = \frac{B}{A - \ln P^0} \tag{2-86}$$

式中，P^0 是对应于某一温度时的饱和蒸气压，mmHg；T 是温度，K；A、B 是常数。

(3) 多组分可燃液体的闪点

根据混合液体的性质可将多组分闪点分为含不燃液体组分的闪点和可燃液体混合物的闪点。多组分可燃液体的闪点可通过拉乌尔定律以及爆炸下限与蒸气压的关系计算。

① 含不燃组分的液体的闪点：如果易燃、可燃液体中含有不燃组分，而且不燃组分的蒸气仅起到冷却作用，不参加反应。其闪点计算步骤是，先根据可燃液体的质量浓度计算其摩尔浓度，再根据可燃组分的爆炸下限求出蒸气分压；然后利用公式(2-84)求出纯可燃液体的蒸气压（假定混合物为理想溶液）；最后根据前面介绍的方法求其闪点。

$$P_A = P_A^0 X_A \tag{2-87}$$

$$P_B = P_B^0 X_B \tag{2-88}$$

式中，P_A 是组分 A 的分压，Pa；P_B 是组分 B 的分压，Pa；P_A^0 是混合物闪点温度时组分 A 的饱和蒸气压，mmHg；P_B^0 是混合物闪点温度时组分 B 的饱和蒸气压，mmHg；X_A 是组分 A 的物质的量分数，无量纲；X_B 是组分 B 的物质的量分数，无量纲。

② 可燃液体混合物的闪点：如果混合物中各组分均为可燃的，就不能简单地利用上述方法估算闪点。而是要先假定一个温度，利用前面介绍的方法求出该温度下各组分纯态下的蒸气压，然后计算各组分的分压（假定为理想溶液）；然后利用理·查特里定律进行判断，即

$$\sum l_i/L_i = 1 \tag{2-89}$$

式中，l_i 是气相中组分 i 的体积分数，无量纲；L_i 是组分 i 的爆炸下限，无量纲。

如果 $\sum l_i/L_i \geqslant 1$ 则气体混合物是可燃的，说明液体的闪点低于或等于假设的温度。如果 $\sum l_i/L_i \leqslant 1$ 则气体混合物是不可燃的，说明液体的闪点高于所假定的温度。这样，可继续假设温度，重复计算过程，直到 $\sum l_i/L_i = 1$ 为止，此时得到的温度即为液体混合物的闪点温度。

(4) 其他预测闪点的方法

① 混合液体的闪点与各组分的闪点有关，且随组分配比的不同而变化。根据混合液体实际闪点曲线的变化趋势和特征，可以采用以下估算经验式计算混合液体闪点：

$$T_{混} = \frac{1}{\dfrac{V_1}{T_1} + \dfrac{V_2}{T_2} + \cdots + \dfrac{V_n}{T_n}} \tag{2-90}$$

式中，$T_{混}$ 是混合液体的闪点，℃；V_1，V_2，…，V_n 是各组分的体积分数，无量纲；T_1，T_2，…，T_n 是各组分的闪点，℃。

② 由沸点 T_b 推算闪点 T_f：

$$T_f = 0.6946 T_b - 73.7 \quad (2-91)$$

式中，T_b 是沸点，K；T_f 是闪点，K。

由含碳数 n 确定闪点：

$$(T_f + 277.3)^2 = 10410n \quad (2-92)$$

式中，T_f 是闪点，K；n 是分子中的含碳数，无量纲。

③ 脂肪烷烃闪点的计算公式：

$$\ln\left[\left(0.9549 + \frac{5.291}{n-3.742}\right) \times \frac{7.5RT_0}{-\Delta_c H_m(g, T_0)}\right] = (A+1) - \frac{B}{T_f + C} - \frac{T_f}{T_0} \quad (2-93)$$

式中，n 是分子中的含碳数，无量纲，$n \geqslant 4$；R 是理想气体状态常数，8.314J/(mol·K)；T_f 是闪点，K；T_0 是温度，K；$\Delta_c H_m(g, T_0)$ 是饱和蒸汽摩尔燃烧热，J/mol；g 是重力加速度，9.81m/s²；A、B、C 是常数，可查石油化工基础数据手册获得。

2.2.13 爆炸极限

(1) 爆炸极限的定义

易燃和可燃的气体、液体蒸气、固体粉尘与空气混合后，遇火源能够引起燃烧爆炸的范围称为爆炸极限，一般用该气体或蒸气在混合气体中的体积分数（%）来表示，粉尘的爆炸极限用 mg/m³ 表示。引起燃烧爆炸的最低浓度称为爆炸下限。引起燃烧爆炸的最高浓度称为爆炸上限。

(2) 单质气体爆炸极限

国外研究单质气体爆炸极限主要有两种模型；一种是温度对单质气体爆炸极限的影响模型；另一种是压强对单质气体爆炸极限的影响模型。关于温度和压强对单质气体爆炸极限的影响模型还在研究之中。该计算模块是在这两种模块的基础上开发出来的。其理论模型为：

① 温度对单质气体爆炸极限的影响模型：

$$\text{LFL}_T = \text{LFL}_{25} \times [1 - 0.75 \times (T-25)/H] \quad (2-94)$$

$$\text{UFL}_T = \text{UFL}_{25} \times [1 + 0.75 \times (T-25)/H] \quad (2-95)$$

式中，T 是环境温度，℃；LFL_T 是单质气体温度 T 时爆炸下限，无量纲；UFL_T 是单质气体温度 T 时爆炸上限，无量纲；LFL_{25} 是 25℃时单质气体爆炸下限，无量纲；UFL_{25} 是 25℃时单质气体爆炸上限，无量纲；H 是单质气体的燃烧热，kJ/mol。

② 压强对单质气体爆炸极限的影响模型：压力对单质气体爆炸下限的影响很小，所以对于单质气体的爆炸下限就直接从数据库中取出标准状况下的爆炸下限即可。压强对爆炸上限的影响模型如下：

$$\text{UFL}_P = \text{UFL} + 20.6 \times (\lg P + 1) \quad (2-96)$$

式中，P 是绝对压强，MPa；UFL_P 是单质气体压力为 P 时的爆炸上限，无量纲；UFL 是单质气体在标准状况下的爆炸上限，无量纲。

③ 纯净气体或蒸气爆炸极限的估算

方法一：对于许多烃类蒸气，LFL 和 UFL 是燃烧化学计量浓度的函数：

$$LFL = 0.55C \tag{2-97}$$

$$UFL = 3.50C \tag{2-98}$$

式中，LFL 是单质气体的爆炸下限，无量纲；UFL 是单质气体的爆炸上限，无量纲；C 是燃料燃烧化学计量浓度，无量纲，可由下式计算：

$$C = \frac{\text{燃料的量}}{\text{燃料的量} + \text{空气的量}} \times 100 = \frac{100}{1 + \dfrac{\text{空气的量}}{\text{燃料的量}}}$$

$$= \frac{100}{1 + \dfrac{\text{氧气的量}}{0.21 \times \text{燃料的量}}} = \frac{100}{1 + \dfrac{z}{0.21}} \tag{2-99}$$

式中，z 表示燃烧反应中氧气的化学计量系数，无量纲，可由化学方程式求得。

大多数有机化合物的化学计量浓度可由通常的燃烧反应来确定，即

$$C_m H_x O_y + zO_2 \longrightarrow mCO_2 + \frac{x}{2}H_2O \tag{2-100}$$

按照化学反应方程，z 由式(2-100) 计算：

$$z = m + \frac{x}{4} - \frac{y}{2} \tag{2-101}$$

将式(2-101) 代入式(2-99)，然后代入式(2-97) 和式(2-98)，分别得到：

$$LFL = \frac{0.55 \times 100}{4.76m + 1.19x - 2.38y + 1} \tag{2-102}$$

$$UFL = \frac{3.50 \times 100}{4.76m \times 1.19x - 2.38y + 1} \tag{2-103}$$

式中，LFL 是单质气体的爆炸下限，无量纲；UFL 是单质气体的爆炸上限，无量纲；m、x、y 是物质分子式中碳、氢和氧原子数，无量纲。

该方法除可用于链烷烃类物质之外，也可用来估算其他可燃气体的燃烧下限，但估算 C_2H_2、H_2 以及含有 N_2、Cl_2、S 等有机可燃气体时，误差较大。此外，该方法也不适用于无机可燃气体爆炸极限的计算。

方法二：

$$LFL = \frac{-3.42}{\Delta H_c} + 0.569\Delta H_c + 0.0538\Delta H_c^2 + 1.80 \tag{2-104}$$

$$UFL = 6.30\Delta H_c + 0.576\Delta H_c^2 + 23.5 \tag{2-105}$$

式中，LFL 是单质气体的爆炸下限，无量纲；UFL 是单质气体的爆炸上限，无量纲；ΔH_c 是燃料的燃烧热，10^3 kJ/mol。

表 2-2 列出了某些可燃性气体和蒸气的燃烧极限数据。

方法三（含碳原子数计算燃烧极限）：脂肪族碳氢化合物的燃烧或爆炸极限还可以通过其所含碳原子数 n_c 来计算，有如下经验关系：

$$\frac{1}{LFL} = 0.1347n_c + 0.04343 \tag{2-106}$$

$$\frac{1}{UFL} = 0.01337n_c + 0.05151 \tag{2-107}$$

式中，LFL 是单质气体的爆炸下限，无量纲；UFL 是单质气体的爆炸上限，无量纲；n_c 是分子中碳原子数，无量纲。

表 2-2　某些可燃性气体和蒸气的燃烧极限数据　　单位：%（体积分数）

名称		LFL	UFL	名称		LFL	UFL
乙酸类	乙酸乙酯	2.2	11.0	碳氢化合物	链烷烃 C₅ 及以上	1.2～3.1	—
	乙酸戊酯	1.0	7.1		石脑油	0.8	5
	乙烯基乙酸酯	2.6	—		松节油	0.7	—
醇类	甲醇	6.7	36	环状化合物	甲苯	1.2	7.1
	乙醇	3.3	19		二甲苯	1.1	6.4
	丙醇	2.2	14		苯乙烯	1.1	6.1
	异丙醇	2.0	11.8		环丙烷	2.4	10.4
	1-丁醇	1.7	12.0		环己烷	1.3	7.8
	环己醇	1.2	—		环庚烷	1.1	6.7
醚类	二乙醚	1.9	36		甲基环己烷	1.1	6.7
	二甲醚	3.4	27	酮类	丙酮	2.6	13
	甲基乙基醚	2.2	—		甲基乙基酮	1.4	10
碳氢化合物	甲烷	5.0	15		叔酮	1.4	—
	乙烷	3.0	12.4		乙酸	5.4	—
	乙烯	2.7	36		乙醛	4.0	60
	丙烷	2.1	9.5		氧化乙烯	3.6	100
	丁烷	1.8	8.4		氧化丙烯	2.8	37
	1-丁烯	1.6	10	一氯化物	氯甲烷	7	—
	1,3-丁二烯	2.0	12.0		氯乙烯	3.6	33
	正戊烷	1.4	7.8		氯乙烷	3.8	—
	己烷	1.2	7.4	其他化合物	一氧化碳	12.5	74
	庚烷	1.05	6.7		硫化氢	4.0	44
	乙炔	2.5	100		氨	15	28
	丙烯	2.4	11		氢	4.0	75
	链烷化合物	0.8～5.3	5～14				

（3）混合气体或蒸气爆炸极限的估算

① 混合气体中全部都是可燃气体或蒸气：

$$LFL_{mix} = \cfrac{1}{\sum\limits_{i=1}^{n} \cfrac{y_i}{LFL_i}} \tag{2-108}$$

$$UFL_{mix} = \cfrac{1}{\sum\limits_{i=1}^{n} \cfrac{y_i}{UFL_i}} \tag{2-109}$$

式中，LFL_{mix}、UFL_{mix} 是燃料与空气混合物的爆炸下限和爆炸上限，无量纲；LFL_i、

UFL$_i$ 是燃料与空气混合物中组分 i 的爆炸下限和爆炸上限，无量纲；y_i 是组分 i 占可燃物质部分的摩尔分数，无量纲；n 是可燃物质种类数量，无量纲。

② 混合气体或蒸气中含有惰性气体：

$$L_m = \frac{\left(1+\dfrac{B}{1-B}\right)\times 100}{100+L_f\dfrac{B}{1-B}} \qquad (2\text{-}110)$$

式中，L_m 是含有惰性混合气体的爆炸极限，无量纲；L_f 是混合气体可燃部分的爆炸极限，无量纲；B 是惰性气体的含量，无量纲。

(4) 可燃气体与可燃粉尘爆炸极限

可燃性气体或可燃性蒸气混入含尘空气内，会使其爆炸下限浓度降低，危险性增大。即使可燃气体及可燃粉尘都没有达到其爆炸下限，但当二者混合在一起时，可形成爆炸性混合物。即使强引燃也不能引爆的粉尘，掺入可燃气体或可燃蒸气以后即可能变成爆炸性粉尘。混合物里粉尘爆炸下限与气体中的可燃气浓度之间的关系可近似地用下式表示：

$$E = E_1 \times (C_g/E_2 - 1) \qquad (2\text{-}111)$$

式中，E 是可燃气体与可燃粉尘混合物爆炸极限，无量纲；E_1 是可燃粉尘爆炸极限，无量纲；E_2 是可燃气体爆炸极限，无量纲；C_g 是可燃气体浓度，无量纲。

(5) 可燃性气体爆炸范围估算的图解方法

利用图解的方法也可以判断可燃性气体是否超越爆炸极限。图解法是描述不同比例混合气或蒸气可燃性的一种图示方法。从理论上说可求多种气体组成的混合气，但实际作图有困难，一般只适用于三组分体系，而且除空气外，最多只能含两种可燃性气体。一般三组分体系有以下三种情况组成：①由一种可燃性气体、一种助燃气体和惰性气体组成；②由两种可燃性气体和一种助燃气体组成；③由一种可燃性气体和两种助燃气体组成。

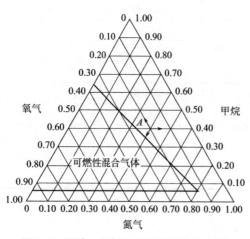

图 2-6　甲烷、氧气和氮气组成的三角图
(25℃，1atm)

现以第一种情况为例解释三角坐标图（简称三角图）图解法。可燃气、助燃气（一般是氧气）和惰性气体的浓度（以体积分数或摩尔分数表示）分别标在三角图的三条轴上，三个顶点分别表示 100% 的可燃气、助燃气和惰性气体，如图 2-6 所示。图中任一点表示三种成分的不同分数。以该点作三条平行线，分别与三轴平行，由平行线交于相应轴的交点即可得到三种成分的百分比浓度。图中虚线包围的区域为不可燃区域。如果在图上标出已知的可燃性气体爆炸范围，则可据此判断任意点浓度的混合气体爆炸与否。图 2-7 为甲烷、氧气和氮气组成的三角图，此图中 A 点标出的浓度点落在可燃区域之外，说明该浓度下混合气体不会爆炸。

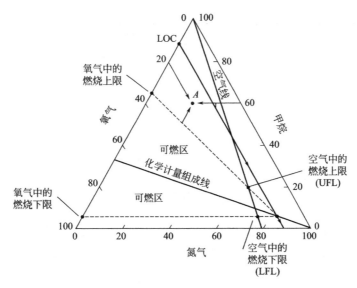

图 2-7　甲烷可燃性综合图解示例（25℃，1atm）

2.2.14　极限氧浓度

（1）极限氧浓度的定义

火三角关系表明一般火灾中没有氧是不会发生燃烧的。但对可燃性气体而言，并不是在任何氧浓度下都可以发生燃烧，存在一个可引起燃烧的最低氧浓度，即极限氧浓度（LOC）。低于极限氧浓度时，燃烧反应就不会发生，因此极限氧浓度也称为最小氧浓度（MOC），或者最大安全氧浓度（MSOC）。可见，从安全角度考虑可燃性气体的防火防爆时，极限氧浓度就是可燃混合气体中氧的最高允许浓度。对可燃性气体常采取的防火防爆措施之一就是在混合物体系中提高惰性气体的浓度比例，从而降低氧的浓度，使其降低至极限氧浓度以下，这种通过稀释氧浓度而防火防爆的方法被称为可燃气体的惰化防爆。各种可燃性气体的极限氧浓度在不同的惰性气体中是不同的。此外，当氧体积分数低于某一极限值时，无论粉尘浓度多高，粉尘云均不能发生爆炸，该值称为该种粉尘的极限氧浓度（LOC）。LOC越高，对应的可燃粉尘越安全。在实际应用中，往往对极限氧浓度取一定的安全系数，得到最大允许氧含量。表 2-3 列出了一些物质的 LOC 值。

表 2-3　一些物质的 LOC 值

气体或蒸气	N_2/空气	CO_2/空气	气体或蒸气	N_2/空气	CO_2/空气
甲烷	11.5	14.5	n-己烷	12	14.5
乙烷	10.5	13.5	n-庚烷	11.5	14.5
丙烷	11.5	14.5	乙烯	10	11.5
n-丁烷	12	14.5	丙烯	11.5	14
异丁烷	12	15	1-丁烯	11.5	14
n-戊烷	12	14.5	异丁烯	12	15
异戊烷	12	14.5	丁二烯	10.5	13

续表

气体或蒸气	N_2/空气	CO_2/空气	气体或蒸气	N_2/空气	CO_2/空气
3-甲基-1-丁烯	11.5	14	1,2-二氯乙烷	13	—
苯	11.4	14	三氯乙烷	14	—
甲苯	9.5	—	三氯乙烯	9(100℃)	—
苯乙烯	9.0	—	丙酮	11.5	14
乙苯	9.0	—	t-丁醇	—	16.5(150℃)
乙烯基甲苯	9.0	—	二硫化碳	5	7.5
二乙基苯	8.5	—	一氧化碳	5.5	5.5
环丙烷	11.5	14	乙醇	10.5	13
煤粉	—	12~15	2-乙基丁醇	9.5(150℃)	—
煤油	10(150℃)	13(150℃)	乙基醚	10.5	13
JP-1 燃料	10.5(150℃)	14(150℃)	氢	4	5.2
JP-3 燃料	12	14.5	硫化氢	7.5	11.5
JP-4 燃料	11.5	14.5	甲酸异丁酯	12.5	15
天然气	12	14.5	甲醇	10	12
n-丁基氯	14	—	乙酸甲酯	11	13.5
二氯甲烷	19(30℃)	—			

(2) 极限氧浓度的计算

极限氧浓度表示燃烧反应时氧气的量占燃烧反应物质总量的百分比，因此通过简单变换，可以由燃烧下限来计算极限氧浓度，即：

$$\text{LOC}=\frac{\text{氧气的量}}{\text{燃烧反应物总量}}=\left(\frac{\text{燃料的量}}{\text{燃烧反应物总量}}\right)\left(\frac{\text{氧气的量}}{\text{燃料的量}}\right)=\text{LFL}\left(\frac{\text{氧气的量}}{\text{燃料的量}}\right)=\text{LFL}(z)$$

(2-112)

式中，LOC 是极限氧浓度，无量纲；LFL 是单质气体的爆炸下限，无量纲；z 为燃烧反应中氧的化学计量系数，无量纲，即：燃料$+z\text{O}_2 \longrightarrow$ 燃烧产物，z 可以通过具体化合物的燃烧化学反应方程来确定。

2.2.15 爆燃指数

(1) 爆燃指数的定义

对蒸气爆炸以及粉尘爆炸测试仪器测得的爆炸数据进行分析，发现最大爆炸压力上升速率与容器体积立方根的乘积是一个常数，这种关系称为立方根定律。

对于蒸气爆炸而言，Bartknecht 给出了下面的经验公式：

$$\left(\frac{\text{d}P}{\text{d}t}\right)_{\max}V^{1/3}=\text{constant}=K_G$$

(2-113)

式中，下标 max 表示最大值；P 是压力，Pa；t 是时间，s；V 是气体体积，m^3；K_G 是气体的爆燃指数，无量纲。

对于粉尘爆炸而言，其爆燃指数公式与蒸气爆炸形式相同：

$$\left(\frac{\mathrm{d}P}{\mathrm{d}t}\right)_{\max} V^{1/3} = K_{St} \qquad (2\text{-}114)$$

式中，下标 max 表示最大值；P 是压力，Pa；t 是时间，s；V 是气体体积，m^3；K_{St} 为粉尘的爆燃指数，无量纲。

由公式(2-113)和公式(2-114)可知，随着爆炸强度的增加，爆燃指数 K_G 和 K_{St} 也增加。立方根定律说明，如果压力波阵面要通过较大的容器，必须花费更长的传播时间。可燃蒸气的最大爆炸压力（$P_{\max}$）、K_G 和 K_{St} 数据见表 2-4。从表中可以看出，对于最大压力 $P_{\max}$，不同的研究方法得到的结果是一致的，但得到的 K_G 结果却不太一致。这说明 K_G 值对实验装置和条件都很敏感。根据爆燃指数的值可进一步将粉尘分为四类，爆燃指数分类见表 2-5。可以看出，随着爆燃指数的增加，粉尘爆炸更剧烈。

表 2-4　气体和蒸气的最大压力和爆燃指数

化学物质	最大压力 $P_{\max}$（表压）/bar			爆燃指数 K_G（bar·m/s）		
	NFPA 68（1997）	Bartknecht（1993）	Senecal 和 Beaulieu（1998）	NFPA 68（1997）	Bartknecht（1993）	Senecal 和 Beaulieu（1998）
乙炔	10.6	—	—	109	—	—
氨气	5.4	—	—	10	—	—
丁烷	8.0	8.0	—	92	92	—
二硫化碳	6.4	—	—	105	—	—
二乙醚	8.1	—	—	115	—	—
乙烷	7.8	7.8	7.4	106	106	78
普通乙醇	7.0	—	—	78	—	—
乙苯	6.6	7.4	—	94	96	—
乙烯	—	—	8.0	—	—	171
氢气	6.9	6.8	6.5	659	550	638
硫化氢	7.4	—	—	45	—	—
异丁烷	—	—	7.4	—	—	67
甲烷	7.05	7.1	6.7	64	55	46
甲醇	—	7.5	7.2	—	75	94
二氯甲烷	50	—	—	5	—	—
戊烷	7.65	7.8	—	104	104	—
丙烷	7.9	7.9	7.2	96	100	76
甲苯	—	7.8	—	—	94	—

注：$1bar = 10^5 Pa$。

表 2-5　粉尘的爆燃指数分类

爆燃指数 K_{St}（bar·m/s）	St 类型	举例
0	St_0	岩石粉尘
1~200	St_1	小麦颗粒粉尘

续表

爆燃指数 $K_{St}(bar \cdot m/s)$	St 类型	举例
200~300	St_2	有机染料
>300	St_3	阿司匹林、铝粉

注：$1bar=10^5 Pa$。

（2）立方定律的应用

公式（2-97）和式（2-98）可用来估算发生在诸如建筑物或容器内等受限空间的爆炸后果。

$$\left[\left(\frac{dP}{dt}\right)_{max} V^{1/3}\right]_{in\ vessel} = \left[\left(\frac{dP}{dt}\right)_{max} V^{1/3}\right]_{experimental} \tag{2-115}$$

式中，下标 max 表示最大值；下标 "in vessel" 是指反应器或建筑物；下标 "experimental" 表示在实验室中采用蒸气或粉尘爆炸仪器得到的数据；P 是压力，Pa；t 是时间，s；V 是气体体积，m^3。通常允许使用由粉尘或蒸气爆炸仪器得到的实验结果，来确定建筑物或过程容器内物质的爆炸强度。爆燃指数 K_G 和 K_{St} 不是物质的物理性质，因为它们依赖于混合物的组成、容器内的混合状况、反应器的形状和引燃源的能量。因此，实验条件尽可能地接近所考虑的实际环境条件是很有必要的。

2.2.16 气体扩散系数

（1）气体扩散系数的定义

气体扩散系数表示气体扩散程度的物理量。扩散系数是指当浓度梯度为一个单位时，单位时间内通过单位面积的气体量，在气体中，如果相距 1m 的两部分，其密度相差为 $1kg/m^3$，则在 1s 内通过 $1m^2$ 面积上的气体质量，规定为气体的扩散系数，m^2/s。

（2）气体扩散系数的计算

计算气体扩散系数可以用示踪试验方法现场测定，也可用大气流特征确定。目前应用较多的有 Sutton 模型、Pasquill 模型、Reuter 模型等。

① Sutton 模型：

$$\sigma_x = \frac{C_y^2 x^{2-n}}{2} \tag{2-116}$$

式中，σ_x 是气体在 x 轴方向上的扩散系数，m^2/s；x 是下风向距离，m；C_y 是普通化扩散系数；n 取大于大气稳定度的参数。同样也可计算出 $\sigma_y(=\sigma_x)$、σ_z，其中，σ_y 是气体在 y 轴方向上的扩散系数，m^2/s；σ_z 是气体在 z 轴方向上的扩散系数，m^2/s。

② Pasquill 模型：

$$\sigma_y = (a_1 \ln x + a_2)x \tag{2-117}$$

$$\sigma_z = 0.465 \exp(b_1 + b_2 \ln x + b_3 \ln^2 x) \tag{2-118}$$

式中，σ_y 是气体在 y 轴方向上的扩散系数，m^2/s；σ_z 是气体在 z 轴方向上的扩散系数，m^2/s；a_1、a_2、b_1、b_2、b_3 是大气稳定度的函数；x 是下风向距离，m。

③ Reuter 模型：

$$\sigma_y = ax^b \tag{2-119}$$

$$\sigma_z = cx^d \tag{2-120}$$

式中，σ_y 是气体在 y 轴方向上的扩散系数，m^2/s；σ_z 是气体在 z 轴方向上的扩散系数，m^2/s；参数 a、b、c、d 是大气稳定度和地面粗糙度的函数；x 是下风向距离，m。

考虑到计算的简单性和快捷性，采用 Pasquill 模型来计算扩散系数。

2.2.17　半数致死量和致死浓度

(1) 半数致死剂量的定义

毒物的急性毒性可按 LD_{50} 或 LC_{50} 来分级。LD_{50} 的意思是半数致死量，就是某毒性物质使受试生物死亡一半所需的最小绝对量。LC_{50} 的意思是半数致死浓度，就是某毒性物质使受试生物死亡一半所需的最小浓度。

(2) 半数致死量和半数致死浓度的获取

LD_{50} 或 LC_{50} 可以通过查阅相关资料获取，同时还能利用相关方法进行预测，如电性拓扑状态指数预测 LD_{50} 或 LC_{50}。此外，还可以通过实验的方法获取 LD_{50} 或 LC_{50}。现以 40% 辛硫磷乳油大鼠急性吸入毒性（LC_{50}）试验为例进行说明。40% 辛硫磷乳油为均相油状液体，对多种地下害虫，储粮害虫，果树、烟草害虫，畜禽内外寄生虫等具有很好的防治效果，特别是能有效地杀灭与人类生活影响较大的谷科、皮蠹科等害虫。为进一步证实 40% 辛硫磷的安全性，扩大其使用范围，对 40% 辛硫磷乳油进行了大鼠急性吸入毒（LC_{50}）试验。

① 材料与方法。

材料：40% 辛硫磷乳油。

试验动物：大鼠，体重 (200 ± 20)g。

方法：大鼠 10 只，雌雄各 5 只，称重后分别放入染毒柜上下两层内。用压缩空气作为动力，经过玻璃雾化器将 40% 辛硫磷乳油雾化成气溶胶，喷入中毒柜内，柜内风扇搅拌均匀，并调节空气流量，使浓度始终保持在要求的范围内。在局部排气装置的协助下，染毒柜的排出气体经管道排出室外。吸入染毒 2h。染毒过程中每 15min 测定一次柜内样品浓度，染毒浓度为 $2100mg/m^3$。染毒后将大鼠放回笼内饲养，继续观察 14d，记录大鼠中毒症状及死亡时间。

② 试验结果。大鼠染毒 30min 后，部分大鼠出现流涎、活动减少等症状，待吸入染毒结束 2h 后，上述症状消失，观察期内无动物死亡。大鼠解剖检查未见异常，如表 2-6 所示。

表 2-6　大鼠急性吸入毒性试验的死亡率

大鼠性别	染毒柜内浓度/(mg/m³)	大鼠数/只	死亡数/只	死亡率/%
雄	2100	5	0	0
雌	2100	5	0	0

③ 结论。根据实验结果可见，雌雄大鼠急性吸入毒性（LC_{50}）试验中 40% 辛硫磷乳油

浓度均大于 2100mg/m³。根据我国农药登记毒理学试验方法（GB 15670—1995）急性毒性分级标准，属低毒。

2.3 化工事故环境特性参数理论计算

2.3.1 大气稳定度

(1) 大气稳定度的定义

大气稳定度指近地层大气作垂直运动的强弱程度，当气温垂直递减率 $\gamma > -1℃/100m$ 时，大气呈不稳定状态；$\gamma = -1℃/100m$，大气呈中性状态；$\gamma < -1℃/100m$ 时，大气呈稳定状态。大气稳定度指静力学稳定度，指在浮力作用下空气微团垂直方向运动的稳定性，以平均温度梯度或反映浮力做功的指标为判据。若气温随着高度增加而递减，$dT/dh < 0$，浮力做功增加空气微团的动能，上下运动能继续发展，称为静力学不稳定。若气温随着高度增加而递增（逆温），$dT/dh > 0$，空气微团反抗重力做功损耗动能，上下运动受到抑制，称为静力学稳定。$dT/dh = 0$ 的时候空气微团处于随意平衡状态，称为中性稳定度。大气稳定度指整层空气的稳定程度。以大气的气温垂直加速度运动来判定。大气稳定度对于形成云和降水有重要作用。有时也称大气垂直稳定度。大气中某一高度的一团空气，如受到某种外力的作用，产生向上或向下运动时，可以出现三种情况：①稳定状态。移动后逐渐减速，并有返回原来高度的趋势；②不稳定状态。移动后，加速向上向下运动；③中性平衡状态。如将它推到某一高度后，既不加速，也不减速而停下来。

(2) 大气稳定度确定方法

大气稳定度是指大气层稳定的程度，在气体泄漏扩散中，大气稳定度是一个起重要作用的因素，影响到气体扩散的形状和规模。目前用于大气稳定度分类的方法有 Richardson 法、Pasquill 法、Turner 法等，而由于 Richardson 法需比较准确的风速梯度和温度梯度的观测数据，实际应用上不方便，因此采用 Pasquill 法和 Turner 法。而相比较而言，Pasquill 法使用起来更为方便。我国现有法规中推荐的修订帕斯奎尔分类法，把大气稳定度分为强不稳定、不稳定、弱不稳定、中性、较稳定和稳定六级，分别表示为 A、B、C、D、E、F。确定大气稳定度的步骤如下：

① 首先计算太阳高度角。对于地球上的某个地点，太阳高度角是指太阳光的入射方向和地平面之间的夹角，专业上讲太阳高度角是指某地太阳光线与通过该地与地心相连的地表切面的夹角。太阳高度角简称高度角。当太阳高度角为 90° 时，此时太阳辐射强度最大；当太阳斜射地面时，太阳辐射强度就小。太阳高度角 h_0 使用下式计算：

$$h_0 = \arcsin[\sin\psi\sin\sigma + \cos\psi\cos\sigma\cos(15t + \lambda - 300)] \tag{2-121}$$

式中，h_0 是太阳高度角，(°)；ψ 是当地纬度，(°)；λ 是当地经度，(°)；t 是观测时间，h；σ 是太阳倾角，(°)，可按照下式计算：

$$\sigma = (0.006918 - 0.39912\cos\theta_0 + 0.070257\sin\theta_0 - 0.006758\cos2\theta_0 + 0.000907\sin2\theta_0 - 0.002697\cos3\theta_0 + 0.001483\theta_0)180/\pi \tag{2-122}$$

$$\theta_0 = d_n/365 \qquad\qquad (2\text{-}123)$$

式中，d_n 是一年中日期序数，0、1、2、…、364，无量纲。

② 然后确定太阳辐射等级数，如表 2-7 所示。

表 2-7　太阳辐射等级数

云量(1/10)	太阳辐射等级数				
总云量/低云量	夜间	$h_0 \leq 15°$	$15° < h_0 \leq 35°$	$35° < h_0 \leq 65°$	$h_0 > 65°$
$\leq 4/\leq 4$	-2	-1	1	2	3
$5\sim7/\leq4$	-1	0	1	2	3
$\geq8/\leq4$	-1	0	0	1	1
$\geq5/5\sim7$	0	0	0	0	1
$\geq8/\geq8$	0	0	0	0	0

注：云量（全天空十分制）观测规则与现国家气象部门制定的《地面气象观测规范》相同。

③ 再由太阳辐射等级数与地面风速确定对应大气稳定度，如表 2-8 所示。

表 2-8　大气稳定度等级

地面风速/(m/s)	太阳辐射等级					
	3	2	1	0	-1	-2
≤1.9	A	A-B	B	D	E	F
$2\sim2.9$	A-B	B	C	D	E	F
$3\sim4.9$	B	B-C	C	D	D	E
$5\sim5.9$	C	C-D	D	D	D	D
≥6	D	D	D	D	D	D

注：1. 地面风速（m/s）是指距地面 10m 高度处 10min 平均风速，如使用气象台（站）资料，其观测规则与国家气象局制定的《地面气象观测规范》相同。

2. A、B、C、D、E、F 分别表示大气稳定度中的强不稳定、不稳定、弱不稳定、中性、较稳定和稳定六级。

2.3.2　风速

(1) 风速的定义

风速，是指空气相对于地球某一固定地点的运动速率。风速没有等级，风力才有等级，风速是风力等级划分的依据。一般来讲，风速越大，风力等级越高，风的破坏性越大。风速的大小常用几级风来表示，见表 2-9。

表 2-9　风力等级

风级符号	名称	风速/(m/s)	陆地物象	海面波浪	浪高/m
0	无风	$0.0\sim0.2$	烟直上	平静	0.0
1	软风	$0.3\sim1.5$	烟示风向	微波峰无飞沫	0.1
2	轻风	$1.6\sim3.3$	感觉有风	小波峰未破碎	0.2
3	微风	$3.4\sim5.4$	旌旗展开	小波峰顶破裂	0.6
4	和风	$5.5\sim7.9$	吹起尘土	小浪白沫波峰	1.0

续表

风级符号	名称	风速/(m/s)	陆地物象	海面波浪	浪高/m
5	劲风	8.0～10.7	小树摇摆	中浪折沫峰群	2.0
6	强风	10.8～13.8	电线有声	大浪卷起飞沫	3.0
7	疾风	13.9～17.1	步行困难	破峰白沫成条	4.0
8	大风	17.2～20.7	折毁树枝	浪高且长有浪花	5.5
9	烈风	20.8～24.4	小损房屋	浪峰倒卷	7.0
10	狂风	24.5～28.4	拔起树木	海浪翻滚咆哮	9.0
11	暴风	28.5～32.6	损毁普遍	波峰全呈飞沫	11.5
12	飓风	≥32.7	摧毁巨大	海浪滔天	14.0

(2) 风速的确定

风速获取的方法主要有三种：①用风速计测取实时风速；②到气象部门查取相关资料；③通过统计数据或者10m处风速预测。通常采用的扩散公式要求风速不得小于1m/s，而在实际中出现静风的情况也是经常有的。在实际情况下，平均风速随高度的变化而变化，进行扩散模拟时，平均风速用下式确定：

$$U = U_{10}(Z/Z_{10})_m \tag{2-124}$$

式中，U 是平均风速，m/s；U_{10} 是离地面 10m 高度处 10min 平均风速（由气象台提供），m/s；Z 是要计算的高度，m；m 是风速廓线指数，无量纲；Z_{10} 取 10m。对不同的大气稳定度，m 的取值也不同。因此，平均风速的确定就归结为计算高度的确定。研究表明，计算高度选取的不同所导致的地面浓度最大可相差 2.6 倍以上。通常，在计算抬升高度和地面浓度时，采用泄源处高度的风速或计算抬升高度时采用泄源处风速，而计算地面浓度时采用地面到有效源高之间的平均风速，其值可通过积分来计算：

$$U = \left[\int_0^Z U(Z)\right] dZ/Z \tag{2-125}$$

式中，U 是平均风速，m/s；Z 是要计算的高度，m；$U(Z)$ 是风速关于高度的函数。

2.3.3 风向

(1) 风向的定义

气象上把风吹来的方向确定为风的方向，即风向。风向的测量单位常用方位来表示。如陆地上，一般用 16 个方位表示，海上多用 36 个方位表示，在高空则用角度表示。用角度表示风向，是把圆周分成 360°，北风（N）是 0°（即 360°），东风（E）是 90°，南风（S）是 180°，西风（W）是 270°，其余的风向都可以由此计算出来。

(2) 风向的表示

测定风向的仪器之一为风向标，它一般离地面 10～12m 高，如果附近有障碍物，其安置高度至少要高出障碍物 6m 以上，并且指北的短棒要正对北方。风向箭头指向哪个方向，就表示当时刮什么方向的风。测风器上还有一块长方形的风压板（重型的重 800g，轻型的重 200g），风压板旁边装一个弧形框子，框上有长短齿。风压板扬起所过长短齿的数目，表示风力大小。气象台站普遍采用的是我国自行设计制造的 EIJ 型电接风向风速计。气象部门把自然界的风分解为 16 个常规方向，在进行危险性气体泄漏扩散过程预测时，所采用的风向可利用模糊数学的基本原理，按照气象部门的统计资料构造相关的模糊集来确定。在安全评价中，风向则一般使用最大频率风的主风向。

2.4 危险化学品特性参数数据库

由南京工业大学安全工程研究所开发的危险化学品安全信息查询系统，如图 2-8 所示，其数据库收集了包括化学矿物、非金属、无机化学品、有机化学品、基本有机原料、化肥、农药、树脂、塑料、化学纤维、胶黏剂、医药、染料、涂料、颜料、助剂、燃料、感光材料、炸药、纸、油脂、表面活性剂、皮革、香料等近 3000 种常用化学品的中文名称、英文名称、分子式或结构式、物理性质、主要用途和危险特性等物质安全数据表（material safety data sheet，MSDS）分类资料信息。该软件系统可以查询的危险化学品特性参数数据主要包括密度、沸点、饱和蒸气压、燃烧热、闪点、爆炸极限和半数致死量和致死浓度等。该软件系统可以查询化学品的详细资料，如图 2-9 所示，而且可以查询某一危险特性参数（如闪点）在特定区间范围内（例如−10～5℃）的所有物质。

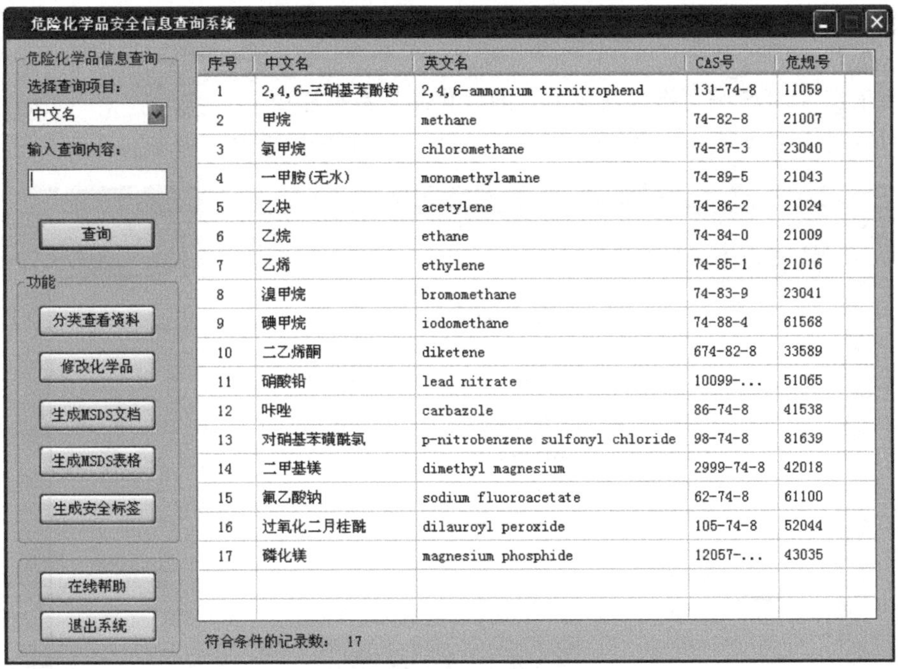
危险化学品安全信息查询系统
危险化学品信息查询
选择查询项目：
中文名
输入查询内容：
查询
功能
分类查看资料
修改化学品
生成MSDS文档
生成MSDS表格
生成安全标签
在线帮助
退出系统
序号　中文名　英文名　CAS号　危规号
1　2,4,6-三硝基苯酚铵　2,4,6-ammonium trinitrophend　131-74-8　11059
2　甲烷　methane　74-82-8　21007
3　氯甲烷　chloromethane　74-87-3　23040
4　一甲胺(无水)　monomethylamine　74-89-5　21043
5　乙炔　acetylene　74-86-2　21024
6　乙烷　ethane　74-84-0　21009
7　乙烯　ethylene　74-85-1　21016
8　溴甲烷　bromomethane　74-83-9　23041
9　碘甲烷　iodomethane　74-88-4　61568
10　二乙烯酮　diketene　674-82-8　33589
11　硝酸铅　lead nitrate　10099-...　51065
12　咔唑　carbazole　86-74-8　41538
13　对硝基苯磺酰氯　p-nitrobenzene sulfonyl chloride　98-74-8　81639
14　二甲基镁　dimethyl magnesium　2999-74-8　42018
15　氟乙酸钠　sodium fluoroacetate　62-74-8　61100
16　过氧化二月桂酰　dilauroyl peroxide　105-74-8　52044
17　磷化镁　magnesium phosphide　12057-...　43035
符合条件的记录数：17

图 2-8　软件系统主界面

该软件系统允许在数据库中增添新物质的相关资料，以及修正数据库中已有物质的信息资料。该软件系统基于 Windows 操作系统采用面对对象的技术方法研究开发，软件界面清新淡雅，操作简单，智能化程度高，使用方便快捷。该软件系统的功能和特色具体如下：

① 可以查询 MSDS 中近 3000 种危险化学品的 80 多项资料，分类显示，十分快捷方便。

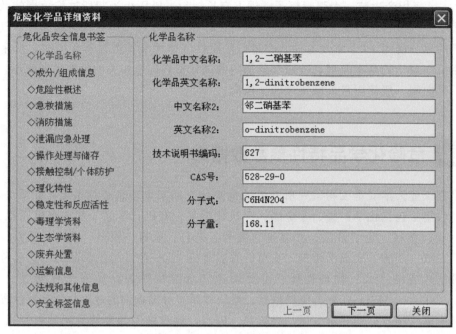

图 2-9　危险化学品详细资料查询

② 查询方式为模糊查询，可以选择中文名、CAS 号、危险货物编号等字段进行查询。

③ 可在现有数据库基础上对化学品的某些性质进行修改或增添，更新后数据保存于数据库。

④ 可依据 MSDS 编写指南新建另外的危化品于数据库中。

⑤ 可以自动生成某一危化品的 MSDS 文档，如图 2-10 所示。

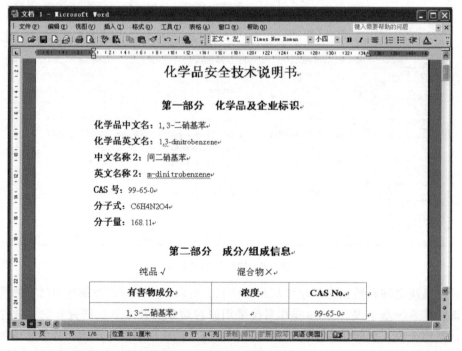

图 2-10　软件系统生成的化学品

⑥ 可以自动生成某一危化品使用安全标签，如图 2-11 所示。

⑦ 数据库采用密码保护，软件启用验证登录。

图 2-11　软件系统生成的化学品安全标签

第**3**章
泄漏模拟分析

3.1 概述

在化学工业中，易燃易爆及有毒有害物质在生产、储存和运输过程中经常发生泄漏事故。事故的发生不仅会导致巨大的经济损失，还可能导致灾难性的后果，不仅厂区内部，而且邻近地区人员的生命与财产都将遭受巨大损失和危害，尤其是对生态环境的不可逆性损害将无法挽回。例如，1984 年印度博帕尔市郊的联合碳化物公司农药厂 45 吨剧毒液体异氰酸甲酯储罐泄漏事故，致使 3150 人死亡，5 万人失明，20 多万人受到严重毒害，15 万人接受治疗。1987 年 10 月 30 日，位于美国得克萨斯州得克萨斯市的马拉松石油公司炼油厂发生大量氢氟酸泄漏事故，造成约 130m³ 的氢氟酸泄漏，并形成蒸气扩散于大气中，污染范围约达 13 平方公里，迫使约 4000 名居民避难，导致 230 人眼睛疼痛和呼吸困难被送进医院，其中约 50 人伤势严重而住院治疗。1991 年 9 月 3 日，江西省贵溪农药厂一甲胺运输车在行至江西上饶沙溪镇时，一甲胺储罐阀前短管根部与法兰焊接处断裂，发生一甲胺严重泄漏事故，污染面积达 23 万平方米，126 户居民受害，中毒 595 人，156 人重度中毒而住院，其中死亡 42 人。1998 年，西安市煤气公司液化气管理所储罐区发生了一起因液化气泄漏而引发的恶性火灾爆炸事故。事故从 3 月 5 日 16：00 时左右开始一直持续到 3 月 7 日 19：05，其间共发生 4 次爆炸。这次恶性爆炸事故造成 11 人死亡（其中消防人员 7 名，罐区工作人员 4 名）、1 人失踪、33 人受伤（烧伤者多数已残废）。炸毁 400m³ 球罐 2 个，100m³ 卧式储罐 4 个，烧毁气罐车 10 余辆，经济损失惨重。此类恶性事故不胜枚举，其所带来的严重后果和环境与社会问题远远超过了事故本身，严重地影响了当代化学工业和石油化学工业的顺利健康发展。

这些残酷的事实表明，深入开展危险性物质泄漏过程机理研究，建立描述泄漏过程理论模型，研制开发泄漏模拟分析软件，对于科学预防灾害的发生、指导紧急救灾具有重要理论价值和实践意义。有关物质泄漏过程的研究开展得较早，然而开展危险性物质泄漏动力学过程机理的研究却是在最近二三十年。20 世纪 70 年代以来，随着化工和石油化工生产规模的扩大，危险性物质被频繁、大量地使用，这也导致重大泄漏事故的频繁发生，引起了世界各国的广泛关注。国际上相继通过了 1990 年化学制品公约、1993 年预防重大工业事故公约等，敦促世界各国实施相应的政策及预防保护措施，发展基础研究和重大灾害防治应用技术研究。美国、加拿大、欧共体等许多工业发达国家和地区先后投入了大量的人力、物力和财力开展泄漏基础理论和相关控制技术的研究工作，取得了较高水平的研究成果。我国政府非常重视危险性物质的泄漏研究工作。近些年来，国内部分高校和科研单位相继开展了此方面的研究工作，并取得了一定的进展。目前，国内外在这方面的发展趋势是：重视泄漏动力学演化机理和规律的研究，建立准确描述泄漏过程的理论数学模型，研制开发能够模拟泄漏动力学演化过程的大型数值模拟软件，并将其应用于事故后果分析和环境风险评价。

3.2 泄漏分析

由于设备损坏或操作失误引起泄漏，从而大量释放易燃易爆或有毒有害物质，将会导致火灾、爆炸、中毒等重大事故发生，因此后果分析首先要进行泄漏分析。要进行泄漏分析，首先要对泄漏情况进行深入分析。泄漏机理可分为大面积泄漏和小孔泄漏。大面积泄漏是指在短时间内有大量的物料泄漏出来，管道的超压破裂就属于大面积泄漏。小孔泄漏是指物料通过小孔以非常慢的速率持续泄漏，泄漏上游的条件并不因此而立即受到影响，故通常假设泄漏上游压力不变。图 3-1 显示了化工厂中常见的小孔泄漏的情况。对于这些泄漏，物质从储罐和管道上的孔洞和裂纹，以及法兰、阀门和泵体的裂缝以及严重破坏或断裂的管道中泄漏出来。

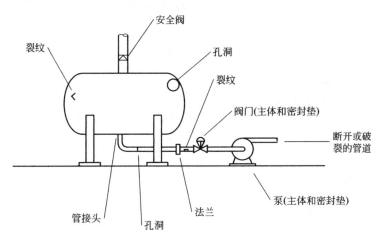

图 3-1　化工厂中常见的小孔泄漏

图 3-2 显示了物料的物理状态是怎样影响泄漏过程的。对于存储于储罐内的气体或蒸气，裂缝导致气体或蒸气泄漏出来。对于液体，储罐内液面以下的裂缝导致液体泄漏出来。如果液体存储压力大于其大气环境下沸点所对应的压力，那么液面以下的裂缝将导致泄漏的液体的一部分闪蒸为蒸气。由于液体的闪蒸可能会形成小液滴或雾滴，并可能随风而扩散开来。液面以上的蒸气空间的裂缝能够导致蒸气流，或气液两相流的泄漏，这主要依赖于物质的物理特性。

3.2.1　主要泄漏设备

根据各种设备泄漏情况分析，可将工厂（特别是化工厂）中易发生泄漏的设备分类，通常归纳为：管道系统、挠性连接器、过滤器、阀门、压力容器或反应器、泵、压缩机、储

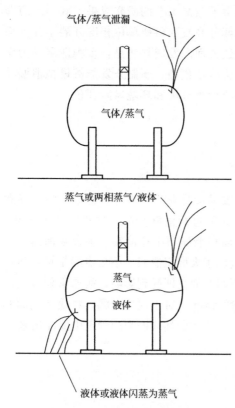

气体/蒸气泄漏

气体/蒸气

蒸气或两相蒸气/液体

蒸气

液体

液体或液体闪蒸为蒸气

图 3-2 蒸气和液体以单相或两相状态从容器中泄漏出来

罐、加压或冷冻气体容器、火炬燃烧器或放散管等十类。

(1) 管道系统

它包括管道、法兰和接头，裂口尺寸根据泄漏情况可取管径的 20%~100%。

(2) 挠性连接器

包括软管、波纹管和铰接器，其典型泄漏情况和裂口尺寸为：

① 连接器本体破裂泄漏，裂口尺寸取管径的 20%~100%；

② 接头泄漏，裂口尺寸取管径的 20%；

③ 连接装置损坏而泄漏，裂口尺寸取管径的 100%。

(3) 过滤器

由过滤器本体、管道、滤网等组成，裂口尺寸根据泄漏情况可取管径的 20%~100%。

(4) 阀门

其典型泄漏情况和裂口尺寸为：

① 阀壳体泄漏，裂口尺寸取管径的 20%~100%；

② 阀盖泄漏，裂口尺寸取管径的 20%；

③ 阀杆损坏泄漏，裂口尺寸取管径的 20%。

(5) 压力容器或反应器

包括化工生产中常见的分离器、气体洗涤器、反应釜、热交换器、各种罐和容器等。其常见泄漏情况和裂口尺寸为：

① 容器破裂而泄漏，裂口尺寸取容器本身尺寸；

② 容器本体泄漏，裂口尺寸取与其连接的粗管道管径的 100%；

③ 孔盖泄漏，裂口尺寸取管径的 20%；

④ 喷嘴断裂泄漏，裂口尺寸取管径的 100%；

⑤ 仪表管路破裂泄漏，裂口尺寸取管径的 20%~100%；

⑥ 容器内部爆炸，全部破裂。

(6) 泵

其典型泄漏情况和裂口尺寸为：

① 泵体损坏泄漏，裂口尺寸取与其连接管道管径的 20%~100%；

② 密封盖处泄漏，裂口尺寸取管径的 20%。

（7）压缩机

包括离心式、轴流式和往复式压缩机，其典型泄漏情况和裂口尺寸为：

① 压缩机机壳损坏而泄漏，裂口尺寸取与其连接管道管径的20%～100%；

② 压缩机密封套泄漏，裂口尺寸取管径的20%。

（8）储罐

露天储存危险物质的容器或压力容器，也包括与其连接的管道和辅助设备，其典型泄漏情况和裂口尺寸为：

① 罐体损坏而泄漏，裂口尺寸为本体尺寸；

② 接头泄漏，裂口尺寸为与其连接管道管径的20%～100%；

③ 辅助设备泄漏，酌情确定裂口尺寸。

（9）加压或冷冻气体容器

包括露天或埋地放置的储存器、压力容器或运输槽车等，其典型情况和裂口尺寸为：

① 露天容器内气体爆炸使容器完全破裂，裂口尺寸取本体尺寸；

② 容器破裂而泄漏，裂口尺寸取本体尺寸；

③ 焊接点（接管）断裂泄漏，取管径的20%～100%。

（10）火炬燃烧器或放散管

包括燃烧装置、放散管、多通接头、气体洗涤器和分离罐等，泄漏主要发生在筒体和多通接头部位，裂口尺寸取管径的20%～100%。

3.2.2　泄漏原因

从人-机系统来考虑造成各种泄漏事故的原因主要有四类：

（1）设计失误

① 基础设计错误，如地基下沉，造成容器底部产生裂缝，或设备变形、错位等；

② 选材不适当，如强度不够、耐腐蚀性差、规格不符等；

③ 布置不当，如压缩机和输出管没有弹性连接，因振动而使管道破裂；

④ 选用机械不合适，如转速过高，耐温、耐压性能差等；

⑤ 选用计测器不合适；

⑥ 储罐、储槽未加液位计，反应器（炉）未加溢流管或放散管等。

（2）设备原因

① 加工不符合要求，或未经检验擅自采用代用材料；

② 加工质量差，特别是焊接质量差；

③ 施工和安装精度不高，如泵和电动机不同轴，机械设备不平衡，管道连接不严密等；

④ 选用的标准定型产品质量不合格；

⑤ 对安装的设备未按《机械设备安装工程及验收规范》进行验收；

⑥ 设备长期使用后未按规定检修期进行检修，或检修质量差造成泄漏；

⑦ 计量检测仪表未定期校验，造成计量不准；

⑧ 阀门损坏或开关泄漏，又未及时更换；

⑨ 设备附件质量差，或长期使用后材料变质、腐蚀或破裂等。

（3）管理原因

① 没有制定完善的安全操作规程；

② 对安全漠不关心，已发现的问题不及时解决；

③ 没有严格执行监督检查制度；

④ 指挥错误，甚至违章指挥；

⑤ 让未经培训的工人上岗，知识不足，不能判断错误；

⑥ 检修制度不严，没有及时检修已出现故障的设备，使设备带病运转。

（4）人为失误

① 误操作，违反操作规程；

② 判断错误，如记错阀门位置而开错阀门；

③ 擅自脱岗；

④ 思想不集中；

⑤ 发现异常现象不知如何处理。

3.2.3　泄漏后果

泄漏一旦出现，其后果不但与泄漏物数量、易燃性、毒性有关，而且与泄漏物质的相态、压力、温度等状态有关。这些状态可有多种不同的结合，在后果分析中，常见的可能结合有常压液体、加压液化气体、低温液化气体和加压气体等四种。泄漏物质的物性不同，其泄漏后果也不同。

（1）可燃气体泄漏

可燃气体泄漏后遇到引火源就会发生燃烧；与空气混合达到爆炸极限时，遇引爆能量会发生爆炸。泄漏后起火的时间不同，泄漏后果也不同。

① 立即起火。可燃气体从容器中往外泄出时即被点燃，发生扩散燃烧，产生喷射性火焰或形成火球，它能迅速地危及泄漏现场，但很少会影响到厂区的外部。

② 滞后起火。可燃气体泄出与空气混合形成可燃蒸气云团，并随风飘移，遇火源发生爆炸和爆轰，能引起较大范围的破坏。

（2）有毒气体泄漏

有毒气体泄漏后形成云团在空气中扩散，有毒气体的浓密云团将笼罩很大的空间，影响范围很大。

(3) 液体泄漏

一般情况下液体泄漏时，泄漏的液体在空气中蒸发而生成气体，泄漏后果与液体的性质和储存条件（温度、压力）有关。

① 常温常压下液体泄漏。这种液体泄漏后聚集在防液堤内或地势低洼处形成液池，液体由于池表面风的对流而缓慢蒸发，若遇火源就会发生池火灾。

② 加压液化气体泄漏。一些液体泄漏时将瞬时蒸发，剩下的液体将形成一个液池，吸收周围的热量继续蒸发。液体瞬时蒸发的比例取决于泄漏物性质及环境温度。有些泄漏物可能在泄漏过程中全部蒸发。

③ 低温液体泄漏。这种液体泄漏时即形成液池，吸收周围热量蒸发，蒸发量低于加压液化气体的泄漏速率，高于常温常压下液体的泄漏速率。

3.3 泄漏模型

3.3.1 液体泄漏

(1) 小孔泄漏

液体泄漏速度可用流体力学的伯努利方程计算，其泄漏速度为：

$$Q_0 = C_d A \rho \sqrt{\frac{2(p-p_0)}{\rho} + 2gh} \tag{3-1}$$

式中，Q_0 是液体泄漏速度，kg/s；C_d 是液体泄漏系数，按表 3-1 选取；A 是裂口面积，m^2；ρ 是泄漏液体密度，kg/m^3；p 是容器内介质压力，Pa；p_0 是环境压力，Pa；g 是重力加速度，$9.8m/s^2$；h 是裂口之上液位高度，m。

表 3-1 液体泄漏系数 C_d

雷诺数(Re)	裂口形状		
	圆形(多边形)	三角形	长方形
>100	0.65	0.60	0.55
≤100	0.50	0.45	0.40

对于常压下的液体泄漏速度，取决于裂口之上液位的高低；对于非常压下的液体泄漏速度，主要取决于容器内介质压力与环境压力之差和液位高低。当容器内液体是过热液体，即液体的沸点低于环境的温度，液体流过裂口时由于压力减小而突然蒸发。蒸发所需的热量取自于液体本身，而容器内剩下液体的温度将降至常压沸点。在这种情况下泄漏时直接蒸发的液体所占百分数 F 可按下式计算：

$$F = C_p \frac{T - T_0}{H} \tag{3-2}$$

式中，F 是液体所占百分数，无量纲；C_p 是液体的定压比热容，J/(kg·K)；T 是泄漏前液体的温度，K；T_0 是液体在常压下的沸点，K；H 是液体的气化热，J/kg。

按式(3-2)计算的结果，几乎总是在 $0 \sim 1$ 之间。事实上，泄漏时直接蒸发的液体将以细小烟雾的形式形成云团与空气相混合而吸收热蒸发。如果空气传给液体烟雾的热量不足以使其蒸发，有一些液体烟雾将凝结成液滴降落到地面，形成液池。根据经验，当 $F > 0.2$ 时，一般不会形成液池；当 $F < 0.2$ 时，F 与带走液体之间有线性关系，即当 $F = 0$ 时没有液体被带走（蒸发），当 $F = 0.1$ 时有50%的液体被带走。

① 孔洞泄漏：根据机械能守恒定律，液体流动的不同能量形式遵守如下方程：

$$\int \frac{\mathrm{d}P}{\rho} + \Delta \left(\frac{\bar{u}^2}{2\alpha} \right) + g\Delta z + F = -\frac{W_s}{m} \tag{3-3}$$

式中，P 是压强，Pa；ρ 是液体密度，kg/m³；$\bar{u}$ 是液体平均瞬时流速，m/s；g 是重力加速度，9.81m/s^2；z 是高于基准面的高度，m；F 是静摩擦损失项，J/kg；W_s 是轴功，J；m 是质量，kg；Δ 函数代表终止状态减去初始状态；α 是无量纲速率修正系数，其取值如下：a. 对于层流，α 取 0.5；b. 对于塞流，α 取 1.0；c. 对于湍流，$\alpha \rightarrow 1.0$。

对于不可压缩液体，密度是常数，有

$$\int \frac{\mathrm{d}P}{\rho} = \frac{\Delta P}{\rho} \tag{3-4}$$

式中，P 是压强，Pa；ρ 是液体密度，kg/m³；Δ 函数代表终止状态减去初始状态。

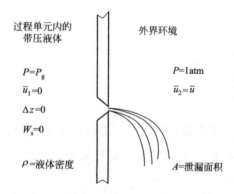

图 3-3 液体通过过程单元上的小孔流出
(1atm=101325Pa)

对于某过程单元上的一个小孔，如图 3-3 所示。当液体通过裂缝流出时，单元过程中的液体压力转化为动能。流动着的液体与裂缝所在壁面之间的摩擦力将液体的一部分动能转化为热能，从而使液体的流速降低。

对于这种小孔泄漏，假设过程单元中的表压为 P_g，外部大气压是 1atm，因此 $\Delta P = P_g$。假设轴功为零，过程中的液体流速可以忽略。在液体通过小孔泄漏期间，认为液体高度没有发生变化，因此 $\Delta z = 0$。裂缝中的摩擦损失可由泄漏系数 C_0 来近似代替，其定义为：

$$-\frac{\Delta P}{\rho} - F = C_0^2 \left(-\frac{\Delta P}{\rho} \right) \tag{3-5}$$

式中，P 是压强，Pa；ρ 是液体密度，kg/m³；Δ 函数代表终止状态减去初始状态；C_0 是泄漏系数，无量纲；F 是静摩擦损失项，J/kg。

由机械能守恒方程式(3-3)及以上假设，便可得到液体通过小孔泄漏的平均泄漏速率：

$$\bar{u} = C_0 \sqrt{\alpha} \sqrt{\frac{2P_g}{\rho}} \tag{3-6}$$

式中，$\bar{u}$ 是液体平均瞬时流速，m/s；P_g 是表压，Pa；ρ 是液体密度，kg/m³；α 是无量纲速率修正系数；C_0 是泄漏系数，无量纲。

定义校正泄漏系数 C_1 为：

$$C_1 = C_0 \sqrt{\alpha} \tag{3-7}$$

式中，C_1 是校正泄漏系数，无量纲；α 是无量纲速率修正系数。

因此，得到液体通过小孔泄漏的新的平均泄漏速率计算方程：

$$\bar{u} = C_1 \sqrt{\frac{2P_g}{\rho}} \qquad (3\text{-}8)$$

式中，$\bar{u}$ 是液体平均瞬时流速，m/s；P_g 是表压，Pa；ρ 是液体密度，kg/m³；C_1 是校正泄漏系数，无量纲。

若小孔的面积为 A，则液体通过小孔泄漏的质量流率 Q_m 为：

$$Q_m = \rho \bar{u} A = A C_1 \sqrt{2\rho P_g} \qquad (3\text{-}9)$$

式中，Q_m 是小孔泄漏的质量流速，kg/s；$\bar{u}$ 是液体平均瞬时流速，m/s；A 是小孔面积，m²；P_g 是表压，Pa；ρ 是液体密度，kg/m³；C_1 是校正泄漏系数，无量纲。

校正泄漏系数 C_1 是从小孔中流出液体的雷诺数和小孔直径的复杂函数。建议：a. 对于锋利的小孔和雷诺数大于 30000，C_1 近似取 0.61；b. 对于圆滑的喷嘴，C_1 可近似取 1；c. 对于与容器连接的短管（即长度与直径之比小于 3），C_1 近似取 0.81；d. 当 C_1 不知道或不能确定时，取 1.0 以使计算结果最大化。

从孔洞泄漏的液体的泄漏速率方程为：

$$Q_m = C_1 A \sqrt{2\rho(P_s - P_0)} \qquad (3\text{-}10)$$

式中，Q_m 为泄漏液体的泄漏液体的质量流速，kg/s；C_1 为校正泄漏系数，无量纲；A 为泄漏孔洞的面积，m²；P_s 为过程单位压强，Pa；P_0 为大气压强，Pa；ρ 为液体密度，kg/m³。

② 储罐孔洞泄漏：储罐泄漏如图 3-4 所示，小孔在液面以下 h_L 处形成。液体通过这个小孔泄漏，可由机械能守恒定律，即方程（3-3）来表达。

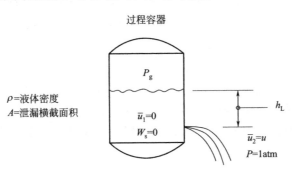

图 3-4 储罐上的小孔泄漏

假设液体为不可压缩流体，储罐中的表压为 P_g，外界环境表压为大气压或为 0，$\Delta P = P_g$。轴功 W_s 为 0，且储罐中液体流速为 0，无量纲泄漏系数 C_1，表达式如方程（3-11）所示。

$$-\frac{\Delta P}{\rho} - g\Delta z - F = C_0^2 \left(-\frac{\Delta P}{\rho} - g\Delta z \right) \qquad (3\text{-}11)$$

式中，C_0 为泄漏系数，无量纲；g 是重力加速度，9.81m/s²；Δz 是液面高度差，m；ΔP 为过程单元压降，Pa；ρ 为液体密度，kg/m³；F 是静摩擦损失项，J/kg。

由此，可计算出液体的平均瞬时泄漏速率 $\bar{u}$：

$$\bar{u} = C_0 \sqrt{\alpha} \sqrt{2\left(\frac{P_g}{\rho} + gh_L\right)} \qquad (3\text{-}12)$$

式中，$\bar{u}$ 是液体的平均瞬时泄漏速率，kg/s；h_L 是小孔上方液体高度，m；g 是重力加速度，9.81m/s^2；P_g 为过程单元表压，Pa；ρ 为液体密度，kg/m^3；α 是系数，无量纲；C_0 为泄漏系数，无量纲。

定义校正泄漏系数 C_1 为：

$$C_1 = C_0 \sqrt{\alpha} \tag{3-7}$$

式中，C_1 为校正泄漏系数，无量纲；C_0 为泄漏系数，无量纲；α 是系数，无量纲。

从小孔中流出液体的瞬时流速方程为：

$$\bar{u} = C_1 \sqrt{2\left(\frac{P_g}{\rho} + gh_L\right)} \tag{3-13}$$

式中，$\bar{u}$ 是液体的平均瞬时泄漏速率，kg/s；h_L 是小孔上方液体高度，m；g 是重力加速度，9.81m/s^2；P_g 为过程单元表压，Pa；ρ 为液体密度，kg/m^3；C_1 为校正泄漏系数，无量纲。

如果小孔的面积为 A，则液体瞬时泄漏速率 Q_m 为：

$$Q_m = \rho \bar{u} A = \rho A C_1 \sqrt{2\left(\frac{P_g}{\rho} + gh_L\right)} \tag{3-14}$$

式中，Q_m 为泄漏液体的泄漏速率，kg/s；A 为泄漏孔洞的面积，m^2；$\bar{u}$ 是液体的平均瞬时泄漏速率，kg/s；h_L 是小孔上方液体高度，m；g 是重力加速度，9.81m/s^2；P_g 为过程单元表压，Pa；ρ 为液体密度，kg/m^3；C_1 为校正泄漏系数，无量纲。

如果盛装液体的储罐发生泄漏，那么经储罐孔洞泄漏物质的质量可表示为：

$$Q_m = C_1 \rho_1 A_{hole} \sqrt{2g\left[(P_{stor} - P_{amb})/(\rho_1 g) + \Delta h\right]} \tag{3-15}$$

式中，Q_m 为泄漏速率，kg/s；C_1 为校正泄漏系数，无量纲；ρ_1 为液相密度，kg/m^3；A_{hole} 为泄漏面积，m^2；P_{stor} 为存储压强，Pa；P_{amb} 为环境大气压，Pa；g 是重力加速度，9.81m/s^2；Δh 为液面与孔洞间距离，m。

随着储罐逐渐变空，液体高度减少，速度流率和泄漏速率也随之减少。假设液体表面上的表压 P_g 是常数。例如，容器内充有惰性气体来防止爆炸，或与外界大气相通，这种情况就会出现。对于恒定横截面积为 A_t 的储罐，储罐中小孔以上的液体总质量为：

$$m = \rho A_t h_L \tag{3-16}$$

式中，m 是储罐中小孔以上的液体总质量，kg；h_L 是小孔上方液体高度，m；ρ 为液体密度，kg/m^3；A_t 为储罐横截面积，m^2。

储罐中的质量变化率为：

$$\frac{dm}{dt} = -Q_m \tag{3-17}$$

式中，m 是储罐中小孔以上的液体总质量，kg；t 是时间，s；Q_m 为泄漏速率，kg/s。

Q_m 可由方程(3-14)计算。把方程(3-14)和方程(3-16)代入方程(3-17)中，并假设储罐的横截面和液体的密度为常数，可以得到一个描述液体高度变化的微分方程：

$$\frac{dh_L}{dt} = -\frac{C_1 A}{A_t} \sqrt{2\left(\frac{P_g}{\rho} + gh_L\right)} \tag{3-18}$$

式中，t 是时间，s；A 为泄漏孔洞的面积，m^2；h_L 是小孔上方液体高度，m；ρ 为液体密度，kg/m^3；A_t 为储罐横截面积，m^2；C_1 为校正泄漏系数，无量纲；g 是重力加速度，$9.81m/s^2$；P_g 为过程单元表压，Pa。

把方程(3-18)重新整理，并对其从初始高度 h_L^0 到任何高度 h_L 进行积分：

$$\int_{h_L^0}^{h_L} \frac{dh_L}{\sqrt{\frac{2P_g}{\rho}+2gh_L}} = -\frac{C_1 A}{A_t}\int_0^t dt \tag{3-19}$$

式中，t 是时间，s；A 为泄漏孔洞的面积，m^2；A_t 为储罐横截面积，m^2；h_L^0 是初始时刻小孔上方液体高度，m；h_L 是任意时刻小孔上方液体高度，m；ρ 为液体密度，kg/m^3；C_1 为校正泄漏系数，无量纲；g 是重力加速度，$9.81m/s^2$；P_g 为过程单元表压，Pa。

此方程积分得到：

$$\frac{1}{g}\sqrt{\frac{2P_g}{\rho}+2gh_L} - \frac{1}{g}\sqrt{\frac{2P_g}{\rho}+2gh_L^0} = -\frac{C_1 A}{A_t}t \tag{3-20}$$

式中，t 是时间，s；A 为泄漏孔洞的面积，m^2；A_t 为储罐横截面积，m^2；h_L^0 是初始时刻小孔上方液体高度，m；h_L 是任意时刻小孔上方液体高度，m；ρ 为液体密度，kg/m^3；C_1 为校正泄漏系数，无量纲；g 是重力加速度，$9.81m/s^2$；P_g 为过程单元表压，Pa。

求解储罐中液面高度 h_L，可以得到任意时刻 t 泄漏孔与液面的高度差：

$$h_L = h_L^0 - \frac{C_1 A}{A_t}\sqrt{\frac{2P_g}{\rho}+2gh_L^0}\,t + \frac{g}{2}\left(\frac{C_1 A}{A_t}t\right)^2 \tag{3-21}$$

式中，h_L 是任意时刻小孔上方液体高度，m；t 是时间，s；A 为泄漏孔洞的面积，m^2；A_t 为储罐横截面积，m^2；h_L^0 是初始时刻小孔上方液体高度，m；ρ 为液体密度，kg/m^3；C_1 为校正泄漏系数，无量纲；g 是重力加速度，$9.81m/s^2$；P_g 为过程单元表压，Pa。

由此可得到任何时刻 t 液体的泄漏速率：

$$Q_m = \rho C_1 A\sqrt{2\left(\frac{P_g}{\rho}+gh_L^0\right) - \frac{\rho g C_1^2 A^2}{A_t}t} \tag{3-22}$$

式中，Q_m 为泄漏速率，kg/s；t 是时间，s；A 为泄漏孔洞的面积，m^2；A_t 为储罐横截面积，m^2；h_L^0 是初始时刻小孔上方液体高度，m；ρ 为液体密度，kg/m^3；C_1 为校正泄漏系数，无量纲；g 是重力加速度，$9.81m/s^2$；P_g 为过程单元表压，Pa。

方程(3-22)右边的第一项为 $h_L = h_L^0$ 时的初始泄漏速率。

任何时刻 t 储罐中液体的泄漏速率为：

$$Q_m = CA_{hole}\rho_1\sqrt{\frac{2(P_{stor}-P_{amb})}{\rho_1}+2gh} - \frac{\rho_1 g C_1^2 A_{hole}^2}{A_t}t \tag{3-23}$$

式中，Q_m 为 t 时刻液体的瞬时质量泄漏速率，kg/s；h 为储罐内液面与泄漏处之间的初始距离，m；t 为泄漏过程中的任一时刻，s；C_1 为校正泄漏系数，无量纲；ρ_1 为液相密度，kg/m^3；A_{hole} 为泄漏面积，m^2；P_{stor} 为存储压强，Pa；A_t 为储罐横截面积，m^2；P_{amb} 为环境大气压，Pa；g 是重力加速度，$9.81m/s^2$。

设 $h_L = 0$，通过求解方程(3-21)，可以得到储罐液面降至小孔所在高度处所需要的时间：

$$t_e = \frac{1}{C_1 g}\left(\frac{A_t}{A}\right)\left[\sqrt{2\left(\frac{P_g}{\rho}+gh_L^0\right)} - \sqrt{\frac{2P_g}{\rho}}\right] \tag{3-24}$$

式中，t_e 是储罐液面降至小孔所在高度处所需要的时间，s；h_L^0 是初始时刻小孔上方液体高度，m；C_1 为校正泄漏系数，无量纲；ρ 为液体密度，kg/m³；A 为泄漏面积，m²；A_t 为储罐横截面积，m²；g 是重力加速度，9.81m/s²；P_g 为过程单元表压，Pa。

如果容器内的压力是大气压，即 $P_g = 0$，则方程(3-24) 可简化为：

$$t_e = \frac{1}{C_1 g}\left(\frac{A_t}{A}\right)\sqrt{2gh_L^0} \tag{3-25}$$

式中，t_e 是储罐液面降至小孔所在高度处所需要的时间，s；h_L^0 是初始时刻小孔上方液体高度，m；C_1 为校正泄漏系数，无量纲；A 为泄漏面积，m²；A_t 为储罐横截面积，m²；g 是重力加速度，9.81m/s²。

(2) 管道流出

液体输送管道如图 3-5 所示。沿管道的压力梯度是液体流动的驱动力，液体与管壁之间的摩擦力把动能转化为热能，这导致液体流速的减小和压力的下降。

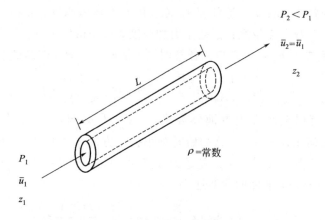

图 3-5　液体输送管道

液体和管壁之间的摩擦流动损失导致液体压力沿管程下降。动能的变化经常被忽略。不可压缩液体在管道中的流动可由机械能守恒方程(3-3) 表示。根据不可压缩液体这一假设 $\int \frac{\mathrm{d}P}{\rho} = \frac{\Delta P}{\rho}$ 来描述。方程(3-3) 可以表示为：

$$\frac{\Delta P}{\rho} + \frac{\Delta \bar{u}^2}{2\alpha g_c} + \frac{g}{g_c}\Delta z + F = -\frac{W_s}{m} \tag{3-26}$$

式中，P 是压强，Pa；ρ 是液体密度，kg/m³；$\bar{u}$ 是液体平均瞬时流速，m/s；g 是重力加速度，9.81m/s²；g_c 是重力常数，N·s²/(kg·m)；z 是液位高度，m；W_s 是轴功，J；m 是质量，kg；Δ 函数代表终止状态减去初始状态；α 是无量纲速率修正系数；F 是静摩擦损失项，J/kg。

摩擦项 F 代表由摩擦导致的机械能损失，包括来自流经管道长度的损失，适用于诸如阀门、弯头、孔及管道的进口和出口。对于每一种有摩擦的设备，可使用以下的损失项形式：

$$F = K_f\left(\frac{u^2}{2g_c}\right) \tag{3-27}$$

式中，K_f 是管道或管道配件导致的超压位差损失系数，无量纲；u 是液体流速，m/s；g_c 是重力常数，N·s²/(mg·m)。

对于流经管道的液体，超压位差损失项 K_f 为：

$$K_f = \frac{4fL}{d} \tag{3-28}$$

式中，K_f 是管道或管道配件导致的超压位差损失系数，无量纲；f 是 Fanning 摩擦系数；L 是流道长度，m；d 是流道直径，m。

Fanning 摩擦系数 f 是雷诺数 Re 和管道粗糙度 ε 的函数。表 3-2 给出了各种类型干净管道的 ε 值。

表 3-2 干净管道的粗糙系数 ε

管道材料	ε/mm	管道材料	ε/mm
混凝土	0.3～3	熟铁	0.046
铸铁	0.26	玻璃	0
镀锌铁	0.15	塑料	0
型钢	0.046		

图 3-6 是 Fanning 摩擦系数与雷诺数和管道粗糙度之间的关系图。

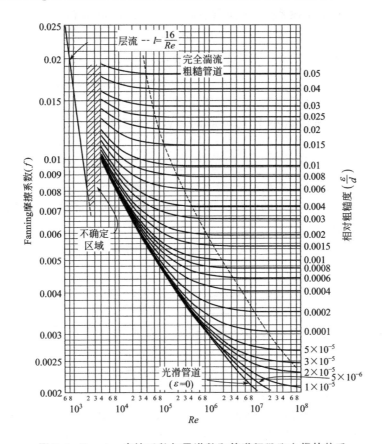

图 3-6 Fanning 摩擦系数与雷诺数和管道粗糙度之间的关系

对于层流，摩擦系数由下式给出：

$$f = \frac{16}{Re} \tag{3-29}$$

式中，f 是 Fanning 摩擦系数；Re 是雷诺数，无量纲。

对于湍流，图 3-6 中显示的数据可由 Colebrook 方程代替：

$$\frac{1}{\sqrt{f}} = -4\lg\left(\frac{1}{3.7} \times \frac{\varepsilon}{d} + \frac{1.255}{Re\sqrt{f}}\right) \tag{3-30}$$

式中，f 是 Fanning 摩擦系数；Re 是雷诺数，无量纲；ε 是管道粗糙度，mm；d 是流道直径，m。

方程(3-30) 的另外一种形式对于由摩擦系数 f 来确定雷诺数是很有用的：

$$\frac{1}{Re} = \frac{\sqrt{f}}{1.255}\left(10^{-0.25/\sqrt{f}} - \frac{1}{3.7} \times \frac{\varepsilon}{d}\right) \tag{3-31}$$

式中，f 是 Fanning 摩擦系数；Re 是雷诺数，无量纲；ε 是管道粗糙度，mm；d 是流道直径，m。

对于粗糙管中的完全发展的湍流，f 独立于雷诺数，图 3-6 中可以看出，在雷诺数很高处，f 接近于常数。对于这种情况，方程(3-31) 可简化为：

$$\frac{1}{\sqrt{f}} = 4\lg\left(3.7\frac{d}{\varepsilon}\right) \tag{3-32}$$

式中，f 是 Fanning 摩擦系数；ε 是管道粗糙度，mm；d 是流道直径，m。

对于光滑的管道，$\varepsilon = 0$，方程(3-30) 可简化为：

$$\frac{1}{\sqrt{f}} = 4\lg\frac{Re\sqrt{f}}{1.255} \tag{3-33}$$

式中，f 是 Fanning 摩擦系数；Re 是雷诺数，无量纲。

对于光滑管道，当雷诺数小于 100000 时，近似于方程(3-33) 的 Blasius 方程是很有用的。

$$f = 0.079Re^{-1/4} \tag{3-34}$$

式中，f 是 Fanning 摩擦系数；Re 是雷诺数，无量纲。

此外，有人提出了一个简单的方程，该方程可在图 3-6 所显示的全部雷诺数范围内给出摩擦系数 f。该方程是：

$$\frac{1}{\sqrt{f}} = -4\lg\left(\frac{\varepsilon/d}{3.7065} - \frac{5.045\lg A}{Re}\right) \tag{3-35}$$

$$A = \left[\frac{(\varepsilon/d)^{1.1098}}{2.8257} + \frac{5.8506}{Re^{0.8981}}\right] \tag{3-36}$$

式中，f 是 Fanning 摩擦系数；Re 是雷诺数，无量纲；ε 是管道粗糙度，mm；d 是流道直径，m。

对于管道附件、阀门和其他流动阻碍物，传统的方法是在方程(3-28) 中使用当量管长。该方法的问题是确定的管道长度与摩擦系数是有关系的。一种改进的方法是使用 2-K（K_1 和 K_∞）方法，使用实际的管道长度而不是当量长度，并且提供了针对管道附件、进口和出口的更详细方法。2-K 方法根据雷诺数和管道内径两个常数来定义超压位差损失，即：

$$K_f = \frac{K_1}{Re} + K_\infty\left(1 + \frac{1}{d_{内}}\right) \tag{3-37}$$

式中，K_f 是超压位差损失系数，无量纲；K_1 和 K_∞ 是常数，无量纲；Re 是雷诺数，无量纲；$d_内$ 是管道内径，in（1in＝2.54cm）。

表3-3 包括了方程(3-37)中使用的各种类型附件和阀门的 2-K 常数。

表 3-3　附件和阀门中损失系数的 2-K 常数

附件		附件描述	K_1	K_∞
弯头	90°	标准($r/D=1$),带螺纹的	800	0.40
		标准($r/D=1$),用法兰连接/焊接	800	0.25
		长半径($r/D=1.5$),所有类型	800	0.2
		斜接的($r/D=1.5$),1 焊缝(90°)	1000	1.15
		斜接的($r/D=1.5$),2 焊缝(45°)	800	0.35
		斜接的($r/D=1.5$),3 焊缝(30°)	800	0.30
		斜接的($r/D=1.5$),4 焊缝(22.5°)	800	0.27
		斜接的($r/D=1.5$),5 焊缝(18°)	800	0.25
	45°	标准($r/D=1$),所有类型	500	0.20
		长半径($r/D=1.5$)	500	0.15
		斜接的,1 焊缝(45°)	500	0.25
		斜接的,2 焊缝(22.5°)	500	0.15
	180°	标准($r/D=1$),带螺纹的	1000	0.60
		标准($r/D=1$),用法兰连接/焊接	1000	0.35
		长半径($r/D=1.5$),所有类型	1000	0.30
三通管	作为弯头使用	标准的,带螺纹的	500	0.70
		长半径,带螺纹的	800	0.40
		标准的,用法兰连接/焊接	800	0.80
	贯通	带螺纹的	200	0.10
		用法兰连接/焊接	150	0.50
阀门	球心阀	标准的	1500	4.00
		角阀或 Y 形阀	1000	2.00
	蝶形阀	—	800	0.25
	止回阀	提升阀	2000	10.0
		回转阀	1500	1.50
		斜圆盘	1000	0.50

对于管道进口和出口，为了说明动能的变化，需要对方程(3-37)进行修改：

$$K_f=\frac{K_1}{Re}+K_\infty \tag{3-38}$$

式中，K_f 是超压位差损失系数，无量纲；K_1 和 K_∞ 是常数，无量纲；Re 是雷诺数，无量纲。

对于管道进口，$K_1=160$，对于一般的进口，$K_\infty=0.50$，对于 Borda 类型的进口，$K_\infty=1.0$。对于管道出口，$K_1=0$，$K_\infty=1.0$。进口和出口的 K_1 系数通过管道的变化说明了动能的变化，因此在机械能中不必考虑额外的动能项。对于高雷诺数（$Re>10000$）方程(3-38) 中的第一项是可以忽略的，并且 $K_f = K_\infty$。对于低雷诺数（$Re < 50$）方程(3-38)的第一项是占支配地位的，$K_f = K_1/Re$。方程对于孔和管道尺寸的变化也是适用的。

2-K 方法也可以用来描述液体通过管道孔洞的流出。液体经孔洞流出的泄漏系数的表达式可由 2-K 方法确定。

$$C_0 = \frac{1}{\sqrt{1 + \sum K_f}} \tag{3-39}$$

式中，C_0 是液体经孔洞的泄漏系数，无量纲；$\sum K_f$ 是所有超压位差损失项之和，无量纲。

$\sum K_f$ 包括进口、出口、管长和附件，这些由方程(3-37) 计算。对于没有管道连接或附件的储罐上的一个简单的孔洞，摩擦仅仅是由孔的进口和出口效应引起的。对于雷诺数大于10000，进口的 $K_f = 0.5$，出口的 $K_f = 1.0$，$\sum K_f = 1.5$，由方程(3-39) 计算得到 $C_0 = 0.63$，这与推荐值 0.61 非常接近。

确定自管道系统中流出物质的泄漏速率的求解步骤：

① 假设：管道长度、直径和类型；沿管道系统的压力和高度变化；来自泵、涡轮等对液体的输入或输出功；管道上附件的数量和类型；液体的特性，包括密度和黏度。

② 指定初始点（点 1）和终止点（点 2）。指定时必须要小心，因为方程中的个别项高度依赖于该指定。

③ 确定点 1 和点 2 处的压力和高度。确定点 1 处的初始液体流速。

④ 推测点 2 处的液体流速。如果认为是完全发展的湍流，则这一步不需要。

⑤ 利用方程(3-29) 至方程(3-35) 确定管道的摩擦系数。

⑥ 利用方程(3-28) 确定管道的超压位差损失，利用方程(3-37) 确定附件的超压位差损失，利用方程(3-38) 进、出口效应的超压位差损失。将这些超压位差损失相加，计算净摩擦损失项。

⑦ 计算方程(3-26) 中的所有各项的值，并将其代入方程中。如果方程中的所有项的加和接近于零，那么计算结束。如果不接近于零，返回到第④步重新计算。

⑧ 使用方程 $m = \rho \bar{u} A$ 计算泄漏质量速率。如果认为是完全发展的湍流，求解是非常直接的。将点 2 处的速度设为变量，将已知项代入方程(3-26) 中，直接求解平均流速，然后求解泄漏速率。

3.3.2 气体泄漏

(1) 小孔泄漏

① 亚声速流动。由于压力作用，而使气体或蒸气含有的能量在其从小孔泄漏或扩散出去时转化为动能。随着气体或蒸气经孔流出，其密度、压力和温度发生变化。气体和蒸气的流动，可分为声速流动和亚声速流动。对声速流动泄漏，气体通过孔流出，摩擦损失很大；很少一部分来自气体压力的内能会转化为动能。对亚声速流动泄漏，大多数压力能转化为动能；过程通常假设为等熵。亚声速流动泄漏如图 3-7 所示。

气体从裂口泄漏的速度与其流动状态有关。因此，计算泄漏速率时首先要判断泄漏时气体的流动属于声速还是亚声速流动，前者称为临界流，后者称为次临界流。

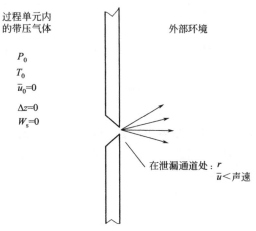

过程单元内
的带压气体

P_0
T_0
$\bar{u}_0 = 0$
$\Delta z = 0$
$W_s = 0$

外部环境

在泄漏通道处：r
$\bar{u} <$ 声速

图 3-7 气体自由扩散泄漏

当式(3-40)成立时，气体流动属亚声速流动：

$$\frac{P}{P_0} > \left(\frac{2}{\gamma+1}\right)^{\frac{\gamma}{\gamma-1}} \tag{3-40}$$

式中，P 是环境压力，Pa；P_0 是容器内压力，Pa；γ 是气体的绝热指数，即定压比热容 C_p 与定容比热容 C_v 之比。表 3-4 列出了各种气体的热容比 γ。

表 3-4 各种气体的热容比 γ

气体	化学式或符号	近似分子量	热容比 $\gamma = C_p/C_v$	气体	化学式或符号	近似分子量	热容比 $\gamma = C_p/C_v$
乙炔	C_2H_2	26.0	1.30	硫化氢	H_2S	34.1	1.30
空气	—	29.0	1.40	甲烷	CH_4	16.0	1.32
氨	NH_3	17.0	1.32	氯甲烷	CH_3Cl	50.5	1.20
丁烷	C_4H_{10}	58.1	1.11	天然气	—	19.5	1.27
二氧化碳	CO_2	44.0	1.30	一氧化氮	NO	30.0	1.40
一氧化碳	CO	28.0	1.40	氮气	N_2	28.0	1.41
氯气	Cl_2	70.9	1.33	一氧化二氮	N_2O	44.0	1.31
乙烷	C_2H_6	30.0	1.22	氧气	O_2	32.0	1.40
乙烯	C_2H_4	28.0	1.22	丙烷	C_3H_8	44.1	1.15
氯化氢	HCl	36.5	1.41	丙烯	C_3H_6	42.1	1.14
氢气	H_2	2.0	1.41	二氧化硫	SO_2	64.1	1.26

机械能守恒方程描述了可压缩气体或蒸气的流动。假设可以忽略潜能的变化，没有轴功，得到描述经孔洞可压缩流动的机械能守恒方程的简化形式：

$$\int \frac{\mathrm{d}P}{\rho} + \Delta\left(\frac{\bar{u}^2}{2\alpha}\right) + F = 0 \tag{3-41}$$

式中，P 是压强，Pa；ρ 是液体密度，kg/m^3；$\bar{u}$ 是液体平均瞬时流速，m/s；F 是静摩擦损失项，J/kg；Δ 函数代表终止状态减去初始状态；α 是无量纲速率修正系数。

泄漏系数 C_0 与液体经小孔泄漏中定义的系数具有相似的形式：

$$-\int \frac{\mathrm{d}P}{\rho} - F = C_0^2\left(-\int \frac{\mathrm{d}P}{\rho}\right) \tag{3-42}$$

式中，P 是压强，Pa；ρ 是液体密度，kg/m³；F 是静摩擦损失项，J/kg；C_0 是泄漏系数，无量纲。

方程(3-42) 与方程(3-41) 联立，并在任意两个方便的点之间进行积分。初始点（下标为"0"）选在速度为 0、压力为 P_0 处。到任意的终止点（无下标）积分。其结果为：

$$C_0^2 \int_{P_0}^{P} \frac{dP}{\rho} + \frac{\bar{u}^2}{2\alpha} = 0 \tag{3-43}$$

式中，P 是环境压力，Pa；P_0 是容器内压力，Pa；ρ 是液体密度，kg/m³；$\bar{u}$ 是液体平均瞬时流速，m/s；C_0 是泄漏系数，无量纲；α 是无量纲速率修正系数。

对任何等熵膨胀的理想气体

$$\frac{P}{\rho^\gamma} = \text{constant} \tag{3-44}$$

式中，P 是压强，Pa；ρ 是液体密度，kg/m³；γ 是绝热指数，无量纲。

把方程(3-44) 代入方程(3-43)，定义与方程(3-42) 中相同的泄漏系数 C_0 并积分，得到等熵扩散中任意点处流体速度的方程：

$$\bar{u}^2 = 2C_0^2 \frac{\gamma}{\gamma-1} \times \frac{P_0}{\rho_0}\Big[1-\Big(\frac{P}{P_0}\Big)^{(\gamma-1)/\gamma}\Big] = \frac{2C_0^2 RT_0}{M} \times \frac{\gamma}{\gamma-1}\Big[1-\Big(\frac{P}{P_0}\Big)^{(\gamma-1)/\gamma}\Big] \tag{3-45}$$

式中，C_0 是泄漏系数，当裂口形状为圆形时取 1，三角形时取 0.95，长方形时取 0.90；$\bar{u}$ 是液体平均瞬时流速，m/s；γ 是绝热指数，无量纲；M 是分子量，无量纲；R 是理想气体状态常数，8.314J/(mol·K)；T_0 是气体温度，K；P 是环境压力，Pa；P_0 是容器内压力，Pa；ρ_0 是气体密度，kg/m³。

对等熵膨胀，理想气体方程可写成如下形式：

$$\rho = \rho_0\Big(\frac{P}{P_0}\Big)^{1/\gamma} \tag{3-46}$$

$$Q_m = \rho\bar{u}A \tag{3-47}$$

式中，P 是环境压力，Pa；P_0 是容器内压力，Pa；ρ_0 是气体密度，kg/m³；ρ 是空气密度，kg/m³。γ 是绝热指数，无量纲；$\bar{u}$ 是液体平均瞬时流速，m/s；A 是泄漏面积，m²；Q_m 是泄漏质量速率，kg/s。

得到气体泄漏速率的表达式：

$$Q_m = C_0 A P_0 \sqrt{\frac{2M}{RT_0} \times \frac{\gamma}{\gamma-1}\Big[\Big(\frac{P}{P_0}\Big)^{2/\gamma}-\Big(\frac{P}{P_0}\Big)^{(\gamma+1)/\gamma}\Big]} \tag{3-48}$$

式中，Q_m 是泄漏速率，kg/s；C_0 是泄漏系数，无量纲；A 是泄漏口面积，m²；P 是环境压力，Pa；P_0 是容器内压力，Pa；M 是分子量，无量纲；R 是理想气体状态常数，8.314J/(mol·K)；T_0 是气体温度，K；γ 是绝热指数，无量纲。

② 声速流动。对于许多安全性研究，都需要通过小孔流出蒸气的最大流量。由方程(3-48) 对 P/P_0 微分，并设微商等于零，可以得到引起最大流速的压力比为：

$$\frac{P_{\text{choked}}}{P_0} = \Big(\frac{2}{\gamma+1}\Big)^{\gamma/(\gamma-1)} \tag{3-49}$$

式中，P_{choked} 是引起最大流速的压力，Pa；P_0 是容器内压力，Pa；γ 是绝热指数，无量纲。

因此，当式(3-50) 成立时，气体流动属声速流动：

$$\frac{P}{P_0} \leqslant \left(\frac{2}{\gamma+1}\right)^{\gamma/(\gamma-1)} \tag{3-50}$$

式中，P 是压力，Pa；P_0 是容器内压力，Pa；γ 是绝热指数，无量纲。

引起最大流速的压力 P_{choked} 又称塞压，是导致管道流动泄漏流量最大的下游最大压力。当下游压力小于 P_{choked} 时，在绝大多数情况下，在洞口处流体的流速等于声速，此时如果再降低下游压力，就不能进一步增加其流速及泄漏速率，它们独立于下游环境。这种类型的流动称为塞流、临界流或声速流，如图 3-8 所示。

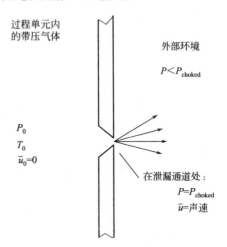

过程单元内的带压气体

外部环境

$P < P_{choked}$

P_0
T_0
$\bar{u}_0 = 0$

在泄漏通道处：
$P = P_{choked}$
$\bar{u} =$ 声速

图 3-8　气体通过小孔的塞流

方程(3-49) 的特点是，对于理想气体来说，塞压仅仅是绝热指数 γ 的函数。因此，对于空气泄漏到大气环境（$P_{choked} = 0.528 P_0$），如果上游压力高于环境压力的 0.528 倍，则通过孔洞时流动将被扼制，泄漏速率达到最大值。在过程工业中，产生塞流的情况很常见。表 3-5 列出了不同类型气体对应的塞压。

表 3-5　不同类型气体对应的塞压

气体	γ	P_{choked}
单原子	≈1.67	$0.487 P_0$
双原子和空气	≈1.40	$0.528 P_0$
三原子	≈1.32	$0.542 P_0$

把方程(3-49) 代入方程(3-48)，可确定最大泄漏速率：

$$(Q_m)_{choked} = C_0 A P_0 \sqrt{\frac{\gamma M}{R T_0}\left(\frac{2}{\gamma+1}\right)^{(\gamma+1)/(\gamma-1)}} \tag{3-51}$$

式中，$(Q_m)_{choked}$ 是塞流时气体泄漏速率，kg/s；C_0 是泄漏系数，无量纲；A 是泄漏口面积，m^2；P_0 是容器内压力，Pa；M 是分子量，无量纲；R 是理想气体状态常数，8.314J/(mol·K)；T_0 是气体温度，K；γ 是绝热指数，无量纲。

对于锋利的孔洞，在雷诺数大于 30000 的情况下，泄漏系数 C_0 取常数 0.61。然而，对于塞流，流出系数随下游压力的下降而增加。对这些流动和 C_0 不确定的情况，推荐使用保守值 1.0。

（2）管道流出

针对两种特殊的情形，使用绝热法或等温法对气体或蒸气流出管道流量建立计算模型。绝热情形适用于气体或蒸气快速流经绝热管道。等温法适用于气体或蒸气以恒定不变的温度流经非绝热管道，地下水管道就是一个很好的例子。真实气体或蒸气流动介于绝热和等温之间。对于绝热和等温情形，定义马赫数很方便，其值等于气体或蒸气流速与大多数情况下声音在气体中的传播速度之比：

$$Ma = \frac{\bar{u}}{a} \tag{3-52}$$

式中，Ma 是马赫数，无量纲；a 是声音在气体中的传播速度，m/s；$\bar{u}$ 是气体在空气中的传播速度，m/s。声速可用热力学关系确定：

$$a = \sqrt{g\left(\frac{\partial P}{\partial \rho}\right)} \tag{3-53}$$

式中，a 是声音在气体中的传播速度，m/s；P 是环境压力，Pa；g 是重力加速度，9.81m/s^2；ρ 是气体密度，kg/m^3。

对于理想气体：

$$a = \sqrt{\gamma g R T / M} \tag{3-54}$$

式中，a 是声音在气体中的传播速度，m/s；γ 是绝热指数，无量纲；g 是重力加速度，9.81m/s^2；R 是理想气体状态常数，8.314J/(mol·K)；T 是气体温度，K；M 是分子量，无量纲。

对于理想气体，声速仅仅是温度的函数。在20℃的空气中，声速为344m/s。

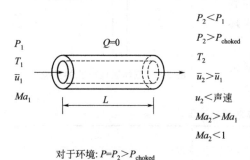

对于环境：$P = P_2 > P_{\text{choked}}$

图 3-9 气体通过管道的绝热非塞流流动

① 绝热流动。内部有气体或蒸气流动的绝热管道如图 3-9 所示。对这一特殊情况，出口处流速低于声速。流动是由沿管道的压力梯度驱动的。当气体流经管道时，因压力下降而膨胀。膨胀导致速度增加以及气体动能增加。动能是从气体的热能中得到的，导致温度降低。然而，在气体与管壁之间还存在着摩擦力，摩擦使气体温度升高。气体温度的增加或减少都是有可能的，这要依赖于动能和摩擦能的大小。

机械能守恒方程可应用于绝热流动，可以表达为：

$$\frac{\mathrm{d}P}{\rho} + \frac{\bar{u}\,\mathrm{d}\bar{u}}{\alpha g_c} + \frac{g}{g_c}\mathrm{d}z + \mathrm{d}F = -\frac{W_s}{m} \tag{3-55}$$

式中，P 是压强，Pa；ρ 是液体密度，kg/m^3；$\bar{u}$ 是气体平均瞬时流速，m/s；α 是无量纲速率修正系数，无量纲；g_c 是重力常数，$\text{N·s}^2/(\text{mg·m})$；$m$ 是质量，kg；g 是重力加速度，9.81m/s^2；z 是高于基准面的高度，m；F 是静摩擦损失项，J/kg；W_s 是轴功，J；m 是质量，kg。

对这种情况，以下假设是有效的：

$$\frac{g}{g_c}\mathrm{d}z \approx 0 \tag{3-56}$$

式中，g_c 是重力常数，$\text{N·s}^2/(\text{kg·m})$；$g$ 是重力加速度，9.81m/s^2；z 是高于基准面的高度，m。

对气体或蒸气是有效的。假设一个没有任何阀门或附件的直管道，可以得到：

$$\mathrm{d}F = \frac{2f\bar{u}^2\,\mathrm{d}L}{g_c d} \tag{3-57}$$

式中，F 是静摩擦损失项，J/kg；f 是 Fanning 摩擦系数；$\bar{u}$ 是气体平均瞬时流速，m/s；L 是管道长度，m；d 是管道直径，m；g_c 是重力常数，$\text{N·s}^2/(\text{kg·m})$。

因为没有机械连接：

$$W_s = 0 \tag{3-58}$$

摩擦损失项中一个重要的部分是假设沿管长方向的摩擦系数 f 为常数。该假设仅在高雷诺数下有效。对于敞口稳定流动过程，总能量守恒方程是：

$$\mathrm{d}h + \frac{\bar{u}\,\mathrm{d}\bar{u}}{\alpha g} + \frac{g}{g_c}\mathrm{d}z = q - \frac{W_s}{m} \tag{3-59}$$

式中，h 是气体的焓，J/kg；q 是热能，J；$\bar{u}$ 是气体平均瞬时流速，m/s；α 是无量纲速率修正系数，无量纲；g_c 是重力常数，N·s²/(kg·m)；g 是重力加速度，9.81m/s²；z 是高于基准面的高度，m；W_s 是轴功，J；m 是质量，kg。

采用以下假设：对于理想气体，$\mathrm{d}h = C_p\mathrm{d}T$；对于气体，$g/g_c\mathrm{d}z \approx 0$ 是有效的；因为管道是绝热的，因此 $q=0$；因为不存在机械连接，所以 $W_s = 0$。这些假设适用于方程(3-55)和(3-59)。方程联立，在标有下标"0"的初始点和任意终止点之间积分，可以得到：

$$\frac{T_2}{T_1} = \frac{Y_1}{Y_2} \tag{3-60}$$

$$Y_i = 1 + \frac{\gamma-1}{2}Ma_i^2 \quad(i=1,2) \tag{3-61}$$

$$\frac{P_2}{P_1} = \frac{Ma_1}{Ma_2}\sqrt{\frac{Y_1}{Y_2}} \tag{3-62}$$

$$\frac{\rho_2}{\rho_1} = \frac{Ma_1}{Ma_2}\sqrt{\frac{Y_2}{Y_1}} \tag{3-63}$$

$$G = \rho\bar{u} = Ma_1 P_1 \sqrt{\frac{\gamma g_c M}{R T_1}} = Ma_2 P_2 \sqrt{\frac{\gamma g_c M}{R T_2}} \tag{3-64}$$

式中，T_1 是气体温度，K；T_2 是环境温度，K；γ 是绝热指数，无量纲；Ma_i 是马赫数，无量纲；P_1 是气体压力，Pa；P_2 是环境压力，Pa；ρ_1 是气体密度，kg/m³；ρ_2 是环境气体密度，kg/m³；$\bar{u}$ 是气体平均瞬时流速，m/s；ρ 是气体密度，kg/m³；G 是泄漏速率，kg/(m²·s)；g_c 是重力常数，N·s²/(kg·m)；M 是气体分子量，无量纲；R 是理想气体状态常数，8.314J/(mol·K)。

$$\frac{\gamma+1}{2}\ln\left(\frac{Ma_2^2 Y_1}{Ma_1^2 Y_2}\right) - \left(\frac{1}{Ma_1^2} - \frac{1}{Ma_2^2}\right) + \gamma\left(\frac{4fL}{d}\right) = 0 \tag{3-65}$$

式中，Y_1 和 Y_2 是中间变量，见式(3-61)；γ 是绝热指数，无量纲；Ma_i 是马赫数，无量纲；f 是 Fanning 摩擦系数；L 是管道长度，m；d 是管道直径，m。

方程(3-65)将马赫数与管道中的摩擦损失联系在一起，确定了各种能量的分布。使用方程(3-60)到方程(3-63)，通过用温度和压力代替马赫数，使方程(3-64)和方程(3-65)转变为如下形式：

$$\frac{\gamma+1}{\gamma}\ln\frac{P_1 T_2}{P_2 T_1} - \frac{\gamma-1}{2\gamma}\left(\frac{P_1^2 T_2^2 - P_2^2 T_1^2}{T_2 - T_1}\right)\left(\frac{1}{P_1^2 T_2} - \frac{1}{P_2^2 T_1}\right) + \frac{4fL}{d} = 0 \tag{3-66}$$

$$Q_m = \sqrt{\frac{2g_c M}{R} \times \frac{\gamma}{\gamma-1} \times \frac{T_2 - T_1}{(T_1/P_1)^2 - (T_2/P_2)^2}} \tag{3-67}$$

式中，γ 是绝热指数，无量纲；T_1 是气体温度，K；T_2 是环境温度，K；P_1 是气体压力，Pa；P_2 是环境压力，Pa；f 是 Fanning 摩擦系数；L 是管道长度，m；d 是管道直径，

m；Q_m 是气体的泄漏质量速率，kg/s；g_c 是重力常数，N·s^2/(kg·m)；M 是气体分子量，无量纲；R 是理想气体状态常数，8.314J/(mol·K)；γ 是绝热指数，无量纲。

对于大多数问题，管长（L）、内径（d）、气体温度（T_1）和气体压力（P_1）以及环境压力（P_2）都是已知的。要计算质量速率 Q_m，步骤如下：

a. 确定管道的粗糙度 ε，计算 ε/d；

b. 确定 Fanning 摩擦系数 f。假设是高雷诺数的完全发展的湍流，随后将验证这一假设，但通常情况下该假设是正确的；

c. 由方程(3-66)确定 T_2；

d. 由方程(3-67)计算总的质量速率 Q_m。

对于长管或沿管程有较大压力变化，气体流速可能接近声速。这种情况如图 3-10 所示。达到声速时，气体流动就叫作塞流，气体在管道的末端达到声速。如果上游压力增加或者下游压力降低，管道末端的气流速率维持声速不变。如果下游压力下降到低于塞压 P_{choked}，那么通过管道的流动将保持塞流，流速不变并且不依赖于下游压力。管道末端的压力将维持在 P_{choked}，即使该压力高于周围环境压力。流出管道的气体会有一个突然的变化，即压力从 P_{choked} 变为周围环境压力。

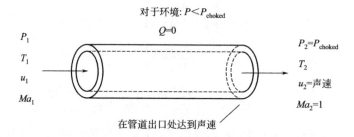

图 3-10 气体通过管道的绝热塞流

对于塞流方程(3-60) 到方程(3-65) 通过设置 $Ma_2=1$ 可以得到简化。

$$\frac{T_{\text{choked}}}{T_1}=\frac{2Y_1}{\gamma+1} \tag{3-68}$$

$$\frac{P_{\text{choked}}}{P_1}=Ma_1\sqrt{\frac{2Y_1}{\gamma+1}} \tag{3-69}$$

$$\frac{\rho_{\text{choked}}}{\rho_1}=Ma_1\sqrt{\frac{\gamma+1}{2Y_1}} \tag{3-70}$$

$$G_{\text{choked}}=\rho\bar{u}=Ma_1P_1\sqrt{\frac{\gamma g_c M}{RT_1}}=P_{\text{choked}}\sqrt{\frac{\gamma g_c M}{RT_{\text{choked}}}} \tag{3-71}$$

$$\frac{\gamma+1}{2}\ln\left[\frac{2Y_1}{(\gamma+1)Ma_1^2}\right]-\left(\frac{1}{Ma_1^2}-1\right)+\gamma\left(\frac{4fL}{d}\right)=0 \tag{3-72}$$

式中，T_{choked} 是引起塞流泄漏的温度，K；P_{choked} 是引起塞流泄漏的压力，Pa；G_{choked} 是塞流泄漏速率，kg/(m^2·s)；Y_1 是中间变量，表达式见(3-61)；γ 是绝热指数，无量纲；P_1 是气体压力，Pa；Ma_1 是马赫数，无量纲；ρ_1 是气体密度，kg/m^3；T_1 是气体温度，K；$\bar{u}$ 是气体平均瞬时流速，m/s；ρ 是气体密度，kg/m^3；g_c 是重力常数，N·s^2/(kg·m)；M 是气体分子量，无量纲；R 是理想气体状态常数，8.314J/(mol·K)；f 是 Fanning

摩擦系数；L 是管道长度，m；d 是管道直径，m。

如果下游压力小于 P_{choked}，塞流就会发生。这可用方程（3-69）来验证。对于涉及塞流绝热流动的许多问题，在管道出口处达到最大速度，管长（L）、内径（d）、气体压力（P_1）和气体温度（T_1）都是已知的。要计算泄漏速率 G_{choked}，步骤如下：

a. 确定 Fanning 摩擦系数 f，假设是高雷诺数完全发展的湍流，随后将验证这一假设；

b. 由方程（3-72）确定 Ma_1；

c. 由方程（3-71）确定泄漏速率 G_{choked}；

d. 由方程（3-69）确定 P_{choked} 以确认处于塞流情况。

对于绝热管道，方程（3-68）到方程（3-72）可以通过将 $4fL/d$ 替代为 $\sum K_f$ 而得到简化。通过定义气体膨胀系数 Y_g 可简化该过程。对于理想气体流动，声速和非声速情况下的质量流量都可以用 Darcy 公式表示：

$$G=\frac{Q_m}{A}=Y_g\sqrt{\frac{2g_c\rho_1(P_1-P_2)}{\sum K_f}} \tag{3-73}$$

式中，G 是泄漏速率，kg/(m²·s)；Q_m 是气体的质量流率，kg/s；A 是孔洞面积，m²；Y_g 是气体膨胀系数，无量纲；g_c 是重力常数，N·s²/(kg·m)；ρ_1 是气体密度，kg/m³；P_1 是气体压力，Pa；P_2 是环境气体压力，Pa；$\sum K_f$ 是超压位差损失项系数之和，无量纲，包括管道进口和出口、管道长度和附件。

对于大多数气体泄漏，气体流动是完全发展的湍流。这意味着对于管道，摩擦系数是不依赖于雷诺数的，对于附件 $K_f=K_\infty$，其求解也很直接。方程（3-73）中的气体膨胀系数 Y_g 仅依赖于气体的热容比 γ 和流道中的摩擦项 $\sum K_f$。通过使方程（3-73）与方程（3-71）相等，并求解 Y_g 就可以得到塞流中气体膨胀系数的方程。

$$Y_g=Ma_1\sqrt{\frac{\gamma\sum K_f}{2}\left(\frac{P_1}{P_1-P_2}\right)} \tag{3-74}$$

式中，Y_g 是气体膨胀系数，无量纲；Ma_1 是马赫数，无量纲；γ 是绝热指数，无量纲；$\sum K_f$ 是超压位差损失项系数之和，无量纲；P_1 是气体压力，Pa；P_2 是环境气体压力，Pa。

确定气体膨胀系数的步骤：

a. 使用方程（3-72）计算上游马赫数。用 $\sum K_f$ 代替 $4fL/d$ 以便包括管道和附件的影响。使用试差法求解，假设上游的马赫数并确定所假设的值是否与方程的结果相一致。

b. 计算声压比。可以通过方程（3-69）得到。如果真实比较由方程（3-69）计算得到的大，那么流动就是声速流或塞流，并且由方程（3-69）预测的压力下降可继续用于计算。如果真实比较由方程（3-69）计算得到的小，那么流动就不是声速流并且使用真实的压力降比值。

c. 由方程（3-74）计算膨胀系数 Y_g。如图 3-11，压力比 $(P_1-P_2)/P_1$ 随热容比 γ 略有变化。膨胀系数 Y_g 少许依赖于热容比，当热容比由 $\gamma=1.2$ 变化为 $\gamma=1.67$ 时，Y_g 的变化相对于其在 $\gamma=1.4$ 时的值仅变化了不到 1%。图 3-12 显示了 $\gamma=1.4$ 时的膨胀系数。

图 3-11 和图 3-12 的函数值可以使用形式为 $\ln Y_g=A(\ln K_f)^3+B(\ln K_f)^2+C(\ln K_f)+D$ 的方程拟合，式中 A、B、C 和 D 都是常数。结果见表 3-6，结果对于在指定的 K_f 变化范围内是精确的，误差在 1% 以内。

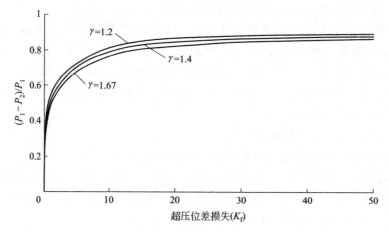

图 3-11　各种热容比下管道绝热流动的声速压力降

注：大于等于函数值的所有的点都处于声速流的条件下。

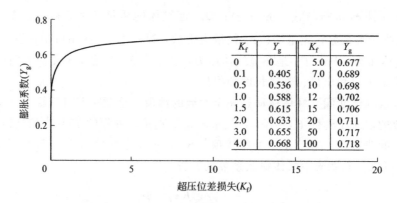

K_f	Y_g	K_f	Y_g
0	0	5.0	0.677
0.1	0.405	7.0	0.689
0.5	0.536	10	0.698
1.0	0.588	12	0.702
1.5	0.615	15	0.706
2.0	0.633	20	0.711
3.0	0.655	50	0.717
4.0	0.668	100	0.718

图 3-12　$\gamma=1.4$ 时绝热管道流动的膨胀系数 Y_g

表 3-6　膨胀系数 Y_g 和声速压力降比率同超压位差损失 K_f^2 之间的函数关系

函数值 y	A	B	C	D	K_f 的范围
膨胀系数 Y_g	0.0006	-0.0185	0.1141	0.5304	0.1～100
声速压力降比率 $\gamma=1.2$	0.0009	-0.0308	0.261	-0.7248	0.1～100
声速压力降比率 $\gamma=1.4$	0.0011	-0.0302	0.238	-0.6455	0.1～300
声速压力降比率 $\gamma=1.67$	0.0013	-0.0287	0.213	-0.5633	0.1～300

　　计算通过管道或孔洞流出的绝热质量流率的步骤：

　　a. 已知：基于气体类型的 γ，管道长度、直径和类型，管道进口和出口，附件的数量和类型，整体压降，气体密度；

　　b. 假设是完全发展的湍流，确定管道的摩擦系数和附件以及管道进、出口的超压位差损失项。计算完成后可计算雷诺数来验证假设。将各个超压位差损失项相加得到 $\sum K_f$；

　　c. 由指定的压力降计算 $(P_1-P_2)/P_1$。在图 3-11 中核对该值来确定流动是否是塞流。图 3-11 中曲线上面的区域均代表塞流。通过图 3-11 直接确定声速塞压 P_2；

　　d. 由图 3-12 确定膨胀系数。读图 3-12 中表的数据，从表中内插数据，或者用公式 $\ln Y_g = A(\ln K_f)^3 + B(\ln K_f)^2 + C(\ln K_f) + D$ 和表 3-6 中函数值进行计算；

　　e. 用方程(3-73) 计算泄漏流率。在该式中使用步骤 c. 中确定的声速塞压。

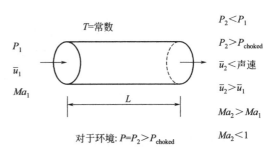

图 3-13　气体通过管道的等温非塞流

　　② 等温流动。气体在存在摩擦的管道中的等温流动如图 3-13 所示。这种情况下，假设气体流速远远低于声音在该气体中的速度。沿管程的压力梯度驱动气体流动。随着气体通过压力梯度的扩散，其流速必须增加到保持相同质量流量的大小。管道末端的压力与周围环境的压力相等，整个管道内的温度不变。

　　等温流动可用方程(3-3) 中的机械能守恒形式来表示。

　　对于气体：

$$\frac{g}{g_c}dz \approx 0 \tag{3-75}$$

$$dF = \frac{2f\bar{u}^2 dL}{g_c d} \tag{3-76}$$

　　式中，g_c 是重力常数，$N \cdot s^2/(kg \cdot m)$；g 是重力加速度，$9.81m/s^2$；F 是摩擦能，J；z 是高于基准面的高度，m；f 是 Fanning 摩擦系数；$\bar{u}$ 是气体平均瞬时流速，m/s；L 是管道长度，m；d 是管道直径，m。

　　假设 f 为常数，由于不存在机械连接，故

$$W_s = 0 \tag{3-77}$$

　　把以上假设条件代入到方程(3-55) 中，经过运算可以得到：

$$T_2 = T_1 \tag{3-78}$$

$$\frac{P_2}{P_1} = \frac{Ma_1}{Ma_2} \tag{3-79}$$

$$\frac{\rho_2}{\rho_1} = \frac{Ma_1}{Ma_2} \tag{3-80}$$

$$G_m = \rho\bar{u} = Ma_1 P_1 \sqrt{\frac{\gamma g_c M}{RT}} \tag{3-81}$$

$$2\ln\frac{Ma_2}{Ma_1} - \frac{1}{\gamma}\left(\frac{1}{Ma_1^2} - \frac{1}{Ma_2^2}\right) + \frac{4fL}{d} = 0 \tag{3-82}$$

　　式中，γ 是绝热指数，无量纲；T_1 是气体温度，K；T_2 是环境温度，K；P_1 是气体压力，Pa；P_2 是环境压力，Pa；f 是 Fanning 摩擦系数；L 是管道长度，m；d 是管道直径，m；Ma_i 是马赫数，无量纲；ρ_1 是气体密度，kg/m^3；ρ_2 是空气密度，kg/m^3；G_m 是泄漏速率，$kg/(m^2 \cdot s)$；$\bar{u}$ 是气体平均瞬时流速，m/s；ρ 是气体密度，kg/m^3；g_c 是重力常数，$N \cdot s^2/(mg \cdot m)$；M 是气体分子量，无量纲；R 是理想气体状态常数，$8.314J/(mol \cdot K)$；T 是温度，K。

　　方程(3-82) 中各个能量项都已经确定，该方程更方便的形式是用压力代替马赫数。通过使用方程(3-78) 到方程(3-80) 可以得到：

$$2\ln\frac{P_1}{P_2}-\frac{g_c M}{G_m^2 RT}(P_1^2-P_2^2)+\frac{4fL}{d}=0 \tag{3-83}$$

式中，P_1 是气体压力，Pa；P_2 是环境压力，Pa；f 是 Fanning 摩擦系数；L 是管道长度，m；d 是管道直径，m；g_c 是重力常数，N·s²/(kg·m)；M 是气体分子量，无量纲；R 是理想气体状态常数，8.314J/(mol·K)；T 是温度，K；G_m 是泄漏速率，kg/(m²·s)。

一个典型的问题是已知管长（L）、内径（d）、气体压力 P_1 和环境压力 P_2，确定泄漏速率 G。步骤如下：

a. 确定 Fanning 摩擦系数 f，假设是高雷诺数的完全发展的湍流，随后将验证这一假设；

b. 由方程(3-83)计算泄漏速率 G_m。

Levenspiel 指出，如同绝热情形一样，气体在管道中作等温流动时，其最大流速可能不是声速。根据马赫数，最大流速是：

$$Ma_{\text{choked}}=\frac{1}{\sqrt{\gamma}} \tag{3-84}$$

式中，Ma_{choked} 是引起塞流的马赫数，无量纲；γ 是绝热指数，无量纲。

通过使用机械能守恒方程并将其重新变换为以下形式：

$$-\frac{\mathrm{d}P}{\mathrm{d}L}=\frac{2fG_m^2}{g_c\rho d}\left(\frac{1}{1-\dfrac{\bar{u}^2}{g_c}\dfrac{\rho}{P}}\right)=\frac{2fG_m^2}{g_c\rho d}\left(\frac{1}{1-\gamma Ma^2}\right) \tag{3-85}$$

式中，P 是气体压力，Pa；f 是 Fanning 摩擦系数；L 是管道长度，m；d 是管道直径，m；g_c 是重力常数，N·s²/(kg·m)；G_m 是泄漏速率，kg/(m²·s)；ρ 是气体密度，m³；$\bar{u}$ 是气体平均瞬时流速，m/s；Ma 是马赫数，无量纲；γ 是绝热指数，无量纲。

当 $Ma\rightarrow\dfrac{1}{\sqrt{\gamma}}$ 时，$-\dfrac{\mathrm{d}P}{\mathrm{d}L}\rightarrow\infty$。因此，对于等温管道中的塞流，如图 3-14，可采用以下方程：

$$T_{\text{choked}}=T_1 \tag{3-86}$$

$$\frac{P_{\text{choked}}}{P_1}=Ma_1\sqrt{\gamma} \tag{3-87}$$

$$\frac{\rho_{\text{choked}}}{\rho_1}=Ma_1\sqrt{\gamma} \tag{3-88}$$

$$\frac{\bar{u}_{\text{choked}}}{\bar{u}_1}=\frac{1}{Ma_1\sqrt{\gamma}} \tag{3-89}$$

$$\ln\left(\frac{1}{\gamma Ma_1^2}\right)-\left(\frac{1}{\gamma Ma_1^2}-1\right)+\frac{4fL}{d}=0 \tag{3-90}$$

$$Q_{\text{choked}}=\rho\bar{u}=\rho_1\bar{u}_1=Ma_1P_1\sqrt{\frac{\gamma g_c M}{RT}}=P_{\text{choked}}\sqrt{\frac{g_c M}{RT}} \tag{3-91}$$

式中，T_{choked} 是引起塞流泄漏的温度，K；P_{choked} 是引起塞流泄漏的压力，Pa；ρ_{choked} 是引起塞流泄漏的气体密度，kg/m³；T_1 是气体温度，K；$\bar{u}_{\text{choked}}$ 是引起塞流泄漏的气体平

均瞬时流速，m/s；$Q_{chocked}$ 是引起塞流泄漏的气体质量流速，kg/s；Ma_1 是马赫数，无量纲；γ 是绝热指数，无量纲；f 是 Fanning 摩擦系数；L 是管道长度，m；d 是管道直径，m；ρ 是气体密度，kg/m³；$\bar{u}_1$ 是气体平均瞬时流速，m/s；P_1 是气体压力，Pa；g_c 是重力常数，N·s²/(mg·m)；M 是气体分子量，无量纲；R 是理想气体状态常数，8.314J/(mol·K)；T 是气体温度，K。

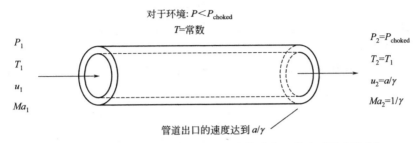

图 3-14　气体通过管道的等温塞流（在管道出口处达到最大速度）

对于大多数典型问题，管长（L）、内径（d）、气体压力 P_1 和气体温度 T 都是已知的。泄漏速率可通过以下步骤来确定：

a. 确定 Fanning 摩擦系数，假设是高雷诺数的完全发展的湍流。随后将验证这一假设；

b. 由方程（3-90）确定 Ma_1；

c. 由方程（3-91）确定泄漏质量速率 Q_{choked}。

3.3.3　液化气体泄漏

储罐、管道或其他盛装设备有时会存储温度高于其通常沸点温度的受压液体，如果出现孔洞，部分液体会闪蒸为蒸气，有时会发生爆炸。闪蒸发生的速度很快，其过程可假设为绝热。过热液体中的额外能量使液体蒸发，并使其温度降到新的沸点。如果 m 是初始液体的质量，C_p 是液体的定压比热容，T_0 是降压前液体的温度，T_b 是降压后液体的沸点，则包含在过热液体中额外的能量为：

$$E = mC_p(T_0 - T_b) \tag{3-92}$$

式中，E 是过热液体中额外的能量，J；m 是初始液体的质量，kg；C_p 是定压比热容，J/(kg·K)；T_0 是初始温度，K；T_b 是液体沸点，K。

该能量使液体蒸发。如果 ΔH_v 是液体的蒸发热，蒸发的液体质量 m_v 为：

$$m_v = \frac{E}{\Delta H_v} = \frac{mC_p(T_0 - T_b)}{\Delta H_v} \tag{3-93}$$

式中，m_v 是蒸发的液体质量，kg；E 是过热液体中额外的能量，J；ΔH_v 是液体的蒸发热，J/kg；m 是初始液体的质量，kg；C_p 是定压比热容，J/(kg·K)；T_0 是初始温度，K；T_b 是液体沸点，K。

液体蒸发比例是：

$$f_v = \frac{m_v}{m} = \frac{C_p(T_0 - T_b)}{\Delta H_v} \tag{3-94}$$

式中，f_v 是液体蒸发比例，无量纲；m_v 是蒸发的液体质量，kg；ΔH_v 是液体的蒸发热，J/kg；m 是初始液体的质量，kg；C_p 是定压比热容，J/(kg·K)；T_0 是初始温度，

K；T_b 是液体沸点，K。

方程(3-94) 基于假设从 T_0 到 T_b 的温度范围内液体的物理特性不变，没有此假设时更一般的表达形式将在下面介绍。

温度 T 的变化导致的液体质量 m 的变化为：

$$\mathrm{d}m = \frac{mC_p}{\Delta H_v}\mathrm{d}T \tag{3-95}$$

式中，ΔH_v 是液体的蒸发热，J/kg；m 是初始液体的质量，kg；C_p 是定压比热容，J/(kg·K)；T 是温度，K。

在初始温度 T_0（液体质量为 m）与最终沸点温度 T_b（液体质量为 $m-m_v$）区间内，对方程(3-95) 进行积分，得到：

$$\int_m^{m-m_v} \frac{\mathrm{d}m}{m} = \int_{T_0}^{T_b} \frac{C_p}{\Delta H_v}\mathrm{d}T \tag{3-96}$$

$$\ln\left(\frac{m-m_v}{m}\right) = -\frac{\overline{C_p}(T_0-T_b)}{\overline{\Delta H_v}} \tag{3-97}$$

式中，m_v 是蒸发的液体质量，kg；ΔH_v 是液体的蒸发热，J/kg；$\overline{\Delta H_v}$ 是从 T_0 到 T_b 温度范围内的平均液体蒸发热，J/kg；m 是初始液体的质量，kg；C_p 是定压比热容，J/(kg·K)；$\overline{C_p}$ 是从 T_0 到 T_b 温度范围内的平均定压比热容，J/(kg·K)；T 是温度，K；T_0 是初始温度，K；T_b 是液体沸点，K。

求解液体蒸发比率 $f_v = m_v/m$，可得到：

$$f_v = 1 - \exp[-\overline{C_p}(T_0-T_b)/\overline{\Delta H_v}] \tag{3-98}$$

式中，f_v 是液体蒸发比率，无量纲；$\overline{\Delta H_v}$ 是从 T_0 到 T_b 温度范围内的平均液体蒸发热，J/kg；$\overline{C_p}$ 是从 T_0 到 T_b 温度范围内的平均定压比热容，J/(kg·K)；T_0 是初始温度，K；T_b 是液体沸点，K。

对于包含有多种易混合物质的液体，闪蒸计算非常复杂，这是由于更易挥发组分首先闪蒸。求解这类问题的方法有很多。由于存在两相流情况，通过孔洞和管道泄漏出的闪蒸液体需要特殊考虑，即有几个特殊的情况需要考虑。如果泄漏的流程长度很短，例如通过薄壁容器上的孔洞，则存在不平衡条件，以及液体没有时间在孔洞内闪蒸，液体在孔洞外闪蒸。应使用描述不可压缩流体通过孔洞流出的方程。如果泄漏的流程长度大于 10cm（通过管道或厚壁容器），那么就能达到平衡闪蒸条件，且流动是塞流。可假设塞压与闪蒸液体的饱和蒸气压相等，结果仅适用于储存在高于其饱和蒸气压环境下的液体。在此假设下，泄漏速率由下式给出：

$$Q_m = AC_0\sqrt{2\rho_f(P-P_{sat})} \tag{3-99}$$

式中，Q_m 是泄漏质量速率，kg/s；A 是释放面积，m^2；C_0 是流出系数，无量纲；ρ_f 是液体密度，kg/m³；P 是容器内压力，Pa；P_{sat} 是闪蒸液体处于周围温度情况下的饱和蒸气压，Pa。

对储存在其饱和蒸气压下的液体，$P=P_{sat}$，方程(3-99) 将不再有效，这需要更详细的方法，考虑初始静止的液体加速通过孔洞。假设动能占支配地位，忽略潜能的影响。那么，根据机械能守恒方程(3-3)，引入比容 $v=1/\rho$，可以得到：

$$-\int_1^2 v\mathrm{d}P = \frac{\bar{u}_2^2}{2} \tag{3-100}$$

式中，v 是比容，m^3/kg；P 是容器内压力，Pa；$\bar{u}_2$ 是点 2 处平均流速，$\mathrm{m/s}$。

质量通量定义为：

$$Q_\mathrm{m} = \rho\bar{u} = \frac{\bar{u}}{v} \tag{3-101}$$

式中，Q_m 是泄漏质量速率，$\mathrm{kg/s}$；v 是比容，m^3/kg；ρ 是密度，$\mathrm{kg/m}^3$；$\bar{u}$ 是平均流速，$\mathrm{m/s}$。

联立方程(3-100) 和方程(3-101)，假设泄漏质量速率是常数，得到：

$$-\int_1^2 v\mathrm{d}P = \frac{\bar{u}_2^2}{2} = \frac{Q_\mathrm{m}^2 v_2^2}{2} \tag{3-102}$$

式中，Q_m 是泄漏质量速率，$\mathrm{kg/s}$；v 是比容，m^3/kg；P 是容器内压力，Pa；$\bar{u}_2$ 是点 2 处平均流速，$\mathrm{m/s}$；v_2 是点 2 处比容，m^3/kg。

求解泄漏质量速率 Q_m，假设点 2 被定义为沿管长的任意一点，得到：

$$Q_\mathrm{m} = \frac{\sqrt{-2\int v\mathrm{d}P}}{v} \tag{3-103}$$

式中，Q_m 是泄漏速率，$\mathrm{kg/s}$；v 是比容，m^3/kg；P 是容器内压力，Pa。

方程(3-103) 包含有一个最大值，在该处塞流发生。在塞流情况下，$\mathrm{d}G/\mathrm{d}P = 0$。对方程(3-103) 微分，并将其结果设为零，得到：

$$\frac{\mathrm{d}Q_\mathrm{m}}{\mathrm{d}P} = 0 = -\frac{(\mathrm{d}v/\mathrm{d}P)}{v^2}\sqrt{-2\int v\mathrm{d}P} - \frac{1}{\sqrt{-2\int v\mathrm{d}P}} \tag{3-104}$$

$$0 = -\frac{Q_\mathrm{m}(\mathrm{d}v/\mathrm{d}P)}{v} - \frac{1}{vQ_\mathrm{m}} \tag{3-105}$$

式中，Q_m 是泄漏速率，$\mathrm{kg/s}$；v 是比容，m^3/kg；P 是容器内压力，Pa。

求解方程(3-105) 中的 Q_m，可以得到：

$$G_\mathrm{m} = \frac{Q_\mathrm{m}}{A} = \sqrt{-\frac{1}{(\mathrm{d}v/\mathrm{d}P)}} \tag{3-106}$$

式中，G_m 是泄漏速率，$\mathrm{kg/(m^2 \cdot s)}$；$Q_\mathrm{m}$ 是泄漏质量流速，$\mathrm{kg/s}$；A 是泄漏面积，m^2；v 是比容，m^3/kg；P 是容器内压力，Pa。

两相流的比容为：

$$v = v_\mathrm{fg} f_\mathrm{v} + v_\mathrm{f} \tag{3-107}$$

式中，v 是两相流的比容，m^3/kg；v_fg 是蒸气和液体之间的比容差，m^3/kg；v_f 是液体的比容，m^3/kg；f_v 是蒸气质量比率，无量纲。

方程(3-107) 对压力进行微分，得到：

$$\frac{\mathrm{d}v}{\mathrm{d}P} = v_\mathrm{fg}\frac{\mathrm{d}f_\mathrm{v}}{\mathrm{d}P} \tag{3-108}$$

式中，v 是两相流的比容，m^3/kg；v_fg 是蒸气和液体之间的比容差，m^3/kg；f_v 是蒸气质量比率，无量纲；P 是容器内压力，Pa。

但是，由方程(3-108)：

$$df_v = -\frac{C_p}{\Delta H_v} dT \tag{3-109}$$

式中，f_v 是蒸气质量比率，无量纲；ΔH_v 是液体的蒸发热，J/kg；C_p 是定压比热容，J/(kg·K)；T 是温度，K。

由克拉修斯-克拉佩龙方程，在饱和状态下：

$$\frac{dP}{dT} = \frac{\Delta H_v}{T v_{fg}} \tag{3-110}$$

式中，ΔH_v 是液体的蒸发热，J/kg；v_{fg} 是蒸气和液体之间的比容差，m³/kg；P 是容器内压力，Pa；T 是温度，K。

将方程(3-108)和方程(3-109)代入方程(3-110)，得到：

$$\frac{dv}{dP} = -\frac{v_{fg}^2}{\Delta H_v^2} T C_p \tag{3-111}$$

式中，v 是两相流的比容，m³/kg；P 是容器内压力，Pa；v_{fg} 是蒸气和液体之间的比容差，m³/kg；ΔH_v 是液体的蒸发热，J/kg；C_p 是定压比热容，J/(kg·K)；T 是温度，K。

联立方程(3-110)和方程(3-111)，可得到泄漏质量流速：

$$Q_m = \frac{\Delta H_v A}{v_{fg}} \sqrt{\frac{1}{T C_p}} \tag{3-112}$$

式中，Q_m 是泄漏质量流速，kg/s；ΔH_v 是液体的蒸发热，J/kg；A 是泄漏面积，m²；v_{fg} 是蒸气和液体之间的比容差，m³/kg；C_p 是定压比热容，J/(kg·K)；T 是温度，K。

值得注意的是，方程(3-112)中的温度 T 是来自克拉修斯-克拉佩龙方程的热力学温度，与热容没有关系。在闪蒸蒸气喷射时会形成一些小液滴。这些小液滴很容易就被风带走，离开泄漏发生处。因此，经常假设所形成的液滴的量同闪蒸的量是相等的。

3.3.4 静态液池蒸发

一般的，液池蒸发速率方程为：

$$Q_{evap} = \frac{M A_{pool} K (P_{sat} - P)}{R T_{pool}} \tag{3-113}$$

式中，Q_{evap} 为质量蒸发速率，kg/s；M 为泄漏物质的摩尔质量，kg/mol；A_{pool} 为液池面积，m²；P_{sat} 为液体饱和蒸气压，Pa；P 为泄漏物质在环境中的蒸气分压，Pa；T_{pool} 为液体温度，K；R 为理想气体状态常数，8.314J/(mol·K)；K 为传质系数，m/s，传质系数 K 可以通过 Gordon 模型或者 Mackey 模型计算得出。

(1) Gordon 模型

传质系数的计算公式为：

$$K = K_0 \left(\frac{M_0}{M}\right)^{1/3} \tag{3-114}$$

式中，K 为蒸发液体的传质系数，m；K_0 为参考物质的传质系数，m；M 为蒸发液体的摩尔质量，kg/mol；M_0 为参考物质的摩尔质量，kg/mol。

（2）Mackey 模型

传质系数的计算公式为：

$$K = Cu^{\alpha_1} L^{\alpha_2} Sc^{\alpha_3} \qquad (3-115)$$

式中，u 为环境风速，m/s；L 为液池的特征尺度，m；Sc 为 Schmidt 数，无量纲；C、α_1、α_2、α_3 是经验常数。

3.4　泄漏模拟分析

3.4.1　液体泄漏模拟分析

以管道小孔泄漏为例，管道孔洞泄漏速率计算模型主要用于计算过程单元（例如管道）壁面上出现孔洞后，过程单元中液体通过孔洞的泄漏速率。孔洞出现的原因有应力裂纹、疲劳裂纹、腐蚀穿孔、外来物体的打击等，如图 3-15 所示。

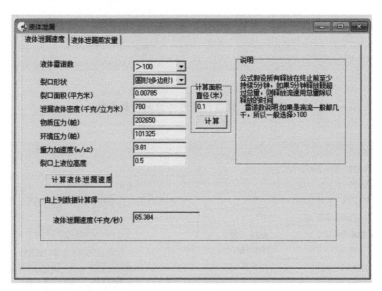

图 3-15　管道孔洞液体泄漏计算界面

3.4.2　气体泄漏模拟分析

气体泄漏模型主要用于过程单元（如管道）管壁上出现孔洞后，单元中蒸气或气体从孔洞泄漏的速度计算。孔洞出现的原因有应力裂纹、疲劳裂纹、腐蚀穿孔、外来物体的打击等，如图 3-16 所示。

3.4.3　液体闪蒸泄漏模拟分析

液体闪蒸泄漏模型主要用于过程单元（如管道）管壁上出现孔洞后，单元中液化气体从孔洞泄漏速率和闪蒸比的计算。该计算模型适用于液体的沸点低于环境温度的情况，如图 3-17 所示。

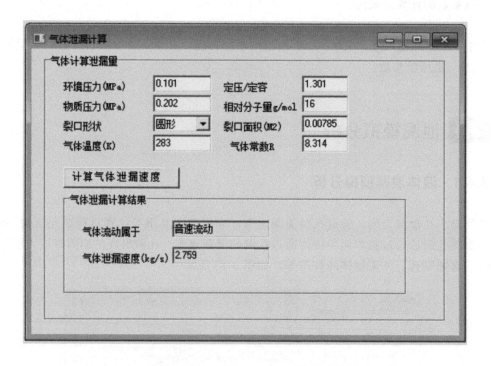

图 3-16　管道孔洞气体泄漏计算界面

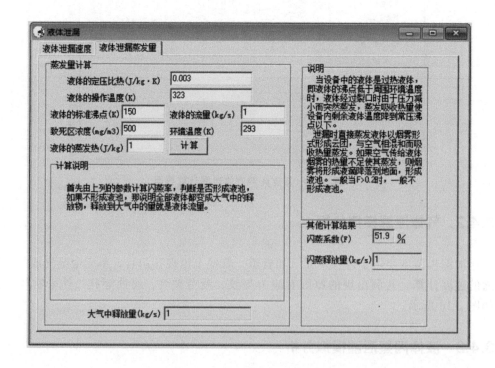

图 3-17　液体闪蒸泄漏计算界面

3.4.4　静态液池蒸发模拟分析

以 Gordon 模型为例，Gordon 模型适用于静风环境下液池蒸发速率的计算，模型的计算精确度不高，如图 3-18 所示。

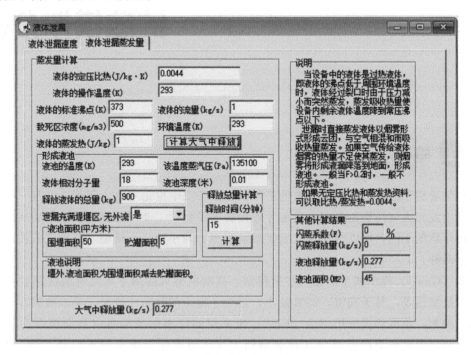

图 3-18　静态液池蒸发计算界面

第4章
扩散模拟分析

4.1 概述

国外学者对于泄漏物质在大气中的扩散研究始于二十世纪七八十年代，并且一开始主要是针对核尘埃和大气污染的研究，后来才慢慢转向了化学工业。根据物质泄漏后所形成的气云的物理性质的不同，可以将描述气云扩散的模型分为中性气云模型（非重气云模型）和重气云模型两种。

高斯（Gauss）模型属于非重气扩散模型。高斯模型只适用于与空气密度相差不多的气体扩散，模型简单，易于理解，运算量小，且由于提出的时间比较早，实验数据多，因而较为成熟。例如，美国环境保护协会（EPA）所采用的许多标准都是以高斯模型为基础而制定的。但是，大多数危险性物质一旦泄漏到大气环境中就会由于较重的分子量（如 Cl_2）、低温（如 LNG）和化学变化（如 HF）等原因形成比周围环境气体重的重气云。重气云的扩散机理与非重气云完全不同。

重气云扩散机理的研究是国外众多学者竞相研究的热点课题。国际上曾多次召开有关重气云扩散研究及其预防控制方面的系列学术会议，如"Symposium on Heavy Gas Dispersion""Proceedings of the Symposium on Heavy Gas Dispersion Trails at Thorney Island""Proceedings of the International Symposium on Preventing Major Chemical Accidents"以及"International Symposium on Loss Prevention and Safety Promotion in the Process Industries"等，促进了重气云扩散机理的研究。到目前为止，已提出大约 200 个重气云扩散模型。重气云扩散模型可分为经验模型、箱模型、浅层模型以及三维流体力学模型四种。

为了对重气云的扩散机理做深入研究，欧美等发达国家在二十世纪七八十年代做了大量的风洞实验和现场大型实验。试验物质主要有 LNG（液化天然气）、LPG（液化石油气）、液氨、氟里昂及氮气的混合气、氟化氢及二氧化硫等，十几年间报道了百余种重气扩散模型，促进了化学毒物泄漏扩散模型研究的发展。这些实验及理论研究的成果在国际核心期刊"Journal of Hazardous Materials""Journal of Loss Prevention in the Process Industries"和"Atmospheric Environment"上进行了相对集中的报道。另外，美国军方、环境保护组织以及大型石油化工公司也都建立了自己的泄漏扩散模型。随着大规模现场泄漏扩散试验的完成，人们对重气云扩散过程机理的认识进一步深入，又有大量描述重气云扩散的新模型或修正模型问世，且开始向复杂地形、扩散过程中发生化学反应、扩散系数各向异性、大气湍流对扩散的影响等深度发展。

此外，国外一些著名的研究机构在理论和实验研究的基础上，相继开发了很多基于计算流体力学（computational fluid dynamics，CFD）的泄漏扩散模拟软件系统，如美国海岸警备队和气体研究所开发的 DEGADIS，美国壳体研究有限公司在 20 家化工和石油化工公司的支持下开发的 HGSYSTEM，丹麦 Aalbord 大学开发的 EXSIM，挪威 Christian Michelsen 研究院开发的 FLACS 以及荷兰 TNO 和 Century Dynamics 合作开发的 AutoReaGas 等。

国内关于有毒有害气体或蒸气扩散的研究起步较晚，且投入力量尚不多。从目前的文献资料及学术交流情况来看，大连理工大学在国家自然科学基金的资助下，通过对现有扩散模型研究分析，从气体动力学入手，通过对气体微元进行质量平衡、动量平衡、能量平衡的分析，采用平板模型并在风洞实验的基础上对可燃及毒性气体的扩散过程进行了研究。北京化工大学对重气扩散的过程进行了分析，采用涡黏性模型中的 k-ε 双方程模型对模型中的扩散系数进行了修正，并对 Thorney Island Trial 008 试验的整个重气扩散过程进行了模拟，模拟结果与试验结果符合程度较好。原化工部劳动保护研究所在"八五"期间对有毒物质的泄漏扩散进行了研究，在总结和建立泄漏模式及泄漏源模型的基础上提出了泄漏扩散的 HLY 模型，该模型与国外一些著名的泄漏扩散模型相比与试验数据的吻合程度更好。

描述泄漏云团扩散过程的数学模型有很多，根据云团物理性质的不同，模型可划分为中性云团模型和重气云团模型。常用的高斯模型属于中性云团模型，适用于与空气密度相差不多的气体的扩散。高斯模型包括高斯烟羽模型和高斯烟团模型。其中，高斯烟羽模型适用于连续源的气体扩散，而高斯烟团模型适用于瞬时源的气体扩散。但是，大多数危险性物质一旦泄漏到大气环境中就会由于较重的分子质量（如 CO_2）、低温（如 LNG）和化学变化等原因形成比周围环境气体重的重气云团。重气的扩散机理与中性气体不同，由于重气效应的存在，在地面附近形成薄而宽的重气云团。其扩散可分为四个阶段：重力沉降、空气卷吸、云团加热和重气扩散向非重气扩散的转变。

4.2 扩散模式及影响因素

物质泄漏后，会以烟羽（见图 4-1）或烟团（见图 4-2）两种方式在空气中传播、扩散。泄漏物质的最大浓度是在释放发生处（可能不在地面上）。由于有毒物质与空气的湍流混合和扩散，其在下风向的浓度较低。有毒物质在大气中的扩散影响因素有：①风速；②大气稳定度；③地面条件（建筑物、水、树）；④泄漏处离地面的高度；⑤物质释放的初始动量和浮力。

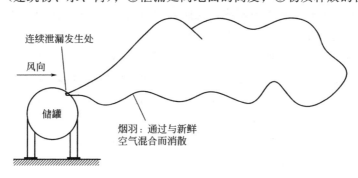

图 4-1　物质连续泄漏形成的典型烟羽

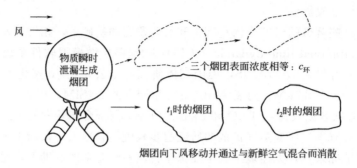

图 4-2　物质瞬时泄漏形成的典型烟团

　　随着风速的增加，图 4-1 中的烟羽变得又长又窄；物质向下风向输送的速度变快了，但是被大量空气稀释的速度也加快了。大气稳定度与空气的垂直混合有关。白天，空气温度随着高度的增加迅速下降，促使了空气的垂直运动。夜晚，空气温度随高度的增加下降不多，导致较少的垂直运动。白天和夜晚的温度随高度的变化如图 4-3 所示。有时相反的现象也会发生。在相反的情况下，温度随着高度的增加而增加，导致最低限度的垂直运动。这种情况经常发生在晚间，因为热辐射导致地面迅速冷却。

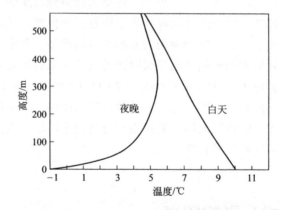

图 4-3　白天和夜晚空气温度随高度的变化

　　大气稳定度可划分为三种稳定类型：不稳定、中性和稳定。对于不稳定的大气情况，太阳对地面的加热要比热量散失的快。因此，地面附近的空气温度比高处的空气温度高，这在上午的早些时候可能会被观测到。这导致了大气不稳定，因为较低密度的空气位于较高密度的空气下面。这种浮力的影响增强了大气的机械湍流。对于中性稳定度，地面上方的空气暖和，风速增加，减少了输入的太阳能或日光照射的影响。空气的温度差不影响大气的机械湍流。对于稳定的大气情况，太阳加热地面的速度没有地面的冷却速度快。因此，地面附近的温度比高处空气的温度低。这种情况是稳定的，因为较高密度的空气位于较低密度的空气下面，浮力的影响抑制了机械湍流。地面条件影响地表的机械混合和随高度而变化的风速。树木和建筑物的存在加强了这种混合，而湖泊和敞开的区域，则减弱了这种混合。图 4-4 显示了不同地表情况下风速随高度的变化情况。

　　泄漏高度对地面浓度的影响很大。随着释放高度的增加，地面浓度降低，这是因为烟羽需要垂直扩散更长的距离，如图 4-5 所示。

　　泄漏物质的浮力和动量改变了泄漏的有效高度，如图 4-6 所示。高速喷射所具有的动量将气体带到高于泄漏处，导致更高的有效泄漏高度。如果气体密度比空气小，那么泄漏的气体一开始具有浮力，并向上升高。如果气体密度比空气大，那么泄漏的气体开始就具有沉降力，并向地面下沉。泄漏气体的温度和分子量决定了相对于空气（分子量为 28.97）的气体密度。对于所有气体，随着气体向下风向传播和同新鲜空气混合，最终将被充分稀释，并认为具有中性浮力。此时，扩散由周围环境的湍流所支配。

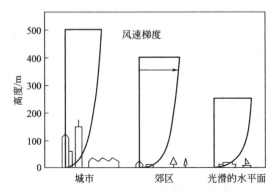

图 4-4　地面条件对垂直风速梯度的影响

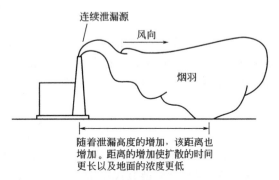

图 4-5　泄漏高度增加降低了地面扩散浓度

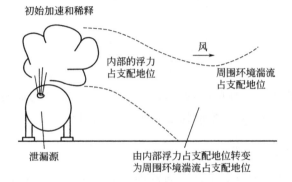

图 4-6　泄漏物质的初始加速度和浮力影响烟羽的特性

4.3　扩散模型

4.3.1　喷射扩散模型

气体泄漏时从裂口喷出形成气体喷射。大多数情况下气体直接喷出后，其压力高于周围环境大气压力，温度低于环境温度。在进行气体喷射计算时，应以等价喷射孔口直径计算。等价喷射的孔口直径按下式计算：

$$D = D_0 \sqrt{\frac{\rho_0}{\rho}} \tag{4-1}$$

式中，D 是等价喷射孔径，m；D_0 是裂口孔径，m；ρ_0 是泄漏气体的密度，kg/m^3；ρ 是周围环境条件下气体的密度，kg/m^3。

如果气体泄漏能瞬时达到周围环境的温度、压力状况，即 $\rho_0 = \rho$，则 $D = D_0$。

(1) 喷射的浓度分布

在喷射轴线上距孔口 x 处的气体浓度 $C(x)$ 为：

$$C(x) = \frac{\dfrac{b_1 + b_2}{b_1}}{0.32\dfrac{x}{D} \times \dfrac{\rho}{\sqrt{\rho_0}} + 1 - \rho} \tag{4-2}$$

式中，$C(x)$ 是气体浓度，kg/m^3；x 是喷射轴线上距孔口处的距离，m；D 是等价喷射孔径，m；ρ_0 是泄漏气体的密度，kg/m^3；ρ 是周围环境条件下气体的密度，kg/m^3；b_1、b_2 是分布函数，其表达式如下：

$$b_1 = 50.5 + 48.2\rho - 9.95\rho^2$$
$$b_2 = 23 + 41\rho \tag{4-3}$$

式中，b_1、b_2 是分布函数，无量纲；ρ 是周围环境条件下气体的密度，kg/m^3。

如果把式(4-3)改写成 x 是 $C(x)$ 的函数形式，则给定某浓度值 $C(x)$，就可算出具有该浓度的点至孔口的距离 x。在喷射轴线上点 x 且垂直于喷射轴线的平面任一点处的气体浓度为：

$$\frac{C(x,y)}{C(x)} = e^{-b_2(y/x)^2} \tag{4-4}$$

式中，$C(x,y)$ 是距裂口 x 且垂直于喷射轴线的平面内 y 点的气体浓度，kg/m^3；$C(x)$ 是喷射轴线上距裂口 x 处的气体浓度，kg/m^3；b_2 是分布函数，无量纲；x 是喷射轴线上距孔口处的距离，m；y 是喷射轴线上垂直方向的距离，m。

(2) 喷射轴线上的速度分布

喷射速度随着轴线距离增大而减小，直到轴线上的某一点喷射速度等于风速为止，该点称为临界点。临界点以后的气体运动不再符合喷射规律。沿喷射轴线上的速度分布由下式得出：

$$\frac{V(x)}{V_0} = \frac{\rho_0}{\rho} \times \frac{b_1}{4}\left[0.32\frac{x}{D} \times \frac{\rho}{\rho_0} + 1 - \rho\right]\left(\frac{D}{x}\right)^2 \tag{4-5}$$

式中，$V(x)$ 是喷射轴线上距裂口 x 处一点的速度，m/s；ρ_0 是泄漏气体密度，kg/m^3；ρ 是周围环境条件下气体的密度，kg/m^3；D 是等价喷射孔径，m；x 是喷射轴线上距裂口某点的距离，m；b_1 是分布函数，无量纲；V_0 是喷射初速，等于气体泄漏时流出裂口时的速度，m/s，可按下式计算：

$$V_0 = \frac{Q_0}{C_d \rho \pi\left(\dfrac{D_0}{2}\right)^2} \tag{4-6}$$

式中，V_0 是喷射初速，m/s；Q_0 是气体泄漏速度，kg/s；C_d 是气体泄漏系数，无量纲；ρ 是周围环境条件下气体的密度，kg/m^3；D_0 是裂口直径，m。

当临界点处的浓度小于允许浓度（如可燃气体的燃烧下限或者有害气体最高允许浓度）时，只需按喷射来分析；若该点的浓度大于允许浓度时，则需要进一步分析泄漏气体在大体中扩散的情况。

4.3.2　绝热扩散模型

闪蒸液体或加压气体瞬时泄漏后，有一段快速扩散时间，假定此过程相当快以致在混合气团和周围环境之间来不及热交换，则称此扩散为绝热扩散。根据 TNO（1997 年）提出的绝热扩散模式，泄漏气体（或液体闪蒸形成的蒸气）的气团成半球形向外扩散。根据浓度分布情况，把半球分成内外两层，内层浓度均匀分布，且具有 50% 的泄漏量；外层浓度呈高斯分布，具有另外 50% 的泄漏量。绝热扩散过程分为两个阶段：第一阶段，气团向外扩散至大气压力，在扩散过程中气团获得动能，称为"扩散能"；第二阶段，扩散能将气团向外推，使紊流混合空气进入气团，从而使气团范围扩大。当内层扩散速度降到一定值时，可以认为扩散过程结束。

（1）气团扩散能

在气团扩散的第一阶段，扩散的气体（或蒸气）的内能一部分用来增加动能，对周围大气做功。假设该阶段的过程为可逆绝热过程，并且是等熵的。

① 气体泄漏扩散能。根据内能变化得出扩散能计算公式如下：

$$E = C_v(T_1 - T_2) - 0.98p_0(V_2 - V_1) \tag{4-7}$$

式中，E 是气体扩散能，J；C_v 是定容比热容，J/(kg·K)；T_1 是气团初始温度，K；T_2 是气团压力降至大气压力时的温度，K；p_0 是环境压力，Pa；V_1 是气团初始体积，m³；V_2 是气团压力降至大气压力时的体积，m³。

② 闪蒸液体泄漏扩散能。蒸发的蒸气团扩散能可以按下式计算：

$$E = [H_1 - H_2 - T_b(S_1 - S_2)]W - 0.98(p_1 - p_0)V_1 \tag{4-8}$$

式中，E 是闪蒸液体扩散能，J；H_1 是泄漏液体初始焓，J/kg；H_2 是泄漏液体最终焓，J/kg；T_b 是液体的沸点，K；S_1 是液体蒸发前的熵，J/(kg·K)；S_2 是液体蒸发后的熵，J/(kg·K)；W 是液体蒸发量，kg；p_1 是初始压力，Pa；p_0 是周围环境压力，Pa；V_1 是初始体积，m³。

（2）气团半径与浓度

在扩散能的推动下气团向外扩散，并与周围空气发生紊流混合。

① 内层半径与浓度。气团内层半径 R_1 和浓度 C 是时间函数，表达式如下：

$$R_1 = 2.72\sqrt{k_d t} \tag{4-9}$$

$$C = \frac{0.0059 T V_0}{(k_d t)^3} \tag{4-10}$$

式中，R_1 是气团内层半径，m；t 是扩散时间，s；V_0 是在标准温度、压力下的气体体积，m³；T 是气体温度，K；k_d 是紊流扩散系数，按下式计算：

$$k_d = 0.0137\sqrt[3]{V_0}\sqrt{E}\left[\frac{\sqrt[3]{V_0}}{t\sqrt{E}}\right]^{\frac{1}{4}} \tag{4-11}$$

式中，k_d 是紊流扩散系数，无量纲；E 是闪蒸液体扩散能，J；t 是扩散时间，s；V_0 是在标准温度、压力下的气体体积，m³。

如上所述，当中心扩散速度（dR/dt）降到一定值时，第二阶段才结束。临界速度的选择是随机的且不稳定的。设扩散结束时扩散速度为 1m/s，则在扩散结束时内层半径 R_1 和浓度 C 可按下式计算：

$$R_1 = 0.08837E^{0.3}V_0^{\frac{1}{3}} \tag{4-12}$$

$$C = 172.95E^{-0.9} \tag{4-13}$$

式中，R_1 是气团内层半径，m；C 是气体浓度，kg/m^3；E 是闪蒸液体扩散能，J；V_0 是在标准温度、压力下的气体体积，m^3。

② 外层半径与浓度。第二阶段末气团外层的大小可根据实验观察得出，即扩散终结时外层气团半径 R_2 由下式求得：

$$R_2 = 1.465R_1 \tag{4-14}$$

式中，R_1、R_2 分别为气团内层、外层半径，m。外层气团浓度自内层向外呈高斯分布。

4.3.3　中性浮力扩散模型

中性浮力扩散模型，用于估算中性气体泄漏后与空气混合，并导致混合气云具有中性浮力后下风向各处的浓度。因此，这些模型适用于低浓度的气体，特别是浓度为 $\mu L/L$ 量级的。烟羽模型和烟团模型是常见的两种中性浮力扩散模型：烟羽模型描述来自连续源释放物质的稳态浓度，烟团模型描述一定量的单一物质释放后的暂时浓度。对于烟羽模型，典型例子是气体自烟窗的连续释放，稳态烟羽在烟窗下风向形成；对于烟团模型，典型例子是由于储罐的破裂，一定量的物质突然泄漏。形成一个巨大的蒸气云团，并渐渐远离破裂处。烟团模型可以用来描述烟羽，烟羽只不过是连续释放的烟团。考虑固定质量 Q_m^* 的物质瞬时泄漏到无限膨胀扩张的空气中，坐标系固定在释放源处。假设不发生反应，或不存在分子扩散，释放所导致的物质的浓度 C 由水平对流方程给出：

$$\frac{\partial C}{\partial t} + \frac{\partial}{\partial x_j}(u_j C) = 0 \tag{4-15}$$

式中，C 是气体浓度，kg/m^3；u_j 是空气速度，m/s；下标 j 代表所有坐标方向 x、y、z 的总和；x_j 是 x 方向上的距离，m；t 是扩散时间，s。

如果令方程(4-15)中速度 u_j 等于平均风速，并求解方程，可发现物质扩散的要比预测的快。这是由于速度场中湍流的作用，如果人们能够确切地给定某时某处的风速，包括来自湍流的影响，那么方程(4-15)就能预测出正确的浓度。目前没有任何模型能够充分地描述湍流，结果只能使用近似值。用平均值和随机量代替速度：

$$u_j = \langle u_j \rangle + u_j' \tag{4-16}$$

式中，u_j 是空气速度，m/s；$\langle u_j \rangle$ 是平均速度，m/s；u_j' 是由湍流引起的随机波动，m/s。

气体扩散浓度 C 也随速度场而波动，因此：

$$C = \langle C \rangle + C' \tag{4-17}$$

式中，C 是气体扩散浓度，kg/m^3；$\langle C \rangle$ 是平均浓度，kg/m^3；C' 是浓度随机波动，kg/m^3。

由于 C 和 u_j 在平均值附近波动，所以：

$$\langle u_j' \rangle = 0$$
$$\langle C' \rangle = 0 \tag{4-18}$$

式中，u_j' 是由湍流引起的随机波动，m/s；C' 是浓度随机波动，kg/m³。

把方程(4-17) 和方程(4-18) 代入方程(4-16)，并使结果对时间平均，得到：

$$\frac{\partial \langle C \rangle}{\partial t} + \frac{\partial}{\partial x_j}(\langle u_j \rangle \langle C \rangle) + \frac{\partial}{\partial x_j}\langle u_j' C' \rangle = 0 \tag{4-19}$$

式中，C 是气体扩散浓度，kg/m³；t 是扩散时间，s；$\langle u_j \rangle$ 是平均速度，m/s；$\langle C \rangle$ 是平均浓度，kg/m³；x_j 是 x 方向上的距离，m；u_j' 是由湍流引起的随机波动，m/s；C' 是浓度随机波动，kg/m³。

$\langle u_j \rangle C'$ 项和 $u_j' \langle C \rangle$ 项时平均为零（$\langle \langle u_j \rangle C' \rangle = \langle u_j \rangle \langle C' \rangle = 0$），但是湍流项 $\langle u_j' C' \rangle$ 不一定等于零，仍保留在方程中。要描述湍流，还需要其他方程。通常的方法是定义旋涡扩散率 K_j(m²/s)，即：

$$\langle u_j' C' \rangle = -K_j \frac{\partial \langle C \rangle}{\partial x_j} \tag{4-20}$$

式中，u_j' 是由湍流引起的随机波动，m/s；C' 是浓度随机波动，kg/m³；C 是气体扩散浓度，kg/m³；x_j 是 x 方向上的距离，m；K_j 是旋涡扩散率，m²/s。

把方程(4-20)代入方程(4-19)，得到：

$$\frac{\partial \langle C \rangle}{\partial t} + \frac{\partial}{\partial x_j}(\langle u_j \rangle \langle C \rangle) = \frac{\partial}{\partial x_j}\left(K_j \frac{\partial \langle C \rangle}{\partial x_j} \right) \tag{4-21}$$

式中，C 是气体扩散浓度，kg/m³；t 是扩散时间，s；$\langle u_j \rangle$ 是平均速度，m/s；$\langle C \rangle$ 是平均浓度，kg/m³；x_j 是 x 方向上的距离，m；K_j 是旋涡扩散率，m²/s。

如果假设空气是不可压缩的，那么：

$$\frac{\partial \langle u_j \rangle}{\partial x_j} = 0 \tag{4-22}$$

式中，$\langle u_j \rangle$ 是平均速度，m/s；x_j 是 x 方向上的距离，m。

方程(4-21) 变为：

$$\frac{\partial \langle C \rangle}{\partial t} + \langle u_j \rangle \frac{\partial \langle C \rangle}{\partial x_j} = \frac{\partial}{\partial x_j}\left(K_j \frac{\partial \langle C \rangle}{\partial x_j} \right) \tag{4-23}$$

式中，C 是气体扩散浓度，kg/m³；t 是扩散时间，s；$\langle u_j \rangle$ 是平均速度，m/s；$\langle C \rangle$ 是平均浓度，kg/m³；x_j 是 x 方向上的距离，m；K_j 是旋涡扩散率，m²/s。

方程(4-23) 结合适当的边界条件和初始条件，就形成了扩散模型的理论基础。这个方程可对各种情况进行求解。如图 4-7 和图 4-8，是用于扩散模型的坐标系。x 轴是从释放处径直向下风处的中心线，并且可针对不同的风向旋转，y 轴是距离中心线的距离，z 轴是高于释放处的高度。点 $(x,y,z)=(0,0,0)$ 是释放点。坐标 $(x,y,0)$ 是释放处所在的水平

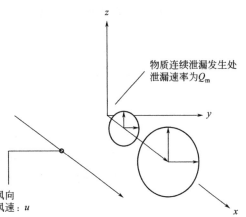

图 4-7　有风时稳定情况下连续点源泄漏扩散

（坐标系统：x 为下风向，y 为横风向，z 为垂直风向）

面，坐标 $(x,0,0)$ 沿中心线或 x 轴。

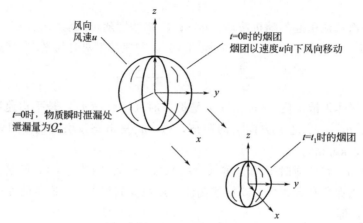

图 4-8　有风时初始瞬时泄漏后烟团随风移动

（1）无风情况下的稳态连续点源释放

适用条件是：①质量释放速率不变（Q_m＝常数）；②无风（$\langle u_j \rangle =0$）；③稳态（$\partial \langle C \rangle / \partial t =0$）；④涡流扩散率不变（所有方向上 $K_j = K^*$）。

对于这种情况，方程(4-23)简化为如下形式：

$$\frac{\partial^2 \langle C \rangle}{\partial x^2} + \frac{\partial^2 \langle C \rangle}{\partial y^2} + \frac{\partial^2 \langle C \rangle}{\partial z^2} \tag{4-24}$$

式中，C 是气体扩散浓度，kg/m^3；$\langle C \rangle$ 是平均浓度，kg/m^3；x、y、z 分别是 x、y、z 方向上的距离，m。

通过定义半径为 $r^2 = x^2 + y^2 + z^2$，方程(4-24)将更易处理，可变换为：

$$\frac{d}{dr}\left(r^2 \frac{d\langle C \rangle}{dr} \right) = 0 \tag{4-25}$$

式中，$\langle C \rangle$ 是平均浓度，kg/m^3；r 是半径，m。

对于连续的稳态释放，任何点 r 处的浓度流量从一开始就必须与泄漏速率 Q_m（kg/m^3）相等。可由如下的流量边界条件，进行数学表达：

$$-4\pi r^2 K^* \frac{d\langle C \rangle}{dr} = Q_m \tag{4-26}$$

式中，Q_m 是泄漏质量速率，kg/s；$\langle C \rangle$ 是平均浓度，kg/m^3；r 是半径，m；K^* 是系数，无量纲。

边界条件是：

$$当 \ r \rightarrow \infty 时, \langle C \rangle \rightarrow 0 \tag{4-27}$$

式中，$\langle C \rangle$ 是平均浓度，kg/m^3；r 是半径，m。

将方程(4-26)分离，并在任意点 r 和 $r=\infty$ 之间进行积分：

$$\int_{\langle C \rangle}^{0} d\langle C \rangle = -\frac{Q_m}{4\pi K^*} \int_{r}^{\infty} \frac{dr}{r^2} \tag{4-28}$$

式中，Q_m 是泄漏质量速率，kg/s；$\langle C \rangle$ 是平均浓度，kg/m^3；r 是半径，m；K^* 是

系数，无量纲。

解方程(4-28)中的〈C〉，得：

$$\langle C\rangle(r)=\frac{Q_{\mathrm{m}}}{4\pi K^{*}r} \tag{4-29}$$

式中，Q_{m} 是泄漏质量速率，kg/s；〈C〉是平均浓度，kg/m^3；r 是半径，m；K^{*} 是系数，无量纲。

通过变换，可以证明方程(4-29)和方程(4-25)同解，同时也是此种情况下的解。将方程(4-29)变换成直角坐标系，得：

$$\langle C\rangle(x,y,z)=\frac{Q_{\mathrm{m}}}{4\pi K^{*}\sqrt{x^2+y^2+z^2}} \tag{4-30}$$

式中，Q_{m} 是泄漏质量速率，kg/s；〈C〉是平均浓度，kg/m^3；K^{*} 是系数，无量纲；x、y、z 分别是 x、y、z 方向上的距离，m。

(2) 无风时的烟团释放

适用条件是：①烟团释放，即一定量 Q_{m}^{*} 的物质瞬时释放；②无风（$\langle u_j\rangle=0$）；③涡流扩散率不变（所有方向上 $K_j=K^{*}$）。对于这种情况，方程(4-23)化简为：

$$\frac{1}{K^{*}}\times\frac{\partial\langle C\rangle}{\partial t}=\frac{\partial^2\langle C\rangle}{\partial x^2}+\frac{\partial^2\langle C\rangle}{\partial y^2}+\frac{\partial^2\langle C\rangle}{\partial z^2} \tag{4-31}$$

式中，〈C〉是平均浓度，kg/m^3；t 是扩散时间，s；K^{*} 是系数，无量纲；x、y、z 分别是 x、y、z 方向上的距离，m。

解方程(4-31)所需要的初始条件是：

$$t=0 \text{ 时}，\langle C\rangle(x,y,z,t)=0 \tag{4-32}$$

式中，〈C〉是平均浓度，kg/m^3；t 是扩散时间，s；x、y、z 分别是 x、y、z 方向上的距离，m。

在球坐标下，方程(4-31)的解是：

$$\langle C\rangle(r,t)=\frac{Q_{\mathrm{m}}^{*}}{8(\pi K^{*}t)^{3/2}}\exp\left(-\frac{r^2}{4K^{*}t}\right) \tag{4-33}$$

式中，〈C〉是平均浓度，kg/m^3；t 是扩散时间，s；r 是半径，m；Q_{m}^{*} 是物质瞬时释放量，kg；K^{*} 是系数，无量纲。

直角坐标系下的解是：

$$\langle C\rangle(x,y,z,t)=\frac{Q_{\mathrm{m}}^{*}}{8(\pi K^{*}t)^{3/2}}\exp\left[-\frac{(x^2+y^2+z^2)}{4K^{*}t}\right] \tag{4-34}$$

式中，〈C〉是平均浓度，kg/m^3；t 是扩散时间，s；Q_{m}^{*} 是物质瞬时释放量，kg；K^{*} 是系数，无量纲；x、y、z 分别是 x、y、z 方向上的距离，m。

(3) 无风情况下的非稳态连续点源释放

适用条件是：①恒定的质量释放率（$Q_{\mathrm{m}}=$ 常数）；②无风（$\langle u_j\rangle=0$）；③涡流扩散率不变（所有方向上 $K_j=K^{*}$）。对于这种情况，根据方程(4-32)给出的初始条件和方程(4-27)给出的边界条件，方程(4-23)可简化为方程(4-31)。通过将瞬时解对时间积分可进行求解，球坐标系下的结果是：

$$\langle C \rangle (r,t) = \frac{Q_m^*}{4\pi K^* r} efrc \left(\frac{r}{2\sqrt{K^* t}} \right) \tag{4-35}$$

式中，$\langle C \rangle$ 是平均浓度，kg/m^3；t 是扩散时间，s；r 是半径，m；Q_m^* 是物质瞬时释放量，kg；K^* 是系数，无量纲。

在直角坐标系下：

$$\langle C \rangle (x,y,z,t) = \frac{Q_m^*}{4\pi K^* \sqrt{x^2+y^2+z^2}} efrc \left(\frac{\sqrt{x^2+y^2+z^2}}{2\sqrt{K^* t}} \right) \tag{4-36}$$

式中，$\langle C \rangle$ 是平均浓度，kg/m^3；t 是扩散时间，s；Q_m^* 是物质瞬时释放量，kg；K^* 是系数，无量纲；x、y、z 分别是 x、y、z 方向上的距离，m。

当 $t \to \infty$ 时，方程(4-34) 和(4-36) 可简化为相应的稳态解 [方程(4-29) 和(4-30)]。

(4) 有风情况下的稳态连续点源释放

这种情况适用条件是：①连续释放（Q_m=常数）；②风只沿 x 轴方向吹（$\langle u_j \rangle = \langle u_x \rangle = u$=常数）；③涡流扩散率不变（所有方向上 $K_j = K^*$）。对于这种情况，方程(4-23) 简化为：

$$\frac{u}{K^*} \times \frac{\partial \langle C \rangle}{\partial x} = \frac{\partial^2 \langle C \rangle}{\partial x^2} + \frac{\partial^2 \langle C \rangle}{\partial y^2} + \frac{\partial^2 \langle C \rangle}{\partial z^2} \tag{4-37}$$

式中，$\langle C \rangle$ 是平均浓度，kg/m^3；u 是风速，m/s；K^* 是系数，无量纲；x、y、z 分别是 x、y、z 方向上的距离，m。

根据方程(4-26) 和方程(4-27) 所表达的边界条件，可对方程(4-37) 求解。在任意点处的平均浓度为：

$$\langle C \rangle (x,y,z) = \frac{Q_m^*}{4\pi K^* \sqrt{x^2+y^2+z^2}} \exp \left[-\frac{u}{2K^*} (\sqrt{x^2+y^2+z^2} - x) \right] \tag{4-38}$$

式中，$\langle C \rangle$ 是平均浓度，kg/m^3；u 是风速，m/s；Q_m^* 是物质瞬时释放量，kg；K^* 是系数，无量纲；x、y、z 分别是 x、y、z 方向上的距离，m。

如果假设烟羽细长（烟羽很长、很细，并且没有远离 x 轴），即：

$$y^2 + z^2 \ll x^2 \tag{4-39}$$

式中，x、y、z 分别是 x、y、z 方向上的距离，m。

利用 $\sqrt{1+a} \approx 1+a/2$，方程(4-38) 可简化为：

$$\langle C \rangle (x,y,z) = \frac{Q_m^*}{4\pi K^* x} \exp \left[-\frac{u}{4K^* x} (y^2+z^2) \right] \tag{4-40}$$

式中，$\langle C \rangle$ 是平均浓度，kg/m^3；u 是风速，m/s；Q_m^* 是物质瞬时释放量，kg；K^* 是系数，无量纲；x、y、z 分别是 x、y、z 方向上的距离，m。

沿烟羽的中心线，$y=z=0$，即：

$$\langle C \rangle (x) = \frac{Q_m^*}{4\pi K^* x} \tag{4-41}$$

式中，$\langle C \rangle$ 是平均浓度，kg/m^3；Q_m^* 是物质瞬时释放量，kg；K^* 是系数，无量纲；x 是 x 方向上的距离，m。

（5）有风时的烟团释放，涡流扩散率是方向的函数

与情况（2）相同，但涡流扩散率是方向的函数。适用条件是：①烟团释放（$Q_m^* =$ 常数）；②无风（$\langle u_j \rangle = 0$）；③每一坐标方向都有不同的恒定不变的涡流扩散率（K_x、K_y、K_z）。此种情况下，方程(4-23)可简化为如下形式：

$$\frac{\partial \langle C \rangle}{\partial t} = K_x \frac{\partial^2 \langle C \rangle}{\partial x^2} + K_y \frac{\partial^2 \langle C \rangle}{\partial y^2} + K_z \frac{\partial^2 \langle C \rangle}{\partial z^2} \tag{4-42}$$

式中，$\langle C \rangle$ 是平均浓度，kg/m^3；t 是扩散时间，s；K_x、K_y、K_z 是 x、y、z 三个方向上的涡流扩散率，无量纲；x、y、z 分别是 x、y、z 方向上的距离，m。

方程的解是：

$$\langle C \rangle (x,y,z,t) = \frac{Q_m^*}{8(\pi t)^{3/2} \sqrt{K_x K_y K_z}} \exp \left[-\frac{1}{4t} \left(\frac{x^2}{K_x} + \frac{y^2}{K_y} + \frac{z^2}{K_z} \right) \right] \tag{4-43}$$

式中，$\langle C \rangle$ 是平均浓度，kg/m^3；t 是扩散时间，s；Q_m^* 是物质瞬时释放量，kg；K_x、K_y、K_z 是 x、y、z 三个方向上的涡流扩散率，无量纲；x、y、z 分别是 x、y、z 方向上的距离，m。

（6）有风情况下稳态连续点源释放，涡流扩散率是方向的函数

与情况（4）相同，但涡流扩散率是方向的函数。适用条件是：①连续释放（$Q_m =$ 常数）；稳态（$\partial \langle C \rangle / \partial t = 0$）；②风向仅仅沿 x 轴方向（$\langle u_j \rangle = \langle u_x \rangle = u =$ 常数）；③每一坐标方向都有不同的但是恒定的涡流扩散率（K_x、K_y、K_z）。接近细长的烟羽［方程(4-39)］，方程(4-23)简化为：

$$u \frac{\partial \langle C \rangle}{\partial x} = K_x \frac{\partial^2 \langle C \rangle}{\partial x^2} + K_y \frac{\partial^2 \langle C \rangle}{\partial y^2} + K_z \frac{\partial^2 \langle C \rangle}{\partial z^2} \tag{4-44}$$

式中，$\langle C \rangle$ 是平均浓度，kg/m^3；u 是风速，m/s；x、y、z 分别是 x、y、z 方向上的距离，m。

方程的解是：

$$\langle C \rangle (x,y,z) = \frac{Q_m^*}{4 \pi x \sqrt{K_x K_y}} \exp \left[-\frac{u}{4x} \left(\frac{y^2}{K_y} + \frac{z^2}{K_z} \right) \right] \tag{4-45}$$

式中，$\langle C \rangle$ 是平均浓度，kg/m^3；u 是风速，m/s；K_x、K_y、K_z 是 x、y、z 三个方向上的涡流扩散率，无量纲；Q_m^* 是物质瞬时释放量，kg；x、y、z 分别是 x、y、z 方向上的距离，m。

沿烟羽的中心线，$y = z = 0$，平均浓度是：

$$\langle C \rangle (x) = \frac{Q_m^*}{4 \pi x \sqrt{K_y K_z}} \tag{4-46}$$

式中，$\langle C \rangle$ 是平均浓度，kg/m^3；Q_m^* 是物质瞬时释放量，kg；x 是 x 方向上的距离，m；K_y、K_z 是 y、z 两个方向上的涡流扩散率，无量纲。

（7）有风时的烟团释放

与情况（5）相同，但有风。图 4-8 显示了其几何形状。适用条件是：烟团释放（$Q_m^* =$

常数）；风向仅仅沿 x 轴方向（$\langle u_j \rangle = \langle u_x \rangle = u =$ 常数）；每一坐标方向都有不同的但是恒定的涡流扩散率（K_x、K_y、K_z）。通过简单的坐标移动，就可解决此问题。情况（5）代表了围绕在释放源周围的固定烟团。如果烟团随风沿 x 轴移动，则用随风移动的新坐标系 $x-ut$ 代替原来的坐标系 x，就可得到解。变量 t 是自烟团释放以后的时间，u 是风速。求的解就是方程(4-43)，只不过变换成了新坐标系。

$$\langle C \rangle(x,y,z,t) = \frac{Q_m^*}{4(\pi t)^{3/2}\sqrt{K_x K_y K_z}} \exp\left\{-\frac{1}{4t}\left[\frac{(x-ut)^2}{K_x} + \frac{y^2}{K_y} + \frac{z^2}{K_z}\right]\right\} \qquad (4\text{-}47)$$

式中，$\langle C \rangle$ 是平均浓度，kg/m^3；u 是风速，m/s；t 是扩散时间，s；Q_m^* 是物质瞬时释放量，kg；K_x、K_y、K_z 是 x、y、z 三个方向上的涡流扩散率，无量纲；x、y、z 分别是 x、y、z 方向上的距离，m。

(8) 无风时地面上的烟团释放

与情况（5）相同，但释放源在地面上。地面代表了不能渗透的边界。结果是，浓度是情况（5）中浓度的 2 倍。求的解是方程(4-43)的 2 倍。

$$\langle C \rangle(x,y,z,t) = \frac{Q_m^*}{4(\pi t)^{3/2}\sqrt{K_x K_y K_z}} \exp\left[-\frac{1}{4t}\left(\frac{x^2}{K_x} + \frac{y^2}{K_y} + \frac{z^2}{K_z}\right)\right] \qquad (4\text{-}48)$$

式中，$\langle C \rangle$ 是平均浓度，kg/m^3；t 是扩散时间，s；Q_m^* 是物质瞬时释放量，kg；K_x、K_y、K_z 是 x、y、z 三个方向上的涡流扩散率，无量纲；x、y、z 分别是 x、y、z 方向上的距离，m。

(9) 地面上的稳态烟团释放

与情况（6）相同，但释放源在地面上；如图 4-9 所示。地面代表了不能渗透的边界。结果是，浓度是情况（6）中浓度的 2 倍。求的解是方程(4-45)的 2 倍。

$$\langle C \rangle(x,y,z) = \frac{Q_m^*}{2\pi x \sqrt{K_x K_y}} \exp\left[-\frac{u}{4x}\left(\frac{y^2}{K_y} + \frac{z^2}{K_z}\right)\right] \qquad (4\text{-}49)$$

式中，$\langle C \rangle$ 是平均浓度，kg/m^3；u 是风速，m/s；Q_m^* 是物质瞬时释放量，kg；K_x、K_y、K_z 是 x、y、z 三个方向上的涡流扩散率，无量纲；x、y、z 分别是 x、y、z 方向上的距离，m。

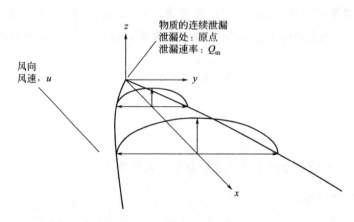

图 4-9　泄漏源位于地面的稳定状态的烟羽

(10) 地面上方 H_r 高度连续的稳态源释放

对于这种情况，地面距离释放源高度为 H，起着不能渗透的边界作用。结果是：

$$\langle C \rangle (x,y,z) = \frac{Q_m^*}{4\pi x \sqrt{K_y K_z}} \exp\left(-\frac{uy^2}{4K_y x}\right) \times \left\{ \exp\left[-\frac{u}{4K_z x}(z-H_r)^2\right] + \right.$$

$$\left. \exp\left[-\frac{u}{4K_z x}(z+H_r)^2\right] \right\} \tag{4-50}$$

式中，$\langle C \rangle$ 是平均浓度，kg/m^3；u 是风速，m/s；Q_m^* 是物质瞬时释放量，kg；K_y、K_z 是 y、z 三个方向上的涡流扩散率，无量纲；x、y、z 分别是 x、y、z 方向上的距离，m；H 是释放源高度，m。

如果 $H_r = 0$，方程(4-50)就简化为释放源在地面上的情况，即方程(4-49)。

情况（1）到（10）都依赖于指定的涡流扩散度 K_j 的值。通常情况下，K_j 随着位置、时间、风速和天气情况而变化。虽然涡流扩散率这一方法在理论上是有用的，但实验上不方便，并且不能提供有用的定量关系。Sutton 提出了如下的扩散系数的定义，解决了这一难题。

$$\sigma_x^2 = \frac{1}{2} \langle C \rangle^2 (ut)^{2-n} \tag{4-51}$$

式中，$\langle C \rangle$ 是平均浓度，kg/m^3；u 是风速，m/s；t 是扩散时间，s；σ_x 是 x 方向上的扩散系数，无量纲。

同样，可给出 σ_y 和 σ_z 的表达式。扩散系数 σ_x、σ_y 和 σ_z 分别代表下风向、侧风向和垂直方向（x,y,z）浓度的标准偏差。扩散系数是大气情况及释放源下风向距离的函数。大气情况可根据六种不同的稳定度等级进行分类，见表 4-1。稳定度等级依赖于风速和日照程度。白天，风速的增加导致更加稳定的大气稳定度，而在夜晚则相反。这是由于从白天到夜晚，在垂直方向上温度的变化引起的。

表 4-1　使用 Pasquill-Gifford 扩散模型的大气稳定度等级

表面风速 /(m/s)	白天日照①			夜间条件②	
	强	适中	弱	很薄的覆盖或者>4/8 低沉的云	≤3/8 朦胧
<2	A	A-B	B	F	F
2～3	A-B	B	C	E	F
3～4	B	B-C	C	D③	E
4～6	C	C-D	D③	D③	D③
>6	C	D③	D③	D③	D③

注：A—极度不稳定；B—中度不稳定；C—轻微不稳定；D—中性稳定；E—轻微稳定；F—中度稳定。

① 强烈的日光照射是指盛夏正午期间的充足阳光。弱的日光照射是指严冬时期类似的情况。

② 夜间是指日落前 1h 到破晓后 1h 这一段时间。

③ 对于白天或夜晚的多云情况以及日落前或日出后数小时的任何天气情况，不管风速有多大，都应该使用中等稳定度等级 D。

对于连续源的扩散系数 σ_y 和 σ_z，由图 4-10 和 4-11 给出，相应的关系式由表 4-2 给出。没有给出 σ_x 的值，可以假设 $\sigma_x = \sigma_y$。

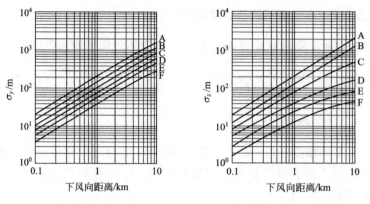

图 4-10 泄漏位于农村时 Pasquill-Gifford 烟羽模型的扩散系数

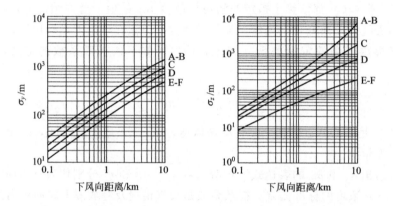

图 4-11 泄漏位于城市时 Pasquill-Gifford 烟羽模型的扩散系数

表 4-2 推荐的烟羽扩散 Pasquill-Gifford 模型扩散系数方程 (下风向: x)

Pasquill-Gifford 稳定度等级	σ_y/m	σ_z/m
农村条件		
A	$0.22x(1+0.0001x)^{-1/2}$	$0.20x$
B	$0.16x(1+0.0001x)^{-1/2}$	$0.12x$
C	$0.11x(1+0.0001x)^{-1/2}$	$0.08x(1+0.0002x)^{-1/2}$
D	$0.08x(1+0.0001x)^{-1/2}$	$0.06x(1+0.0015x)^{-1/2}$
E	$0.06x(1+0.0001x)^{-1/2}$	$0.03x(1+0.0003x)^{-1}$
F	$0.04x(1+0.0001x)^{-1/2}$	$0.016x(1+0.0003x)^{-1}$
城市条件		
A-B	$0.32x(1+0.0004x)^{-1/2}$	$0.24x(1+0.0001x)^{+1/2}$
C	$0.22x(1+0.0004x)^{-1/2}$	$0.20x$
D	$0.16x(1+0.0004x)^{-1/2}$	$0.14x(1+0.0003x)^{-1/2}$
E-F	$0.11x(1+0.0004x)^{-1/2}$	$0.08x(1+0.0015x)^{-1/2}$

　　烟团释放的扩散系数 σ_y 和 σ_z 由图 4-12 给出,方程由表 4-3 给出。烟团的扩散系数是基于有限的数据 (见表 4-2) 得到的。Pasquill 用方程 (4-59) 重新得到了情况 (1) 到 (10) 的方程。这些方程和其相应的扩散系数就是众所周知的 Pasquill-Gifford 模型。

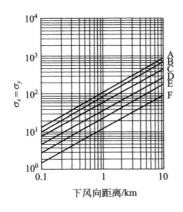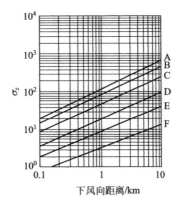

图 4-12　Pasquill-Gifford 烟团模型的扩散系数

表 4-3　推荐的烟团扩散 Pasquill-Gifford 模型扩散系数方程（下风向：x）

Pasquill-Gifford 稳定度等级	σ_y 或 σ_x	σ_z
A	$0.18x^{0.92}$	$0.60x^{0.75}$
B	$0.14x^{0.92}$	$0.53x^{0.73}$
C	$0.10x^{0.92}$	$0.34x^{0.71}$
D	$0.06x^{0.92}$	$0.15x^{0.70}$
E	$0.04x^{0.92}$	$0.10x^{0.65}$
F	$0.02x^{0.89}$	$0.05x^{0.61}$

（11）地面上瞬时点源的烟团扩散

坐标系固定在释放点，风速 u 恒定，风向仅沿 x 方向，这种情况与情况（7）相同。其结果与方程(4-47)相近：

$$\langle C \rangle (x,y,z,t) = \frac{Q_m^*}{\sqrt{2}\,\pi^{3/2}\sigma_x\sigma_y\sigma_z}\exp\left\{-\frac{1}{2}\left[\left(\frac{x-ut}{\sigma_x}\right)^2+\frac{y^2}{\sigma_y^2}+\frac{z^2}{\sigma_z^2}\right]\right\} \tag{4-52}$$

式中，$\langle C \rangle$ 是平均浓度，kg/m^3；u 是风速，m/s；t 是扩散时间，s；Q_m^* 是物质瞬时释放量，kg；x、y、z 分别是 x、y、z 方向上的距离，m；σ_x、σ_y 和 σ_z 分别是 x、y、z 方向上的扩散系数，无量纲。

地面浓度可令 $z=0$，求得：

$$\langle C \rangle (x,y,0,t) = \frac{Q_m^*}{\sqrt{2}\,\pi^{3/2}\sigma_x\sigma_y\sigma_z}\exp\left\{-\frac{1}{2}\left[\left(\frac{x-ut}{\sigma_x}\right)^2+\frac{y^2}{\sigma_y^2}\right]\right\} \tag{4-53}$$

式中，$\langle C \rangle$ 是平均浓度，kg/m^3；t 是扩散时间，s；u 是风速，m/s；Q_m^* 是物质瞬时释放量，kg；x、y 分别是 x、y 方向上的距离，m；σ_x、σ_y 和 σ_z 分别是 x、y、z 方向上的扩散系数，无量纲。

地面上沿 x 轴的浓度可令 $y=z=0$，求得：

$$\langle C \rangle (x,0,0,t) = \frac{Q_m^*}{\sqrt{2}\,\pi^{3/2}\sigma_x\sigma_y\sigma_z}\exp\left[-\frac{1}{2}\left(\frac{x-ut}{\sigma_x}\right)^2\right] \tag{4-54}$$

式中，$\langle C \rangle$ 是平均浓度，kg/m^3；t 是扩散时间，s；u 是风速，m/s；Q_m^* 是物质瞬时

释放量，kg；x 是 x 方向上的距离，m；σ_x、σ_y 和 σ_z 分别是 x、y、z 方向上的扩散系数，无量纲。

气云中心坐标在 $(ut,0,0)$ 处。该移动气云中心的浓度为：

$$\langle C \rangle (ut,0,0,t) = \frac{Q_m^*}{\sqrt{2}\,\pi^{3/2}\sigma_x\sigma_y\sigma_z} \tag{4-55}$$

式中，$\langle C \rangle$ 是平均浓度，kg/m³；t 是扩散时间，s；u 是风速，m/s；Q_m^* 是物质瞬时释放量，kg；σ_x、σ_y 和 σ_z 分别是 x、y、z 方向上的扩散系数，无量纲。

站在固定点 (x,y,z) 处的个体，所接受的全部剂量 D_{tid} 是浓度的时间积分：

$$D_{tid}(x,y,z) = \int_0^\infty \langle C \rangle (x,y,z,t)\mathrm{d}t \tag{4-56}$$

式中，D_{tid} 是所接受的全部剂量，kg·s/m³；$\langle C \rangle$ 是平均浓度，kg/m³；t 是扩散时间，s；x、y、z 分别是 x、y、z 方向上的距离，m。

地面的全部剂量可依照方程(4-56)对方程(4-53)进行积分得到，结果是：

$$D_{tid}(x,y,0) = \frac{Q_m^*}{\pi\sigma_y\sigma_z u}\exp\left(-\frac{1}{2}\times\frac{y^2}{\sigma_y^2}\right) \tag{4-57}$$

式中，D_{tid} 是所接受的全部剂量，kg·s/m³；Q_m^* 是物质瞬时释放量，kg；u 是风速，m/s；x、y 分别是 x、y 方向上的距离，m；σ_y 和 σ_z 分别是 y、z 方向上的扩散系数，无量纲。

地面上沿 x 轴的全部剂量是：

$$D_{tid}(x,0,0) = \frac{Q_m^*}{\pi\sigma_y\sigma_z u} \tag{4-58}$$

式中，D_{tid} 是所接受的全部剂量，kg·s/m³；Q_m^* 是物质瞬时释放量，kg；u 是风速，m/s；x 是 x 方向上的距离，m；σ_y 和 σ_z 分别是 y、z 方向上的扩散系数，无量纲。

通常情况下，需要用固定浓度定义气云边界。连接气云周围相等浓度的点的曲线称为等值线。对于指定的浓度 $\langle C \rangle^*$，地面上的等值线通过用中心线浓度方程(4-54)除以一般的地面浓度方程(4-53)来确定。直接对 y 求解该方程：

$$y = \sigma_y\sqrt{2\ln\left[\frac{\langle C \rangle (x,0,0,t)}{\langle C \rangle (x,y,0,t)}\right]} \tag{4-59}$$

式中，$\langle C \rangle$ 是平均浓度，kg/m³；t 是扩散时间，s；x、y 分别是 x、y 方向上的距离，m；σ_y 是 y 方向上的扩散系数，无量纲。

求解 y 过程是：①指定 $\langle C \rangle^*$，u 和 t；②用方程(4-54)确定沿 x 轴的浓度 $\langle C \rangle (x,0,0,t)$。定义沿 x 轴的气云边界；③在方程(4-59)中令 $\langle C \rangle (x,y,0,t) = \langle C \rangle^*$，确定由步骤②确定的每一个中心线上的 y 值。对于每一个所需要的 t 值，可重复使用该过程。

(12) 地面上的连续稳态源的烟羽扩散

风向为沿 x 轴，风速恒定为 u，这种情况与情况（9）相同。其结果与方程(4-49)的形式相近：

$$\langle C \rangle (x,y,z) = \frac{Q_m^*}{\pi\sigma_y\sigma_z u}\exp\left[-\frac{1}{2}\left(\frac{y^2}{\sigma_y^2}+\frac{z^2}{\sigma_z^2}\right)\right] \tag{4-60}$$

式中，$\langle C \rangle$ 是平均浓度，kg/m³；Q_m^* 是物质瞬时释放量，kg；u 是风速，m/s；x、

y、z 分别是 x、y、z 方向上的距离，m；σ_y 和 σ_z 分别是 y、z 方向上的扩散系数，无量纲。

地面浓度可令 $z=0$ 求出：

$$\langle C \rangle (x,y,0) = \frac{Q_m^*}{\pi \sigma_y \sigma_z u} \exp\left[-\frac{1}{2}\left(\frac{y}{\sigma_y}\right)^2 \right] \tag{4-61}$$

式中，$\langle C \rangle$ 是平均浓度，kg/m^3；Q_m^* 是物质瞬时释放量，kg；u 是风速，m/s；x、y 分别是 x、y 方向上的距离，m；σ_y 和 σ_z 分别是 y、z 方向上的扩散系数，无量纲。

下风向，沿烟羽中心线的浓度可令 $y=z=0$ 求出：

$$\langle C \rangle (x,0,0) = \frac{Q_m^*}{\pi \sigma_y \sigma_z u} \tag{4-62}$$

式中，$\langle C \rangle$ 是平均浓度，kg/m^3；Q_m^* 是物质瞬时释放量，kg；u 是风速，m/s；x 是 x 方向上的距离，m；σ_y 和 σ_z 分别是 y、z 方向上的扩散系数，无量纲。

可使用类似于情况（11）中所使用的等值线求解过程来求得等值线。对于地面上的连续释放，最大浓度出现在释放处。

(13) 位于地面 H_r 高处的连续稳态源的烟羽扩散

风向沿 x 轴，风速恒定为 u，这种情况与情况（10）相同。结果与方程(4-50)的形式相近：

$$\langle C \rangle (x,y,z) = \frac{Q_m^*}{2\pi \sigma_y \sigma_z u} \exp\left[-\frac{1}{2}\left(\frac{y}{\sigma_y}\right)^2 \right] \times \left\{ \exp\left[-\frac{1}{2}\left(\frac{z-H_r}{\sigma_z}\right)^2 \right] + \exp\left[-\frac{1}{2}\left(\frac{z+H_r}{\sigma_z}\right)^2 \right] \right\} \tag{4-63}$$

式中，$\langle C \rangle$ 是平均浓度，kg/m^3；H_r 是泄漏源高度，m；Q_m^* 是物质瞬时释放量，kg；u 是风速，m/s；x、y、z 分别是 x、y、z 方向上的距离，m；σ_y 和 σ_z 分别是 y、z 方向上的扩散系数，无量纲。

地面浓度，可令 $z=0$ 求出：

$$\langle C \rangle (x,y,0) = \frac{Q_m^*}{\pi \sigma_y \sigma_z u} \exp\left[-\frac{1}{2}\left(\frac{y}{\sigma_y}\right)^2 - \frac{1}{2}\left(\frac{H_r}{\sigma_z}\right)^2 \right] \tag{4-64}$$

式中，$\langle C \rangle$ 是平均浓度，kg/m^3；H_r 是泄漏源高度，m；Q_m^* 是物质瞬时释放量，kg；u 是风速，m/s；x、y 分别是 x、y 方向上的距离，m；σ_y 和 σ_z 分别是 y、z 方向上的扩散系数，无量纲。

地面中心线浓度，可令 $y=z=0$ 求得：

$$\langle C \rangle (x,0,0) = \frac{Q_m^*}{\pi \sigma_y \sigma_z u} \exp\left[-\frac{1}{2}\left(\frac{H_r}{\sigma_z}\right)^2 \right] \tag{4-65}$$

式中，$\langle C \rangle$ 是平均浓度，kg/m^3；H_r 是泄漏源高度，m；Q_m^* 是物质瞬时释放量，kg；u 是风速，m/s；x 是 x 方向上的距离，m；σ_y 和 σ_z 分别是 y、z 方向上的扩散系数，无量纲。

地面上沿 x 轴的最大浓度 $\langle C \rangle_{max}$，由下式求得：

$$\langle C \rangle_{max} = \frac{2Q_m^*}{e\pi u H_r^2}\left(\frac{\sigma_z}{\sigma_y}\right) \tag{4-66}$$

式中，$\langle C \rangle_{max}$ 是地面上沿 x 轴的最大浓度，kg/m^3；H_r 是泄漏源高度，m；Q_m^* 是物

质瞬时释放量，kg；u 是风速，m/s；σ_y 和 σ_z 分别是 y、z 方向上的扩散系数，无量纲。

下风向地面上最大浓度出现的位置，可从下式求得：

$$\sigma_z = \frac{H_r}{\sqrt{2}} \tag{4-67}$$

式中，H_r 是泄漏源高度，m；σ_z 是 z 方向上的扩散系数，无量纲。

求解最大浓度和下风向距离的过程是：使用方程（4-67）确定距离，然后使用方程（4-66）计算最大浓度。

(14) 位于地面 H_r 高处的瞬时点源的烟团扩散

坐标系位于地面并随烟团移动。对于这种情况，烟团中心在 $x = ut$ 处。平均浓度是：

$$\langle C \rangle(x,y,z,t) = \frac{Q_m^*}{(2\pi)^{3/2}\sigma_x\sigma_y\sigma_z}\exp\left[-\frac{1}{2}\left(\frac{y}{\sigma_y}\right)^2\right] \times \left\{ \exp\left[-\frac{1}{2}\left(\frac{z-H_r}{\sigma_z}\right)^2\right] + \right.$$
$$\left. \exp\left[-\frac{1}{2}\left(\frac{z+H_r}{\sigma_z}\right)^2\right]\right\} \tag{4-68}$$

式中，$\langle C \rangle$ 是平均浓度，kg/m³；t 是扩散时间，s；Q_m^* 是物质瞬时释放量，kg；x、y、z 分别是 x、y、z 方向上的距离，m；H_r 是泄漏源高度，m；σ_x、σ_y 和 σ_z 分别是 x、y、z 方向上的扩散系数，无量纲。

时间相关性通过扩散系数来完成，因为随着烟团从释放处向下风向运动，它们的值也发生变化。如果没有风（$u=0$），方程（4-68）预测的结果是不正确的。

在地面，即 $z=0$，浓度可通过如下方程计算：

$$\langle C \rangle(x,y,0,t) = \frac{Q_m^*}{\sqrt{2}\,\pi^{3/2}\sigma_x\sigma_y\sigma_z}\exp\left[-\frac{1}{2}\left(\frac{y}{\sigma_y}\right)^2 - \frac{1}{2}\left(\frac{H_r}{\sigma_z}\right)^2\right] \tag{4-69}$$

式中，$\langle C \rangle$ 是平均浓度，kg/m³；t 是扩散时间，s；Q_m^* 是物质瞬时释放量，kg；x、y 分别是 x、y 方向上的距离，m；H_r 是泄漏源高度，m；σ_x、σ_y 和 σ_z 分别是 x、y、z 方向上的扩散系数，无量纲。

沿地面中心线的浓度，可令 $y=z=0$ 求出：

$$\langle C \rangle(x,0,0,t) = \frac{Q_m^*}{\sqrt{2}\,\pi^{3/2}\sigma_x\sigma_y\sigma_z}\exp\left[-\frac{1}{2}\left(\frac{H_r}{\sigma_z}\right)^2\right] \tag{4-70}$$

式中，$\langle C \rangle$ 是平均浓度，kg/m³；t 是扩散时间，s；Q_m^* 是物质瞬时释放量，kg；x 是 x 方向上的距离，m；H_r 是泄漏源高度，m；σ_x、σ_y 和 σ_z 分别是 x、y、z 方向上的扩散系数，无量纲。

通过应用方程（4-56）到方程（4-59），可得到地面上的全部剂量。结果是：

$$\langle C \rangle(x,y,0) = \frac{Q_m^*}{\pi\sigma_y\sigma_z u}\exp\left[-\frac{1}{2}\left(\frac{y}{\sigma_y}\right)^2 - \frac{1}{2}\left(\frac{H_r}{\sigma_z}\right)^2\right] \tag{4-71}$$

式中，$\langle C \rangle$ 是平均浓度，kg/m³；u 是风速，m/s；Q_m^* 是物质瞬时释放量，kg；x、y 分别是 x、y 方向上的距离，m；H_r 是泄漏源高度，m；σ_y 和 σ_z 分别是 y、z 方向上的扩散系数，无量纲。

(15) 位于地面 H_r 高处的瞬时点源的烟团扩散

坐标系位于地面的释放点。对于这种情况，用相似于情况（7）所使用的坐标变化可得到结果。使用移动坐标系的烟团方程(4-68)到方程(4-70)，结果是：

$$\langle C \rangle (x,y,z,t) = 使用移动坐标系的烟团方程[方程(4-68)到方程(4-70)] \times \exp\left[-\frac{1}{2}\left(\frac{x-ut}{\sigma_x}\right)^2\right]$$

$$(4-72)$$

式中，$\langle C \rangle$ 是平均浓度，kg/m^3；t 是扩散时间，s；u 是风速，m/s；x、y、z 分别是 x、y、z 方向上的距离，m；σ_x 是 x 方向上的扩散系数，无量纲。

(16) 最坏事件情形

对于烟羽，最大浓度通常是在释放点处。如果释放是在高于地平面的地方发生，那么地面上的最大浓度出现在释放处的下风向上的某一点。对于烟团，最大浓度通常在烟团的中心。对于释放发生在高于地平面的地方，烟团中心将平行于地面移动，并且地面上的最大浓度直接位于烟团中心的下面。对于烟团等值线，随着烟团向下风向的移动，等值线将接近于圆形。等值线的直径一开始随着烟团向下风向的移动而增加，然后达到最大，最后将逐渐减小。如果不知道天气条件或不能确定，那么可进行某些假设，来得到一个最坏情形的结果，即估算一个最大浓度。Pasquill-Gifford 扩散方程中的天气条件可通过扩散系数和风速予以考虑。通过观察估算浓度用的 Pasquill-Gifford 扩散方程，很明显扩散系数和风速在分母上。因此，通过选择导致最小值的扩散系数和风速的天气条件和风速，可使估算的浓度最大。通过观察图 4-10 到图 4-12，能够发现 F 稳定度等级可以产生最小的扩散系数。很明显，风速不能为零，所以必须选择一个有限值。美国 EPA 认为，当风速小于 1.5m/s 时，F 稳定度等级能够存在。一些风险分析家使用 2m/s 的风速。在计算中所使用的假设，必须清楚地予以说明。

Pasquill-Gifford 或高斯扩散模型仅应用于气体的中性浮力扩散，在扩散过程中，湍流混合是扩散的主要特征。它仅对距离释放源在 0.1~10km 范围内的距离有效。由高斯模型预测的浓度是时间平均值。因此，局部浓度的时间值有可能超过所预测的平均浓度值，这对于紧急反应可能是重要的。这里介绍的模型是假设 10min 的时间平均。实际的瞬间浓度可能会在由高斯模型计算出来的浓度的 2 倍范围内变化。高斯模型只适用于中性气体，模拟精度较差，但由于提出的时间比较早，实验数据多，因而较为成熟。模型简单，易于理解，运算量小，计算结果与实验值能较好吻合等特点致使该模型得到了广泛的应用。如美国环境保护协会（EPA）所采用的许多标准都是以高斯模型为基础而制定的。

4.3.4 重气扩散模型

气体密度大于其扩散所经过的周围空气密度的气体都称为重气。主要原因是气体的分子量比空气大，或气体在释放过程期间由于冷却作用所导致的低温影响。某一典型的烟团释放后，可能形成具有相近的垂直和水平尺寸的气云（源附近）。重气云在重力的影响下向地面下沉，直径增加，而高度减少。由于重力的驱使，气云向周围的空气侵入，会发生大量的初始稀释。随后，由于空气通过垂直和水平界面的进一步卷吸，气云高度增加。充分稀释以后，通常的大气湍流超过重力影响，而占支配地位，典型的高斯扩散特征便显示出来。重气云扩散模型分为经验模型、箱模型、浅层模型以及三维流体力学模型四种。

(1) 经验模型

Britter-McQuaid 模型属于经验模型，它是由一系列重气体泄放的试验数据绘制的计算图表组成，Hanna 等对其进行了无量纲处理并拟合成了解析公式。Britter-McQuaid 模型简单易用，计算量小，但精度较差，只能用作基准的筛选模型，而不能用于城市或工业区等表面粗糙度大的地区。另外，该模型也不适用于喷射或两相泄漏的近源区。通过量纲分析，对现有的重气云扩散数据进行关联，建立了 Britter-McQuaid 模型。该模型对于瞬时或连续的地面重气释放非常适合。假设释放发生在周围环境温度下，以及没有小液滴生成。发现大气稳定度对结果很少有影响，且不是模型的一部分。大多数数据都来自遥远农村平坦地形上的扩散试验。因此，模型计算的结果不适用于地形对扩散影响很大的地区。

该模型需要给定初始气云体积、初始烟羽体积流量、释放持续时间、初始气体密度。同时还需要 10m 高处的风速、下风向距离和周围气体密度。

第一步，要确定重气模型是否适用。初始气云浮力定义为：

$$g_0 = g(\rho_0 - \rho_a)/\rho_a \tag{4-73}$$

式中，g_0 是初始浮力系数，m/s^2；g 是重力加速度，m/s^2；ρ_0 是泄漏物质的初始密度，kg/m^3；ρ_a 是周围环境空气的密度，kg/m^3。

特征源尺寸依赖于释放的类型，对于释放泄漏：

$$D_c = \left(\frac{q_0}{u}\right)^{1/2} \tag{4-74}$$

式中，D_c 是重气连续泄漏的特征源尺寸，m；q_0 是重气扩散的初始烟羽体积流量，m^3/s；u 是 10m 高处的风速，m/s。

对于瞬时释放，特征源尺寸定义为：

$$D_i = V_0^{1/3} \tag{4-75}$$

式中，D_i 是重气瞬时释放的特征源尺寸，m；V_0 是泄漏的重气物质的初始体积，m^3。

对于连续释放，需用重气云表述的准则是：

$$\left(\frac{g_0 q_0}{u^3 D_c}\right)^{1/3} \geqslant 0.15 \tag{4-76}$$

式中，D_c 是重气连续泄漏的特征源尺寸，m；g_0 是初始浮力系数，m/s^2；q_0 是重气扩散的初始烟羽体积流量，m^3/s；u 是 10m 高处的风速，m/s。

对于瞬时释放，判断准则是：

$$\frac{\sqrt{g_0 V_0}}{u D_i} \geqslant 0.20 \tag{4-77}$$

式中，D_i 是重气连续泄漏的特征源尺寸，m；g_0 是初始浮力系数，m/s^2；u 是 10m 高处的风速，m/s；V_0 是泄漏的重气物质的初始体积，m^3。

如果满足这些准则，那么图 4-13 和图 4-14 就可以用来估算下风向的浓度。表 4-4 和表 4-5 给出了图中的关系方程。

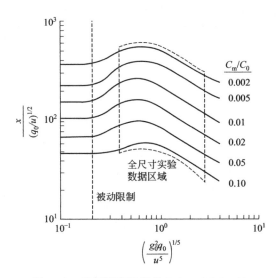

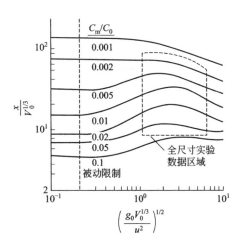

图 4-13 重气烟羽扩散的 Britter-McQuaid 模型关系曲线

图 4-14 重气烟团扩散的 Britter-McQuaid 模型关系曲线

表 4-4 描述图 4-13 中给出的烟羽 Britter-McQuaid 模型的关系曲线的近似方程

浓度比(C_m/C_0)	$\alpha = \lg\left(\dfrac{g_0^2 q_0}{u^5}\right)^{1/5}$ 的有效范围	$\beta = \lg\left[\dfrac{x}{(q_0/u)^{1/2}}\right]$
	$\alpha \leqslant -0.55$	1.75
0.1	$-0.55 < \alpha \leqslant -0.14$	$0.24\alpha + 1.88$
	$-0.14 < \alpha \leqslant 1$	$0.50\alpha + 1.78$
	$\alpha \leqslant -0.68$	1.92
0.05	$-0.68 < \alpha \leqslant -0.29$	$0.36\alpha + 2.16$
	$-0.29 < \alpha \leqslant -0.18$	2.06
	$-0.18 < \alpha \leqslant 1$	$-0.56\alpha + 1.96$
	$\alpha \leqslant -0.69$	2.08
0.02	$-0.69 < \alpha \leqslant -0.31$	$0.45\alpha + 2.39$
	$-0.31 < \alpha \leqslant -0.16$	2.25
	$-0.16 < \alpha \leqslant 1$	$-0.54\alpha + 2.16$
	$\alpha \leqslant -0.70$	2.25
0.01	$-0.70 < \alpha \leqslant -0.29$	$0.49\alpha + 2.59$
	$-0.29 < \alpha \leqslant -0.20$	2.45
	$-0.20 < \alpha \leqslant 1$	$-0.52\alpha + 2.35$
	$\alpha \leqslant -0.67$	2.40
0.005	$-0.67 < \alpha \leqslant -0.28$	$0.59\alpha + 2.80$
	$-0.28 < \alpha \leqslant -0.15$	2.63
	$-0.15 < \alpha \leqslant 1$	$-0.49\alpha + 2.56$
	$\alpha \leqslant -0.69$	2.6
0.002	$-0.69 < \alpha \leqslant -0.25$	$0.39\alpha + 2.87$
	$-0.25 < \alpha \leqslant -0.13$	2.77
	$-0.13 < \alpha \leqslant 1$	$-0.50\alpha + 2.71$

表 4-5　描述图 4-14 中给出的针对烟团的 Britter-McQuaid 模型的关系曲线的近似方程

浓度比(C_m/C_0)	$\alpha=\lg\left(\dfrac{g_0 V_0^{1/3}}{u^2}\right)^{1/2}$ 的有效范围	$\beta=\lg\left(\dfrac{x}{V_0^{1/3}}\right)$
0.1	$\alpha\leqslant-0.44$	0.70
	$-0.44<\alpha\leqslant0.43$	$0.26\alpha+0.81$
	$0.43<\alpha\leqslant1$	0.93
0.05	$\alpha\leqslant-0.56$	0.85
	$-0.56<\alpha\leqslant0.31$	$0.26\alpha+1.0$
	$0.31<\alpha\leqslant1.0$	$-0.12\alpha+1.12$
0.02	$\alpha\leqslant-0.66$	0.95
	$-0.66<\alpha\leqslant0.32$	$0.36\alpha+1.19$
	$0.32<\alpha\leqslant1$	$-0.26\alpha+1.38$
0.01	$\alpha\leqslant-0.71$	1.15
	$-0.71<\alpha\leqslant0.37$	$0.34\alpha+1.39$
	$0.37<\alpha\leqslant1$	$-0.38\alpha+1.66$
0.005	$\alpha\leqslant-0.52$	1.48
	$-0.52<\alpha\leqslant0.24$	$0.26\alpha+1.62$
	$0.24<\alpha\leqslant1$	$0.30\alpha+1.75$
0.002	$\alpha\leqslant0.27$	1.83
	$0.27<\alpha\leqslant1$	$-0.32\alpha+1.92$
0.001	$\alpha\leqslant-0.10$	2.075
	$-0.10<\alpha\leqslant1$	$-0.27\alpha+2.05$

对于连续释放，可以通过如下公式判断：

$$\frac{uR_d}{x}\geqslant2.5 \tag{4-78}$$

式中，u 是 10m 高处的风速，m/s；R_d 是泄漏持续时间，s；x 是下风向的空间距离，m。

如果该数值 $\dfrac{uR_d}{x}$ 小于或等于 0.6，那么释放被认为是瞬时的。如果介于两者之间，那么用连续模型和瞬时模型来计算浓度，并取最大的浓度结果。

对于非等温释放，Britter-McQuaid 模型推荐了两种不同的计算方法。第一种计算方法，对初始浓度进行了修正。第二种计算方法，将物质代入到周围环境温度的源处，假设热量相加，这限制了热量传递的影响。对于比空气轻的气体（例如甲烷或液化天然气），第二种计算方法无意义。如果这两种计算结果相差很小，那么非等温影响假设可以忽略。如果两种计算结果相差在 2 倍以内，那么使用最大浓度，或受非等温影响，假设影响的最悲观的计算结果。如果两者相差很大（大于 2 倍以上），那么则使用更加详尽的方法。Britter-McQuaid 模型是一种无量纲分析技术，它基于由实验数据建立的相关关系。然而，因该模型仅仅建立在来自平坦的农村地形的实验数据之上，因而，仅适用于这些类型的释放。该模型也不能解释诸如释放高度、地面粗糙度和风速的影响。

(2) 箱模型

van Ulden 第一个提出了箱模型的概念。20 世纪 70 年代以来，欧美等国通过理论及实验室风洞实验对重气扩散机理进行了研究，建立了一系列不同类型的重气扩散模型。箱模型主要有 HEGADAS 模型、Cox and Carpenter 模型、Eidsvik 模型、Fay 模型、DENZ 模型、Germeles and Drake 模型、Picknett 模型、van Buijtenen 模型以及 van Ulden 模型。其中大部分模型虽然能同试验数据相吻合，但是通过引入一系列常数实现的，且用来验证模型的数据很少。通过大量的理论和实验研究，箱模型认为瞬时性泄漏扩散由以下四个阶段组成：气云的形成，重力扩散阶段，空气卷吸和气云加热阶段，转变为非重气扩散。对于连续泄漏扩散，泄漏形成的烟羽由以下三个区域组成：喷射区域、重气云扩散区域、非重气云扩散区域。

20 世纪 80 年代以来，美、日、欧作了一些气体及液化气体的大型现场扩散试验，试验物质主要有 LNG（液化天然气）、LPG（液化石油气）、液氨、氟里昂及氮气的混合气、氟化氢及二氧化硫等，促进了泄漏扩散模型研究的发展。在已经进行的多次大规模泄漏扩散试验中，比较著名的现场试验有：

① Thorney Island tests。该试验由 UK Advisory Committee on Major Hazards（AC-MH）资助，于 1982—1984 年在英国三里岛（Thorney Island）完成。该试验由一系列初始温度为周围环境温度的氟里昂-氮气混合气的瞬时泄漏组成。试验分别在三种不同的地形条件下进行：平坦且无任何障碍物的，平坦但存在形状简单的障碍物，封闭空间。

② Burro/Coyote tests。该试验由 US Department of Energy 项目资助，于 1980 年在美国加利福尼亚州的"中国湖"海军武器中心进行，共进行了 9 次液化天然气（LNG）的瞬时泄放。

③ Maplin Sands tests。该试验于 1980—1981 年由 Shell Oil Company 在英国 Maplin Sands 完成。试验包括 10 次液化天然气（LNG）和 11 次液化石油气（LPG）连续泄放，以及 LNG 和 LPG 的分别两次瞬时泄放。

④ Eagle tests。该试验由 The US Air Force 资助，于 1983 年在 The US Department of Energy LGFSTF 完成。试验物质为 N_2O_4。

⑤ Desert Tortoise tests。该试验由 The US Coast Guard、The US Fertilizer Institute 和 Environment Canada 联合资助，于 1983 年在 The US Department of Energy LGFSTF 完成。试验进行了 4 次，试验物质为液氨。

⑥ Goldfish tests。该试验由 The Amoco Company 资助，于 1986 年在 The US Department of Energy LGFSTF 完成。共进行了 3 次试验，试验物质为液化氟化氢（HF）。

另外，美国军方、环境保护组织以及大型石油化工公司也都建立了自己的泄漏扩散模型。但这些模型绝大部分都是在大气污染模型的基础上建立起来的，由于大气污染模型是针对常规的日常连续排放源而建立的，因此并不能处理突发事故的非定常源的泄漏扩散过程。而所建立的少数专用模型大多没有进入使用阶段，个别已经使用的专用模型，如美国化工安全过程中心（CCPS）、英国卫生安全执行局（HSE）建立的模型，只是针对特定的泄漏物质（主要是氨）的特定存储状态建立的，难以适应多种毒物、多种储存状况和多种泄漏形式的具体要求，且忽略了诸如重力、空气湿度等因素的影响。Gudivaka 和 Kumar 在 Burro/Coyote tests 试验数据及实验室实验数据的基础上，对描述重气瞬时泄漏扩散的 4 个箱模型

（BOX 模型、SLAB 模型、DENS-1 模型和 OME 模型）进行了对比分析，得出如下结论：

① 在预测浓度随时间变化方面：a. BOX 模型在不稳定及中度稳定大气环境下的模拟结果很好；b. SLAB 模型在稳定、中度稳定及不稳定的大气环境下均能得到比较好的预测结果；c. BOX 模型和 SLAB 模型在平静大气环境下均能得到好的浓度模拟结果。

② 在预测云团随时间移动速率方面：a. DENS-1 模型在所有条件下的模拟结果都能同试验数据相吻合；b. BOX 模型在稳定及中度稳定大气环境下的模拟结果很好。

Picknett 为研究重气扩散的特征，历时 15 个月，完成了 42 组不同初始条件的现场扩散试验，泄漏气体与空气的相对密度在 $1.03\sim4.2$ 之间变化，泄漏初始体积为 $40\mathrm{m}^3$，根据试验数据，总结了重气泄漏扩散特征，对初始相对密度、风速、地形、地面粗糙度等参数对扩散过程的影响进行了分析，得出以下结论：①随着初始相对密度的增加，浓度会随之增加，但气云体积减小；②增加风速会减小浓度，但增加了气云高度和气云在下风向的蔓延范围；③增加斜坡地形的坡度（风沿上坡方向吹）对扩散影响不大，气云宽度可能会有所增加；④在无风环境下增加斜坡地形的坡度，会促使气云向下坡方向扩散；⑤增加地面的粗糙度可能会增加气云的体积。

随着大规模现场泄漏扩散试验的完成，人们对重气扩散机理的认识进一步深入，又有大量描述重气扩散的新模型或修正模型问世。如 Mohan 以 Thorney Island tests 试验、Burro tests 试验和 Maplin Sands tests 试验数据为基础，针对不同重气扩散模型中常数的选取进行了研究，给出了常数的最优取值，并建立了 IIT Heavy Gas Model 模型。该模型由两部分组成，IIT Heavy Gas Model-Ⅰ用于瞬时泄漏扩散，IIT Heavy Gas Model-Ⅱ用于连续泄漏扩散。

Matthias 建立了一种简单的描述瞬时重气云扩散的半经验模型。模型重点讨论了湍流对扩散的影响，认为湍流由气云初始沉降引起的湍流和大气湍流两部分组成。其相应的扩散系数计算公式：

$$\sigma_r^2 = \sigma_{rg}^2 + \sigma_{ra}^2 \tag{4-79}$$

$$\sigma_z^2 = \sigma_{zg}^2 + \sigma_{za}^2 \tag{4-80}$$

式中，下标 g 和 a 分别表示重力沉降和大气湍流，r 表示径向，z 表示垂直方向；σ 是扩散系数，无量纲。

在计算径向（水平方向）扩散系数时，由于分子扩散比开始时的重力沉降引起的扩散（σ_{rg}）和后来的大气湍流引起的扩散（σ_{ra}）小得多，故不考虑。由于重气扩散过程的特殊行为，使得在扩散后期不会像非重气扩散一样，扩散参数随时间呈 $t^{1/2}$ 增长，而不是继续呈 t 增长。

Witlox 对 HEGADAS 模型进行了改进，使该模型功能增强且具有可延展性，模拟结果更接近试验数据。为了更准确地计算烟羽的宽度，改进后的模型将扩散分为三部分：重力扩散、重力扩散的衰退和非重气扩散。改进后的模型考虑了重气扩散过程中的热力学问题以及空气中的水分对扩散的影响，建立了热力学模型。

Rottman 和 Hunt 对泄漏后很短时间内的扩散过程进行了研究，针对 Thorney Island Trails 系列试验，其研究范围为泄漏发生后 $30\sim60\mathrm{s}$。他们认为重气云在这一时间段内的扩散行为可分为两个不同的阶段：初始阶段（initial phase）和重力扩展阶段（gravity-spreading phase）。在扩散的初始阶段，气云的扩散行为主要受泄漏初始条件的控制，而在重力扩展阶段，其行为主要受气云本身的重力及周围环境的平均流场控制，并且主要在水平方向上进行扩展。

　　由于在现实环境中几乎不存在平坦地形，泄源附近的障碍物（如建筑物、泄漏源本身等）对扩散的影响是不能忽略的。Heidorn 等通过风洞实验，详细研究了障碍物对瞬时重气泄漏扩散的影响，对描述静风环境下瞬时重气泄漏扩散的箱模型（box model）进行了修正，使之能应用于复杂地形的场合。

　　Davies 根据在 Warren Spring Laboratory（WSL）及 Brunel University（BU）所做的有关风洞实验数据，对平坦地形及复杂地形（有障碍物存在）下的气云有关参数进行了分析研究。根据 WSL 实验数据，Davies 得出所有的气云参数均服从对数正态分布；在近源处，浓度对 Richardson 数很敏感，但在远处，则不敏感；增加障碍物（与风向垂直）高度可以迅速降低远处的浓度值，但对近源处的浓度值则没有什么影响。根据 BU 实验数据，平行障碍物（与风向同向）的存在，不利于气体的扩散，相反，浓度值反而增加了，地面各点处的最大浓度值增加了近 2 倍，但浓度的波动减小了一半。

　　Jones 和 Webber 对横风向障碍物（无限长）存在条件下的重气扩散进行了研究，得到了如下的关系式：

$$\frac{C_f W_f H}{C_{nf} W_{nf} h_{nf}} = \min\left(\frac{1}{\lambda}, \frac{H}{h_{nf}}\right) \tag{4-81}$$

　　式中，下标 f 和 nf 分别表示存在障碍物和不存在障碍物的情况；C 是气云的浓度，kg/m^3；W 是气云的宽度，m；H 是障碍物的高度，m；h 是气云的高度，m；λ 为常数，无量纲。在 Britter 风洞实验数据的基础上，拟合得到 $\lambda = 1$。

　　以此为基础，提出了气云在障碍物处宽度的增加是气云高度与障碍物高度之比和 Richardson 数的函数。当障碍物的长度为有限长时，气云可能会从障碍物的一端或两端绕过去，也有可能同时从两端和顶部绕过去，针对这种情况，Webber 和 Jones 进行了详细的阐述，得到了不同情况下障碍物后面有效源的计算方法，并用 Thorney Island Trial 26 和 TNO Wind-Tunnel 的试验数据进行了验证。

(3) 三维流体力学模型

　　由于现有的重气扩散模型大多是在箱模型（Box-Model）的基础上建立的，模型中的大量常数都是以试验数据为基础确定的，且大多数模型没有考虑复杂地形对重气扩散的影响。为了能更接近实际情况，增加重气扩散模拟的精确度，人们采用计算流体力学（CFD）的方法模拟重气扩散的三维非定常态湍流流动过程。这种数值方法是通过建立各种条件下的基本守恒方程（包括质量、动量、能量及组分守恒等），结合一些初始和边界条件，运用数值计算理论和方法，实现预报真实过程各种场的分布，如流场、温度场、浓度场等，以达到对扩散过程的详细描述。这种方法克服了箱模型中模拟重气下沉、空气卷吸、气云受热等物理效应时所遇到的许多问题。这种基于 Navier-Stokes 方程的完全三维流体力学模型预测方法，在原理上具有模拟所有重要物理过程的内在能力。三维流体力学模型主要有 ZEPHYR 模型、TRANSLOC 模型、SIGMEN-N 模型、MARIAH 模型以及 DISCO 模型。Pereira 和 Chen 对 κ-ε 模型（κ-ε eddy viscosity-diffusivity model）进行了修正，从而能解释地面附近重气扩散湍流各向异性的特性。

　　Georgios 和 Franz 采用有限元方法对控制重气扩散过程的三维非定常偏微分方程组进行求解，求解过程中不考虑瞬时重气泄漏的初始动量。通过对氯气泄漏扩散的模拟，得出重气扩散过程中受复杂地形所引起的湍流的影响比受自然环境的湍流（以大气稳定度等级来表示）的影响要大的结论。根据这一结论，认为在复杂地形上扩散的重气云基本上不受自然环境湍流的影响。

Pereira 和 Chen 研究了液化气体的瞬时泄漏扩散过程。假设汽化蒸气与空气具有相同的温度和速度，只是各自的体积分数不同，空气-汽化蒸气混合相的计算采用了欧拉公式（Eulerian formulation）。而还没有汽化的液滴则采用拉格朗日法（Lagrangian furmulation）计算。作用在液滴上的力很多，如空气动力拖带、Magnus 力、Basset 力、Saffman 力、Thrust 力等，但 Faeth 在理论上已经证明，当气液混合相中的气体与液滴密度的比值很小时，只考虑空气动力拖带就能得到比较精确的结果。

为了能更精确地预测复杂地形上的扩散，Ronday 和 Everbecq 等采用了拉格朗日微粒扩散方法（Lagrangian particule diffusion method）。预测点的浓度是所有微粒对该点浓度贡献值的总和，数学表达式为：

$$C(x,y,\eta,t)=\frac{1}{(2\pi)^{1.5}}\sum_{p=1}^{N}\frac{M_p}{\sigma_{x_p}\sigma_{y_p}\sigma_{\eta_p}}\exp\left[-\frac{1}{2}\frac{(x_p-x)^2}{\sigma_{x_p}^2}\right]\exp\left[-\frac{1}{2}\times\frac{(y_p-y)^2}{\sigma_{y_p}^2}\right]$$

$$\times\left\{\exp\left[-\frac{1}{2}\times\frac{(\eta_p-\eta)^2}{\sigma_{\eta_p}^2}\right]+\exp\left[-\frac{1}{2}\times\frac{(\eta_p+\eta)^2}{\sigma_{\eta_p}^2}\right]\right\} \tag{4-82}$$

式中，t 是时间，s；M_p 是微粒 p 的质量，kg；N 是微粒的个数；(x_p,y_p,η_p) 和 $(\sigma_{x_p},\sigma_{y_p},\sigma_{\eta_p})$ 分别是微粒 p 的坐标和几何特征。

(4) 浅层模型

由于三维流体力学模型需要大量的计算时间，在工程应用中受到很大的限制，而箱模型又存在过多的假设，因此就需要一种折中的方法，即对重气扩散的控制方程加以简化来描述其物理过程。由于垂直方向上重气的抑制作用以及近似均一的速度，因此可采用浅水方程来描述重气扩散，即重气扩散的浅层模型，它是基于浅层理论（浅水近似）推广得到的。浅层理论常用于非互溶的流体中，Wheatley 和 Webber 对带卷吸和热量传递的浅层模型进行了推导。Zeman 早在 1982 年就推荐采用浅层模型，后来由 Ermak 等发展为 SLAB 模型。Wutrz 等开发了一维和二维两种浅层模型，运用于不同复杂程度的泄漏情形。

重气云团在大气中的扩散可分为四个阶段：①重力沉降。由于云团与周围空气间的密度差，导致重气塌陷，引起云团厚度的降低和径向尺寸的增大。此阶段对云团的外形尺寸、空气卷吸及浓度分布起支配作用的是由重力塌陷引起的湍流，大气湍流起辅助作用；②空气卷吸。分为顶部空气卷吸和侧面空气卷吸。空气卷吸的过程也就是云团稀释冲淡的过程。初始阶段，云团塌陷引起云团内部湍流，进而在云团前端形成的涡旋场显得很重要，因此，此阶段以侧面卷吸为主且卷吸速度认为同云团前端迁移速度成正比。随着涡旋的消失，由大气湍流引起的顶部空气卷吸被认为是最重要也是最主要的。而整个空气卷吸则是两者之和；③云团加热。由于初始泄漏云团与周围环境间的温度差异，必须考虑云团所吸收的热量；④向非重气扩散转变。随着云团的稀释冲淡，理查逊数会逐渐减小，当小于临界理查逊数时，可认为重气效应完全消失，重气扩散转变为非重气扩散，大气湍流对云团的扩散起支配作用。对于因连续性泄漏而形成的重气云团，可以得到其扩散过程中各特征变量的微分控制方程。

质量、体积、密度方程为：

$$M(x) = \dot{M}_a + \dot{M}_g = 2L(x)h(x)\rho_c(x)\mathrm{d}x \tag{4-83}$$

$$\dot{V} = 2L(x)h(x)U_c(x) \tag{4-84}$$

$$U_c = \mathrm{d}x / \mathrm{d}t \tag{4-85}$$

$$\rho_c = (\dot{M}_a + \dot{M}_g) / \dot{V} \tag{4-86}$$

式中，$M(x)$ 是气体混合物的质量通量，kg/m^3；$\dot{M}_a$ 是空气的气体质量通量，kg/m^3；$\dot{M}_g$ 是扩散物质的气体质量通量，$kg/(m^2 \cdot s)$；$\dot{V}$ 是气体体积通量，m^3/s；L 是云团的半宽，m；h 是云团的高度，m；x 是下风向的空间距离，m；$\mathrm{d}x$ 是云团在 $\mathrm{d}t$ 时间内在下风向上的移动距离，m；ρ_c 是云团的密度，kg/m^3；U_c 是云团移动速率，m/s；t 是时间，s。

重力沉降方程为：

$$\frac{\mathrm{d}L}{\mathrm{d}t} = k(g'h)^{1/2} \tag{4-87}$$

$$g' = g(\rho_c - \rho_a) / \rho_a \tag{4-88}$$

$$\frac{\mathrm{d}L}{\mathrm{d}x} = k \left[\frac{g'\dot{V}}{2LU_c^3} \right]^{1/2} \tag{4-89}$$

式中，L 是云团的半宽，m；t 是时间，s；k 是系数，无量纲；h 是云团的高度，m；g 是重力加速度系数，$9.81\mathrm{m/s^2}$；ρ_a、ρ_c 分别是空气和云团的密度，kg/m^3；x 是下风向的空间距离，m；$\mathrm{d}x$ 是云团在 $\mathrm{d}t$ 时间内在下风向上的移动距离，m；$\dot{V}$ 是气体体积通量，m^3/s；U_c 是云团移动速率，m/s。

空气卷吸方程为：

$$\frac{\mathrm{d}\dot{M}_a}{\mathrm{d}t} = 2h\,\mathrm{d}x\,\rho_a\alpha_1\frac{\mathrm{d}L}{\mathrm{d}t} + 2L\,\mathrm{d}x\,\rho_a U_c \tag{4-90}$$

$$\frac{\mathrm{d}\dot{M}_a}{\mathrm{d}x} = \frac{\rho_a\dot{V}\alpha_1}{L} \times \frac{\mathrm{d}L}{\mathrm{d}x} + 2L\,\rho_a U_c \tag{4-91}$$

式中，$\dot{M}_a$ 是空气的气体质量通量，kg/m^3；t 是时间，s；h 是云团的高度，m；x 是下风向的空间距离，m；$\mathrm{d}x$ 是云团在 $\mathrm{d}t$ 时间内在下风向上的移动距离，m；ρ_a 是空气的密度，kg/m^3；α_1 是系数，无量纲；L 是云团的半宽，m；U_c 是云团移动速率，m/s；$\dot{V}$ 是气体体积通量，m^3/s。

云团加热方程为：

$$\frac{\mathrm{d}T_c}{\mathrm{d}x} = \frac{1}{\dot{M}_a C_{pa} + \dot{M}_g C_{pg}} \left[(T_a - T_c)C_{pa}\frac{\mathrm{d}\dot{M}_a}{\mathrm{d}x} + 2LQ_c \right] \tag{4-92}$$

式中，T_a、T_c 分别是空气和地表的温度，K；x 是下风向的空间距离，m；$\mathrm{d}x$ 是云团在 $\mathrm{d}t$ 时间内在下风向上的移动距离，m；$\dot{M}_a$ 是空气的气体质量通量，kg/m^3；$\dot{M}_g$ 是扩散物质的气体质量通量，$kg/(m^2 \cdot s)$；C_{pa}、C_{pg} 分别是空气和气相扩散物质的比热容，$J/(kg \cdot K)$；L 是云团的半宽，m；Q_c 是传热量，J。

浓度分布方程为：

$$C(x,y,z)=\frac{\dot{M}_g\exp[-y^2/2\sigma_y^2(x)]\exp[-z^2/2\sigma_z^2(x)]}{\pi\sigma_y(x)\sigma_z(x)U_c}\qquad(4\text{-}93)$$

式中，$C(x,y,z)$ 是空间坐标点（x,y,z）气体浓度，kg/m^3；x、y、z 分别是下风向、横风向和垂直方向的空间距离，m；$\dot{M}_g$ 是扩散物质的气体质量通量，$kg/(m^2 \cdot s)$；U_c 是云团移动速率，m/s；σ_y 和 σ_z 分别是 y，z 方向上的扩散系数，无量纲。

随着扩散的进行，云团不断地被稀释，其密度逐渐减小，最终转变为非重气云团。判断重气云团向非重气云团转变的准则有很多，如 ε 准则、R_i 准则、V_f 准则等。为了计算的方便，采用 ε 准则，即当云团与周围空气的密度差小于 $0.001kg/m^3$ 时，认为云团已经转变为非重气云团，以后的扩散可按照高斯模型进行计算。

4.3.5 中毒模型

(1) 毒性作用标准

一旦完成了扩散计算，问题就出来了：什么样的浓度被认为是有危险的？基于 TLV-TWA 的浓度值过于保守，并且是针对工人暴露设计的，不是在紧急情况下的短期暴露。一种方法是用概率模型。这些模型易于考虑来自毒物浓度瞬时变化的效应。遗憾的是，所公布的关系仅对于少数几种化学物质是有用的，数据表明，这些关系模型结果变化范围较大。简化的方法是指定一个毒物浓度标准，假设个人暴露于超过该标准的环境中就会有危险。这种方法导致一些政府机构和非官方协会发布了很多标准。这些标准和方法包括：①由美国工业卫生协会（AIHA）出版的污染空气的紧急反应计划指南（ERPGs）；②由 NIOSH 建立的 IDLH 标准；③由美国国家科学院和国家研究院出版的紧急暴露指导标准（EEGLs）和短期公众紧急指导标准（SPEGLs）；④由 ACGIH 建立的 TLVs，包括：短期暴露极限（TLV-STELs）和最高限度浓度（TLV-Cs），OSHA 发布的 PELs；⑤新泽西州环保局使用的毒性扩散（TXDS）方法，和由 EPA 发布的作为 RMP 一部分的中毒极限。这些标准和方法是以动物实验、长期和短期的人类暴露观察，以及专家意见的综合结果为基础的。

ERPGs 是由美国工业界制定，并由 AIHA 出版的紧急反应计划指南。对于暴露于特定物质环境中的后果，紧急反应计划指南给出了三个浓度范围：①ERPG-1 是空气中最高浓度，低于该值就可以认定，几乎所有人都能够暴露于其中达 1h，除了轻微的短暂的有害于健康的影响，或明显感觉到令人讨厌的气味，而没有受其他影响；②ERPG-2 是空气中最高浓度，低于该值就可以认定，几乎所有人都能够暴露于其中达 1h，除逐步显示出来的不可逆或其他严重的健康影响，而没有其他影响；③ERPG-3 是空气中最高浓度，低于该值就可以认定。几乎所有人都能够暴露于其中达 1h，会逐步显示出危及生命健康的影响（同 EEGLs 相似）。ERPG 数据见表 4-6，ERPGs 已经成为企业和政府认可的国际标准。

表 4-6 紧急响应计划指南（ERPGs）   单位：$\mu g/g$

化学物质	ERPG-1	ERPG-2	ERPG-3
乙醛	10	200	1000
丙烯醛	0.1	0.5	3

化学物质	ERPG-1	ERPG-2	ERPG-3
丙烯酸	2	50	750
丙烯腈	—	35	75
烯丙基氯	3	40	300
氨	25	200	1000
苯	50	150	1000
氯苯	1	10	25
溴	0.2	1	5
1,3-丁二烯	10	50	5000
丙烯酸丁酯	0.05	25	250
异氰酸丁酯	0.01	0.05	1
二硫化碳	1	50	500
四氯化碳	20	100	750
氯气	1	3	20
三氟化氯	0.1	1	10
氯乙酰氯	0.1	1	10
三氯硝基甲烷	—	0.2	3
氯磺酸	$2mg/m^3$	$10mg/m^3$	$30mg/m^3$
三氟氯乙烯	20	100	300
丁烯醛	2	10	50
乙硼烷	—	1	3
双烯酮	1	5	50
二甲胺	1	100	500
二甲基氯硅烷	0.8	5	25
二甲基二硫醚	0.01	50	250
表氯醇	2	20	100
环氧乙烷	—	50	500
甲醛	1	10	25
六氯丁二烯	3	10	30
六氟丙酮	—	1	50
六氟环丙烷	10	50	500
氯化氢	3	20	100
氰化氢	—	10	25
氟化氢	54	20	50
硫化氢	0.1	30	100
异丁腈	10	50	200
氢化锂	$25\mu g/m^3$	$100\mu g/m^3$	$500\mu g/m^3$
甲醇	200	1000	5000

化学物质	ERPG-1	ERPG-2	ERPG-3
氯甲烷	—	400	1000
二氯甲烷	200	750	4000
甲基碘	25	50	125
异氰酸甲酯	0.025	0.5	5
甲硫醇	0.005	25	100
甲基三氯硅烷	0.5	3	15
一甲胺（别名氨基甲烷、甲胺）	10	100	500
全氟异丁烯	—	0.1	0.3
苯酚	10	50	200
光气	—	0.2	1
五氧化二磷	$5mg/m^3$	$25mg/m^3$	$100mg/m^3$
环氧丙烷	50	250	750
苯乙烯	50	250	1000
磺酸（发烟硫酸、三氧化硫和硫酸）	$2mg/m^3$	$10mg/m^3$	$30mg/m^3$
二氧化硫	0.3	3	15
四氟乙烯	200	1000	10000
四氯化钛	$5mg/m^3$	$20mg/m^3$	$100mg/m^3$
甲苯	50	300	1000
三甲胺	0.1	100	500
六氟化铀	$5mg/m^3$	$15mg/m^3$	$30mg/m^3$
乙酸乙烯	5	75	500

　　NIOSH 发布了常见工业气体急性中毒测量的 IDLH 浓度。IDLH 暴露条件的定义是："导致暴露于空气污染物的威胁，此时暴露很可能引起死亡，或直接的或延时的永远不可逆的健康影响，或妨碍工人从这样的环境中逃离"。IDLH 值也考虑了急性中毒反应，例如严重的眼部刺激，妨碍逃离。IDLH 标准被认为是某一最大浓度，超过该浓度后，高度可靠的、能提供最大限度的工人保护的呼吸仪器是必须的。如果超过了 IDLH 的值，所有未受到保护的工人必须立即离开该区域。目前，可以得到 380 种化学物质的 IDLH 的数据。因为 IDLH 值是为了保护众多工人而产生的，因此，它们必须根据敏感人群进行调整，例如老人、残疾人或病人。对于可燃蒸气，IDLH 浓度定义为爆炸下限（LFL）浓度的十分之一。

　　自从 20 世纪 40 年代，人们特别关注了 44 种化学物质并给出了 EEGLs 值。EEGLs 定义为：在紧急情况下，人们持续暴露在其中 1～24h，并完成指定任务所能接受的气体、蒸气或烟雾的浓度。暴露于 EEGL 浓度中可能会产生瞬间刺激，或中枢神经系统受到影响，但是不应该产生持续影响，或削弱完成任务能力的影响。除了 EEGLs 值，还建立了 SPEGLs，定义为：一般公众成员的可接受暴露浓度。SPEGLs 通常是 EEGL 的 10%～50%，并被用来计算考虑不同敏感类型人群对暴露的反应。使用 EEGLs 和 SPEGLs 而不是 IDLH 值的优点是：①SPEGL 考虑了对敏感人群的影响；②EEGLs 和 SPEGLs 是针对一些不同的持续时间而开发的；③EEGLs 和 SPEGLs 的建立方法在相关出版物中有着详细的记载。EEGLs 的值见表 4-7。

表 4-7　来自国家研究委员会的紧急暴露指导标准（EEGLs）　　单位：$\mu g/g$

化学物质名称	1h 的 EEGL	24h 的 EEGL	来源
丙酮	8500	1000	NRC I
丙烯醛	0.05	0.01	NRC I
氧化铝	$15mg/m^3$	100	NRC IV
氨	100	—	NRC VII
三氢化砷	1	0.1	NRC I
苯	50	2	NRC VI
一溴三氟甲烷	25000	—	NRC III
二硫化碳	50	—	NRC I
一氧化碳	400	50	NRC IV
氯	3	0.5	NRC II
三氟化氯	1	—	NRC II
氯仿	100	30	NRC I
二氯二氟甲烷	10000	1000	NRC II
二氯氟甲烷	100	3	NRC II
二氯四氟乙烷	10000	1000	NRC II
1,1-二甲肼	0.24	0.01	NRC V
乙醇胺	50	3	NRC II
乙二醇	40	20	NRC IV
环氧乙烷	20	1	NRC VI
氟	7.5	—	NRC I
肼	0.12	0.005	NRC V
氯化氢	20/1	20/1	NRC VII
硫化氢	—	10	NRC IV
异丙醇	400	200	NRC II
溴化锂	$15mg/m^3$	$7mg/m^3$	NRC VII
铬酸锂	$100\mu g/m^3$	$50\mu g/m^3$	NRC VIII
水银(蒸气)	—	$0.2mg/m^3$	NRC I
甲烷	—	5000	NRC I
甲醇	200	10	NRC IV
甲基苯肼	0.24	0.01	NRC V
二氧化氮	1	0.04	NRC IV
一氧化二氮	10000	—	NRC IV
臭氧	1	0.1	NRC I
光气	0.2	0.02	NRC II
氢氧化钠	$2mg/m^3$	—	NRC II
二氧化硫	10	5	NRC II

续表

化学物质名称	1h 的 EEGL	24h 的 EEGL	来源
硫酸	$1mg/m^3$	—	NRC Ⅰ
甲苯	200	100	NRC Ⅶ
三氯乙烯	200	10	NRC Ⅷ
三氯氟甲烷	1500	500	NRC Ⅱ
三氯三氟代乙烷	1500	500	NRC Ⅱ
二氯乙烯	—	10	NRC Ⅱ
二甲苯	200	100	NRC Ⅱ

某些标准（如 ACGIH）可作为基准使用。采用 ACGIH 阈限值 TLV-STEL 和 TLV-Cs 来保护工人免受来自暴露于化学物质中的急性影响，这些影响包括刺激和麻醉。这些标准可以使用于毒性气体扩散，但是，因为它们是为工人暴露设计的，因此会产生保守的结果。

PELs 由 OSHA 发布，并且具有法律效力。这些标准同针对 TLV-TWAs 的 ACGIH 标准相似，因为它也是以 8h 的时间加权平均暴露为基础的。引自 OSHA 的"可接受的最高极限浓度"、"偏移极限"或"影响水平"可能适合于作为基准使用。

美国新泽西州环保局使用后果分析的 TXDS 方法，来估算潜在的有毒物质的灾难程度，这正是新泽西州毒性灾难预防局（TCPA）所需要的。急性中毒浓度（ATC）定义为：在受影响的人群中，导致急性健康影响和暴露 1h 期间死亡率等于或超过 5％ 的有毒物质的气体或蒸气浓度。对 103 种特别危险物质的 ATC 值进行了估算，其大小基于以下各值中的最低值：①所报道的动物实验数据中的最低致死浓度值（LCLO）；②来自动物实验数据的半数致死浓度值乘以 0.1；③IDLH 值。

美国 EPA 发布了一组毒性限值，用来作为 EPARMP 的一部分，并对有毒气体释放进行空中扩散模拟。按照优先权的顺序，毒性限值是 ERPG-2，或者由紧急计划部门和公众紧急知情法发布的关注标准（LOC）。LOC 被认为是"普通人群暴露于极度危险的物质中，相对很短的时间内不会引起严重的不可逆的健康影响的最高浓度"。在 RMP 标准中，给出了 74 种化学物质的毒性限值，如表 4-8 所示。

通常情况下，特别是对于制定紧急反应计划而言，可以利用的最直接相关的毒物学标准有 ERPGs、SPEGLs 和 EEGLs。它们的建立很明确，就是要应用于一般人群和考虑敏感人群，解决毒性数据中的合理的不确定性因素问题。对于涉及的没有 SPEGLs 和 EEGLs 物质的事件，IDLH 标准提供了另外一种标准。由于 IDLH 标准的建立没有考虑敏感人群，以及由于它们是建立在最多 30min 暴露时间的基础上的，因此，EPA 建议影响区域的确定，应该以十分之一的 IDLH 标准作为暴露标准的基础。例如，二氧化氯的 IDLH 标准是 $5\mu L/L$。该气体释放导致的受影响区域，定义为二氧化氯的浓度估计超过 $0.5\mu L/L$ 的任何区域。当然，这种方法是保守的，并且给出的结果不切实际；一个比较实际的方法是使用 IDLH 标准时，对于少于 30min 的释放，使用恒剂量的假设。

如果研究的目的主要是确定瞬时影响的区域，如感觉器官疼痛或者有气味感觉，那么使用 TLV-STELs 和最高极限可能是最合适的。一般情况下，对位于用这些极限确定的区域之外的个人，可假设不受释放的影响。如果没有 ERPG 数据，Craig 提供了一个可供选择的浓度指标体系，如表 4-9 所示。

表 4-8 由美国 EPA 风险管理计划确定的中毒极限

化学物质名称	中毒极限/(mg/L)	化学物质名称	中毒极限/(mg/L)
气体		液体	
氨(无水的)	0.14	环己胺	0.16
砷	0.0019	二甲基二氯硅烷	0.026
三氯化硼	0.010	1,1-二甲肼	0.012
三氟化硼	0.028	表氯醇	0.076
氯气	0.0087	(亚)乙二胺	0.49
二氧化氯	0.0028	次乙亚胺	0.018
氯化氰	0.030	呋喃	0.0012
乙硼烷	0.0011	肼	0.011
环氧乙烷	0.090	五羰基铁	0.00044
氟	0.0039	异丁腈	0.14
甲醛(无水的)	0.012	氯甲酸异丙酯	0.10
氢氰酸	0.011	甲基丙烯腈	0.0027
氯化氢(无水的)	0.030	氯甲酸甲酯	0.0019
氟化氢(无水的)	0.016	甲基苯肼	0.0094
硒化氢	0.00066	异氰酸甲酯	0.0012
硫化氢	0.042	硫氰酸甲酯	0.085
氯甲烷	0.82	甲基三氯硅烷	0.018
甲硫醇	0.049	羰基镍	0.00067
一氧化氮	0.031	硝酸(100%)	0.026
光气	0.00081	过氧乙酸	0.0045
磷化氢	0.0035	全氯甲硫醇	0.0076
二氧化硫	0.0078	三氯氧化磷	0.0030
四氟化硫	0.0092	三氯化磷	0.028
液体		哌啶	0.022
丙烯醛	0.0011	丙腈(别名乙基氰)	0.0037
丙烯腈	0.076	氯甲酸(正)丙酯	0.010
丙烯酰氯	0.00090	丙烯亚胺	0.12
丙烯醇	0.036	环氧丙烷	0.59
丙烯胺	0.0032	三氧化硫	0.010
三氯化砷	0.01	四甲基铅	0.0040
三氟化硼与甲醚混合(1∶1)	0.023	四硝基甲烷	0.0040
溴	0.0065	四氯化钛	0.020
二硫化碳	0.16	甲苯-2,4-二异氰酸盐(酯)	0.0070
氯仿	0.49	甲苯-2,6-二异氰酸盐(酯)	0.0070
氯甲基醚	0.00025	甲苯二异氰酸酯	0.0070
氯甲基甲醚	0.0018	三甲基氯硅烷	0.050
异丁烯醛	0.029	乙酸乙烯	0.26

表 4-9 推荐的可选择浓度指南体系

主要指南	可选择指南体积	来源
ERPG-3		AIHA
	EEGL(30min)	NRC
	IDLH	NIOSH
ERPG-2		AIHA
	EEGL(60min)	NRC
	LOC	EPA/FEMA/DOT
	PEL-C	OSHA
	TLV-C	ACGIH
	5 倍 TLV-TWA	ACGIH
ERPG-3		AIHA
	PEL-STEL	OSHA
	TLV-STEL	ACGIH
	3 倍 TLV-TWA	ACGIH

注：AIHA—美国工业卫生协会；NIOSH—国家职业安全与健康研究院；NRC—加拿大国家研究委员会；EPA—环境保护局；FEMA—联邦紧急管理局；DOT—美国运输部；OSHA—美国职业安全与健康管理局；ACGIH—美国工业卫生学者政府联合会。

（2）概率函数模型

概率函数法是通过人们在一定时间接触一定浓度毒物所造成影响的概率来描述毒物泄漏后果的一种表述法。概率与中毒死亡百分率有直接关系，二者可以互相换算，如表 4-10 所示。概率值在 0～10 之间。

表 4-10 概率与死亡百分率的换算

死亡百分率/%	0	1	2	3	4	5	6	7	8	9
0		2.67	2.95	3.12	3.25	3.36	3.45	3.52	3.59	3.66
10	3.72	3.77	3.82	3.87	3.92	3.96	4.01	4.05	4.08	4.12
20	4.16	4.19	4.23	4.26	4.29	4.33	4.26	4.39	4.42	4.45
30	4.48	4.50	4.53	4.56	4.59	4.61	4.64	4.67	4.69	4.72
40	4.75	4.77	4.80	4.82	4.85	4.87	4.90	4.92	4.95	4.97
50	5.00	5.03	5.05	5.08	5.10	5.13	5.15	5.18	5.20	5.23
60	5.25	5.28	5.31	5.33	5.36	5.39	5.41	5.44	5.47	5.50
70	5.52	5.55	5.58	5.61	5.64	5.67	5.71	5.74	5.77	5.81
80	5.84	5.88	5.92	5.95	5.99	6.04	6.08	6.13	6.18	6.23
90	6.28	6.34	6.41	6.48	6.55	6.64	6.75	6.88	7.05	7.33
99	0.0	0.1	0.2	0.3	0.4	0.5	0.6	0.7	0.8	0.9
	7.33	7.37	7.41	7.46	7.51	7.58	7.58	7.65	7.88	8.09

概率值 Y 与接触毒物浓度及接触时间的关系如下：

$$Y = A + B\ln(C^n t) \tag{4-94}$$

式中，Y 是概率值，无量纲；C 是接触毒物的浓度，10^{-6}，无量纲；t 是接触毒物的时间，min；A、B、n 是取决于毒物性质的常数，无量纲。表 4-11 中列出了一些常见毒性物质的常数。

表 4-11　常见毒性物质的常数

毒性物质名称	A	B	n	参考资料
氯	-5.3	0.5	2.75	DCMR 1984
氨	-9.82	0.71	2.0	DCMR 1984
丙烯醛	-9.93	2.05	1.0	USCG 1977
四氯化碳	0.54	1.01	0.5	USCG 1977
氯化氢	-21.76	2.65	1.0	USCG 1977
甲基溴	-19.92	5.16	1.0	USCG 1977
光气（碳酸氯）	-19.27	3.69	1.0	USCG 1977
氟氢酸（单体）	-26.4	3.35	1.0	USCG 1977

使用概率函数表达式时，必须计算评价点的毒性负荷（$C^n t$），因为在一个已知点，其毒性、浓度随着气团的稀释而不断变化，瞬时泄漏就是这种情况。确定毒物泄漏范围内某点的毒性负荷，可把气团经过该点的时间划分为若干区段，计算每个区段内该点的毒物浓度，得到各时间区段的毒性负荷，然后再求出总毒性负荷。

$$总毒性负荷 = \sum 时间区段内毒性负荷 \tag{4-95}$$

通常，接触毒物的时间不会超过 30min。因为在这段时间里人员可以逃离现场或采取保护措施。当毒物连续泄漏时，某点的毒物浓度在整个云团扩散期间没有变化。当设定某死亡百分率时，由表 4-10 查出相应的概率 Y 值：

$$C^n t = e^{\frac{Y-A}{B}} \tag{4-96}$$

式中，Y 是概率值，无量纲；C 是接触毒物的浓度，10^{-6}，无量纲；t 是接触毒物的时间，min；A、B、n 是取决于毒物性质的常数，无量纲。

即可计算出 C 值，于是按扩散公式可以算出中毒范围。如果毒物泄漏是瞬时的，则有毒气团通过某点时该点处毒物浓度是变化的。这种情况下，考虑浓度的变化情况，计算气团通过该点的毒性负荷，算出该点的概率值 Y，然后查表 4-10 就可得出相应的死亡百分率。

(3) 有毒液化气体扩散模型

液化介质在容器破裂时会发生蒸汽爆炸。当液化介质为易燃易爆或有毒有害物质，如液氯、液氨、二氧化硫、氢氰酸等，便会造成大面积的易燃或毒害区域。设液化气体质量为 W(kg)，容器破裂前器内温度为 T(℃)，液体介质比热容为 C [kJ/(kg·℃)]。当容器破裂时，器内压力降至大气压，处于过热状态的液化气温度迅速降至标准沸点 T_0(℃)，此时全部液体所放出的热量为：

$$Q = WC(T - T_0) \tag{4-97}$$

式中，Q 是全部液体所放出的热量，J；W 是液化气体质量，kg；C 是液体介质比热容，kJ/(kg·℃)；T 是容器破裂前容器内温度，℃；T_0 是沸点，℃。

设这些热量全部用于器内液体的蒸发，如它的气化热为 q(kJ/kg)，则其蒸发量为：

$$W' = \frac{Q}{q} = \frac{WC(T - T_0)}{q} \tag{4-98}$$

式中，W' 是蒸发量，kg；Q 是全部液体所放出的热量，J；q 是气化热，kJ/kg；W 是液化气体质量，kg；C 是液体介质比热容，kJ/(kg·℃)；T 是容器破裂前容器内温度，℃；T_0 是沸点，℃。

如介质的分子量为 M，则在沸点下蒸发蒸气的体积 V_g(m³) 为：

$$V_g = \frac{22.4W'}{M} \times \frac{273+T_0}{273} = \frac{22.4WC(T-T_0)}{Mq} \times \frac{273+T_0}{273} \tag{4-99}$$

式中，V_g 是蒸发蒸气的体积，m^3；W' 是蒸发量，kg；M 是介质的分子量，无量纲；T 是容器破裂前容器内温度，$℃$；T_0 是沸点，$℃$；W 是液化气体质量，kg；C 是液体介质比热容，$kJ/(kg \cdot ℃)$；q 是汽化热，kJ/kg。

为便于计算，现将压力容器最常用的液氨、液氯、氢氟酸等有毒物质的有关物理化学性能列于表 4-12 中。关于一些有毒气体的危险浓度见表 4-13。

表 4-12　一些有毒物质的有关物理化学性能

物质名称	分子量 M	沸点 $t_0/℃$	液体平均比热容 $C/[kJ/(kg \cdot ℃)]$	汽化热 $q/(kJ/kg)$
氨	17	−33	4.6	1.37×10^3
氯	71	−34	0.96	2.89×10^2
二氧化硫	64	−10.8	1.76	3.93×10^2
丙烯醛	56.06	52.8	1.88	5.73×10^2
氢氟酸	27.03	25.7	3.35	9.75×10^2
四氯化碳	153.8	76.8	0.85	1.95×10^2

表 4-13　有毒气体的危险浓度

物质名称	吸入 5~10min 致死的浓度/%	吸入 0.5~1h 致死的浓度/%	吸入 0.5~1h 致重病的浓度/%
氨	0.5		
氯	0.09	0.0035~0.005	0.0014~0.0021
二氧化硫	0.05	0.053~0.065	0.015~0.019
氢氟酸	0.027	0.011~0.014	0.01
硫化氢	0.08~0.1	0.042~0.06	0.036~0.05
二氧化氮	0.05	0.032~0.053	0.011~0.021

若已知某有毒液化气体的危险浓度，则可求出其在危险浓度下的有毒空气体积。如二氧化硫在空气中的浓度达到 0.05% 时，人吸入 5~10min 即致死，则 $V_g(m^3)$ 的二氧化硫可以产生令人致死的有毒空气体积为：

$$V = V_g \times 100/0.05 = 2000V_g \tag{4-100}$$

式中，V 是可以产生令人致死的有毒空气体积，m^3；V_g 是二氧化硫体积，m^3。

假设这些有毒空气以半球形向地面扩散，则可求出该有毒气体扩散半径为：

$$R = \sqrt[3]{\frac{V_g/C}{\frac{1}{2} \times \frac{4}{3}\pi}} = \sqrt[3]{\frac{V_g/C}{2.0944}} \tag{4-101}$$

式中，R 是有毒气体的半径，m；V_g 是有毒介质的蒸气体积，m^3；C 是有毒介质在空气中的危险浓度值，无量纲。

4.4　扩散模拟分析

4.4.1　泄漏扩散模拟分析

喷射扩散模型主要用于计算气体泄漏时从裂口喷射后的浓度分布和速度分布，如图 4-15

所示。

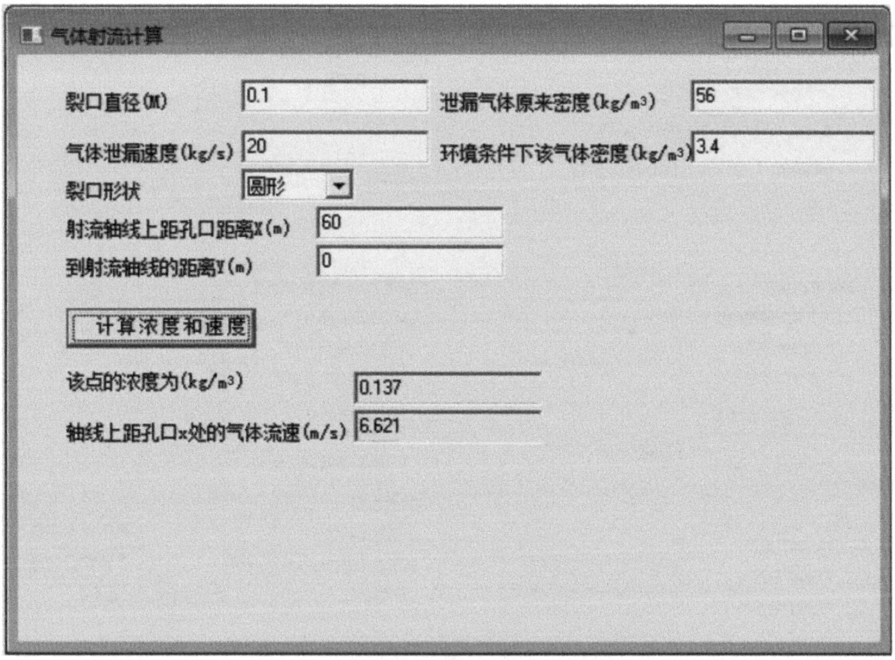

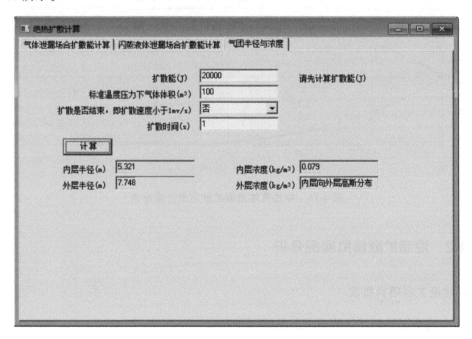

图 4-15　喷射扩散模型模拟计算界面

绝热扩散模型主要用于闪蒸液体或加压气体瞬时泄漏后气团扩散能和气团半径与浓度，如图 4-16 所示。

图 4-16　绝热扩散模型模拟计算界面

中性浮力扩散模型主要用于估算中性气体泄漏后与空气混合，并导致混合气云具有中性浮力后下风向各处的浓度和扩散范围，也可以通过已知浓度反向计算下风向具体位置，如图

4-17 和图 4-18 所示。

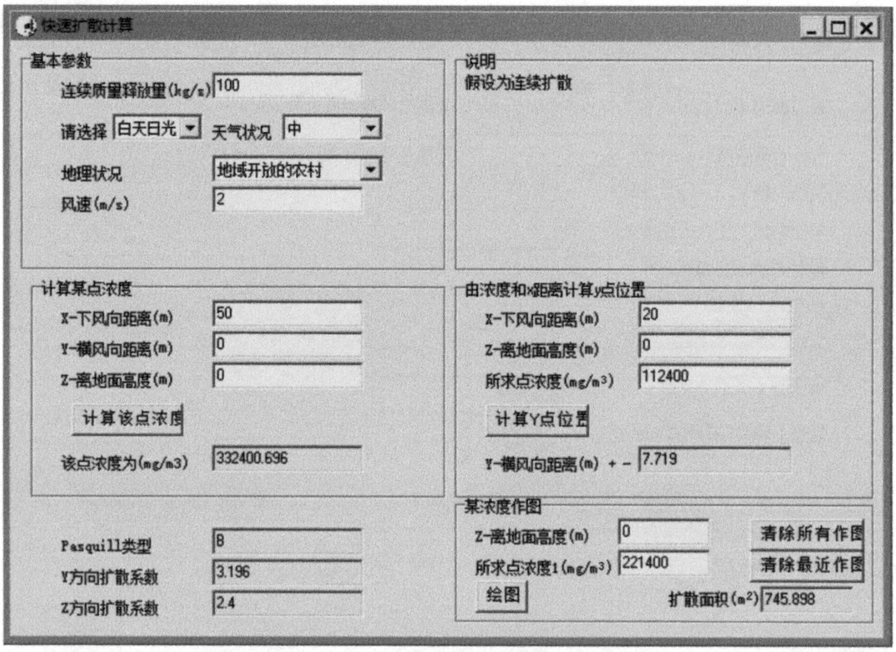

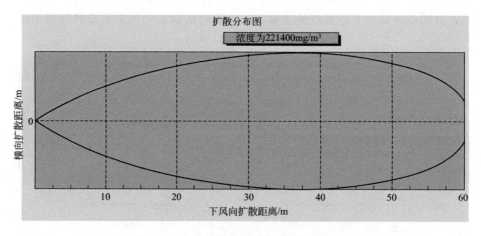

图 4-17　中性气体泄漏扩散模拟计算界面

扩散分布图

浓度为221400mg/m³

图 4-18　中性气体泄漏扩散范围计算结果

4.4.2　泄漏扩散模拟实例分析

（1）建设工程项目概况

表 4-14 列出了转炉煤气组成及其危险评价参数。

表 4-14　转炉煤气组成及其危险评价参数

组成	CO_2	CO	H_2	CH_4	O_2	其他
体积分数/%	13.5	59	1.5	20.6	0.4	5

组成	CO_2	CO	H_2	CH_4	O_2	其他
爆炸下限/%	—	12.5	4.1	5.3	—	—
爆炸上限/%	—	74.5	74.1	15	—	—
空气中允许最大浓度/(mg/m³)	—	30	—	300	—	—

模拟分析中气象与环境参数如下：①年平均气温 15.4℃；②年平均风速 3.4m/s；③年主导风向冬季为东北风，夏季为东南风；④静风频率 22%。

(2) 泄漏扩散模拟分析

① 连续泄漏

根据机械能守恒原理，煤气通过气柜孔洞泄漏的质量速率模型为：

$$Q_m = C_1 A p \sqrt{\frac{Mk}{RT} \times \left(\frac{2}{R+1}\right)^{\frac{k+1}{k-1}}} \tag{4-102}$$

式中，Q_m 是质量泄漏速率，kg/s；C_1 是校正泄漏系数，无量纲；A 是裂口面积，m²；p 是储罐内压，Pa；M 是气体或蒸气的摩尔质量，kg/mol；R 是理想气体常数，8.314J/(mol·K)；T 是泄漏源温度，K；k 是热容比，无量纲。

对于不同的气柜孔洞泄漏，其质量泄漏速率见表 4-15。

表 4-15　不同泄漏面积下的煤气质量泄漏速率

泄漏面积/m²	0.002	0.008	0.03
质量泄漏速率/(kg/s)	0.01	0.05	0.19

不同孔洞大小情况下的煤气连续泄漏所造成的影响如图 4-19～图 4-22 所示。由于泄漏量小，不会在地面形成爆炸范围。

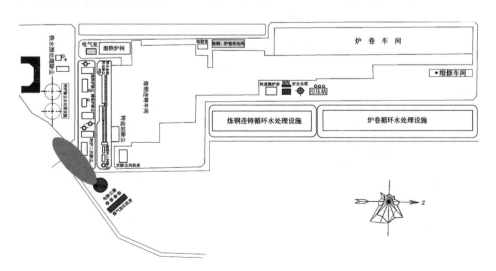

图 4-19　孔洞连续泄漏中毒影响范围（孔洞直径 0.05m；风向为东北风）

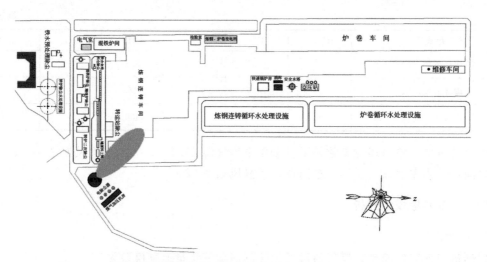

图 4-20　孔洞连续泄漏中毒影响范围（孔洞直径 0.05m；风向为东南风）

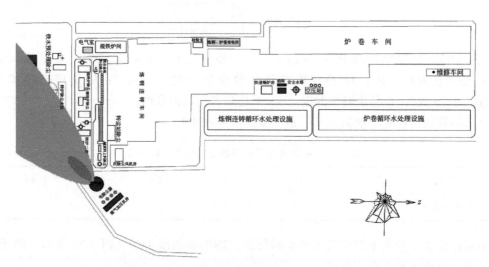

图 4-21　孔洞连续泄漏中毒影响范围（孔洞直径 0.2m；风向为东北风）

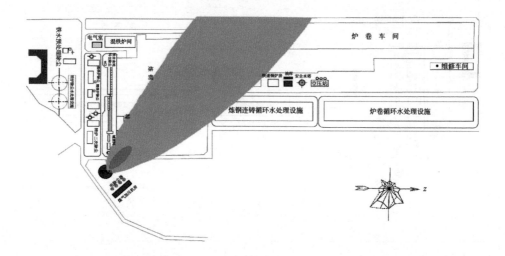

图 4-22　孔洞连续泄漏中毒影响范围（孔洞直径 0.2m；风向为东南风）

② 瞬时泄漏

假设煤气储柜发生瞬时泄漏时分别有 10％ 和 60％ 的煤气泄漏到大气环境中，则其造成的影响范围如图 4-23～图 4-35 所示。

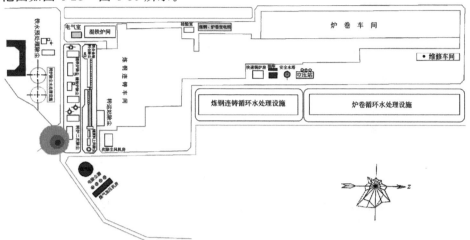

图 4-23　气柜瞬时泄漏爆炸浓度分布（泄漏量 8000m³；风向为东北风；扩散时间 30s）

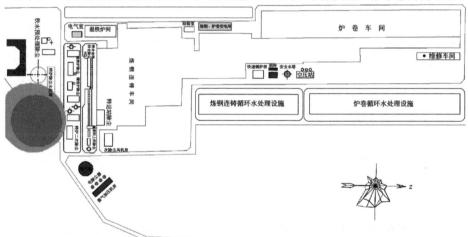

图 4-24　气柜瞬时泄漏中毒浓度分布（泄漏量 8000m³；风向为东北风；扩散时间 45s）

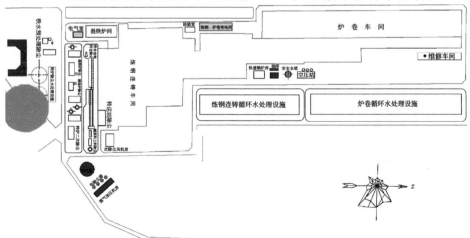

图 4-25　气柜瞬时泄漏爆炸浓度分布（泄漏量 8000m³；风向为东北风；扩散时间 60s）

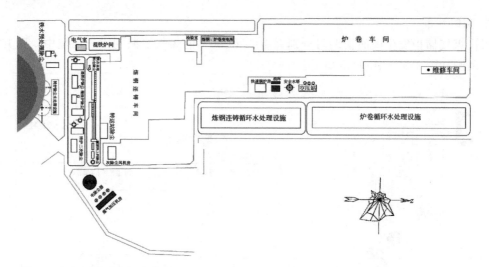

图 4-26 气柜瞬时泄漏中毒浓度分布（泄漏量 $8000 \mathrm{m}^3$；风向为东北风；扩散时间：90s）

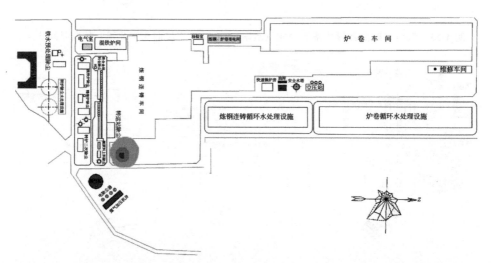

图 4-27 气柜瞬时泄漏爆炸浓度分布（泄漏量 $8000 \mathrm{m}^3$；风向为东南风；扩散时间 30s）

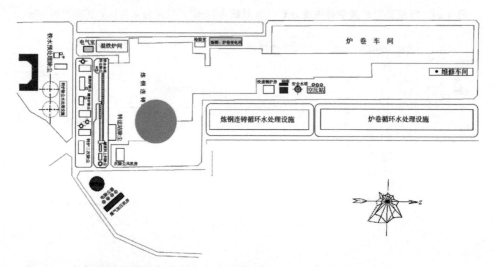

图 4-28 气柜瞬时泄漏爆炸浓度分布（泄漏量 $8000 \mathrm{m}^3$；风向为东南风；扩散时间 60s）

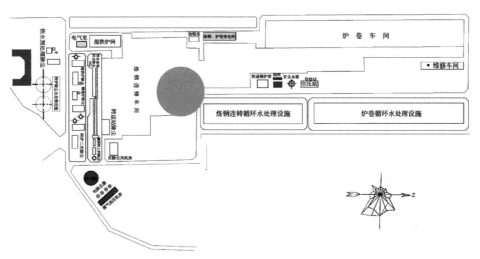

图 4-29 气柜瞬时泄漏爆炸浓度分布（泄漏量 8000m³；风向为东南风；扩散时间 90s）

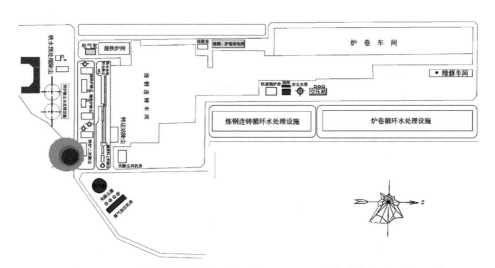

图 4-30 气柜瞬时泄漏爆炸浓度分布（泄漏量 48000m³；风向为东北风；扩散时间 30s）

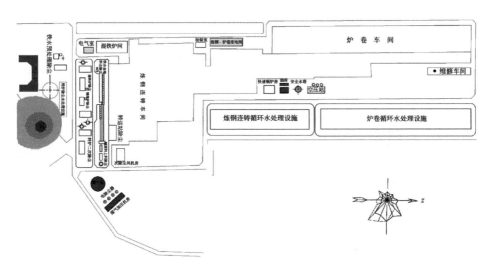

图 4-31 气柜瞬时泄漏爆炸浓度分布（泄漏量 48000m³；风向为东北风；扩散时间 60s）

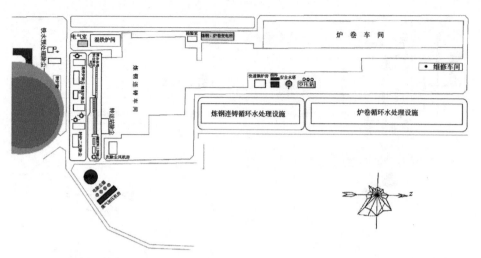

图 4-32　气柜瞬时泄漏中毒浓度分布（泄漏量 $48000m^3$；风向为东北风；扩散时间 90s）

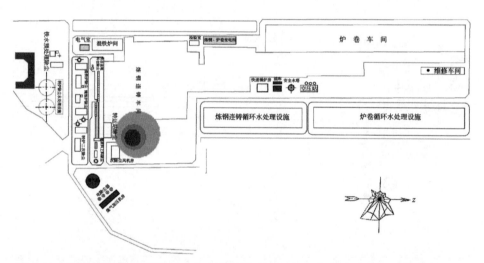

图 4-33　气柜瞬时泄漏爆炸浓度分布（泄漏量 $48000m^3$；风向为东南风；扩散时间 45s）

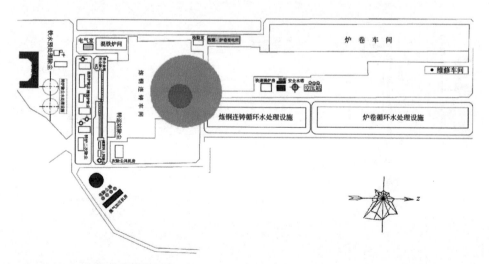

图 4-34　气柜瞬时泄漏爆炸浓度分布（泄漏量 $48000m^3$；风向为东南风；扩散时间 90s）

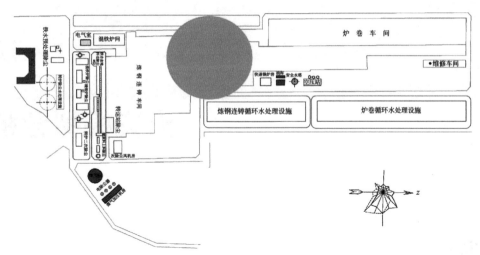

图 4-35 气柜瞬时泄漏爆炸浓度分布（泄漏量 48000m³；风向为东南风；扩散时间 120s）

图中绿色区域代表安全区域，即该区域内的煤气浓度小于其在空气中的爆炸下限或最高允许浓度；橘黄色区域代表易燃易爆区域，即该区域内的煤气浓度大于其在空气中的爆炸下限但小于爆炸上限或大于最高允许浓度；红色区域代表准危险区域，即该区域内的煤气浓度大于其在空气中的爆炸上限，但由于环境的湍流作用，该区域内的浓度随时有可能低于爆炸上限而进入爆炸极限范围之内，因此该区域也是比较危险的。

第 5 章

火灾模拟分析

5.1 概述

　　化工和石油化工过程中使用的许多容器或管道，储存、使用和运输的是可燃液体、气体或液化气体，如汽油、乙醇、甲烷、乙烯、液态丙烷、丙烯、丁烷、丁烯及液化石油气等。这些容器或管道破裂时，易燃易爆介质会发生泄漏，在适当条件时，常常会发生火灾，酿成重大的灾害性事故。据统计，火灾事故在石油化工生产损失中居主要位置，是石油化工行业的最大威胁之一。例如，1979 年，我国吉林液化气厂一台大型液化石油气球罐破裂，酿成火灾，导致 6 台大型容器和 3000 多个钢瓶相继爆炸事故，伤亡 86 人，直接经济损失 600 万元。1984 年，墨西哥一个容量达 16000m³ 的液化气储存厂，管道中泄漏的液化气，遇火燃烧，剧烈的热作用又使两个球形储罐破裂，液化气大量泄漏引发大火，高温火焰包围了附近的容器，相继造成很多容器破裂，并使大火在附近蔓延，导致 500 多人死亡和 7000 多人受伤，大量的工业和生活设施毁坏，成为人类工业史上最为严重的事故之一。1997 年，北京东方化工厂储罐区发生大火，导致多台球罐破裂，造成 9 人死亡，37 人受伤，直接经济损失数亿元。1998 年西安液化石油气储配站因一个 400m³ 的储罐发生泄漏，导致爆炸火灾事故，造成 12 人死亡，20 多人受伤，直接经济损失 400 多万元，两个 400m³ 的储罐破裂并引发沸腾液体扩展蒸气爆炸（BLEVE），火球高达 100 多米。由于工业界安全问题的迫切需要和其学术上的综合性、复杂性，使得当今世界各工业化国家都在积极组织力量，从多角度、多侧面对此类火灾事故的机理及其防范措施进行深入研究。通过对火灾事故的预测、预防，可以提高安全生产水平，减少人员伤亡和财产损失，为人民生命财产安全提供支撑。

　　易燃易爆的液体、气体或液化气体泄漏后遇到引火源就会被点燃而着火。它们被点燃后的燃烧方式主要有池火、喷射火、火球和室内火四种。火灾主要通过辐射热的方式影响周围环境。当火灾产生的热辐射达到一定强度时，可使周围的物体燃烧或变形，强烈的热辐射可能造成人员伤亡和财产损失。常见的火灾形式有稳态火灾和瞬态火灾两种。前者持续时间长，热辐射强度会保持相对较长的稳定状态，而后者由于时间较短，火灾热辐射强度相对不稳定。通常可以通过稳态火灾作用下的热通量伤害准则来模拟计算火灾事故后果，包括各种伤害及财产损失半径。稳态火灾作用下的热通量伤害准则见表 5-1。

　　关于瞬态火灾，可以根据热辐射对人和物体热剂量伤害准则，模拟计算人及物体受到不同等级伤害的距离，包括人员一度烧伤、二度烧伤、三度烧伤距离，容器破裂距离，引燃木材距离等；由于 BLEVE 产生的火球有效生存时间很短，因而采用瞬态池火灾作用下的热剂量准则来模拟计算火球热辐射导致各个伤害距离。部分热剂量伤害准则，见表 5-2。

表 5-1　稳态火灾作用下的热通量伤害准则

热通量/(kW/m²)	伤害效应	热通量/(kW/m²)	伤害效应
25.4	引燃木材	4.3	重伤
6.5	死亡	1.9	轻伤

表 5-2　瞬态火灾作用下的热剂量伤害准则

热剂量值/(kJ/m²)	伤害等级	热剂量值/(kJ/m²)	伤害等级
375	三度烧伤	1030	引燃木材
250	二度烧伤	392	人员重伤
125	一度烧伤	172	人员轻伤

5.2　火灾模型

5.2.1　池火灾

化工和石油化工过程中，常见的池火灾主要有室外池火灾和油罐火灾两种。

5.2.1.1　室外池火灾

国外对室外池火灾的火焰环境做了较多的研究工作。从 1955 年到 1980 年，日本、英国、美国等国家相继开展了此方面的研究工作。在实验研究方面，美国、日本、英国等发达国家的研究机构或大学从 20 世纪 60 年代至今围绕池火灾的燃烧过程、放热特性及众多影响因素从模拟实验到实际规模实验、从单储罐火灾和多储罐火灾到泄漏液池火灾进行了大量的研究探索，取得了许多有价值的实验数据，建立了众多经验与半经验公式来静态地描述池火灾的燃烧过程、发热特性或相关因素的影响。我国对池火灾灾害的研究起步较晚，且仅有部分高校和科研机构开展了有关的研究工作。中国科技大学火灾实验室的研究人员对油罐火灾中的沸溢现象及其早期特性进行了实验研究。南京工业大学和北京理工大学研究人员对池火灾过程、伤害机理及其危险性进行了定量分析，归纳了热辐射的伤害和破坏准则，开发了池火灾后果模拟分析软件。

(1) 液池几何形状

研究者首先开展的是对池火灾液池几何形状的研究。按照液池几何形状随时间的变化可分为两种类型：一类是池的几何形状恒定，这是较简单的一种情况；另一类是池的几何形状随时间变化，主要是由于液池受到周围环境的影响。其中，泄漏状况对其影响较大，研究者通常从连续泄漏和瞬间泄漏两种情况分别对池火灾的液池进行研究。为了理论计算、分析方便，研究者通常假设燃料池是圆形的，并采用圆柱形假设（假定池火焰形状为圆柱形，火焰直径等于池直径）。

如果液池的大小恒定，液池直径与面积之间的关系为：

$$D = 2\sqrt{\frac{S}{\pi}}$$ (5-1)

式中，D 是池直径，m；S 是池面积，m^2。

对于瞬间泄漏，液池直径与时间的关系为：

$$D = 2\sqrt{\frac{t}{\sqrt{8\pi\rho_f gQ}}}$$ (5-2)

式中，D 是池直径，m；t 是时间，s；ρ_f 是燃料密度，kg/m^3；g 是重力加速度，$9.81m/s^2$；Q 是燃料泄漏量，kg。

对于泄漏速度恒定的连续泄漏，液池直径与时间的关系为：

$$D = 2\left[\frac{t}{\left(\frac{9\pi\rho_f}{32gQ'}\right)^{0.333}}\right]^{0.75}$$ (5-3)

式中，D 是池直径，m；t 是时间，s；ρ_f 是燃料密度，kg/m^3；g 是重力加速度，$9.81m/s^2$；Q' 是燃料泄漏速率，kg/s。

(2) 火焰高度

池火焰高度的影响参数主要有两个：一个是火焰形状，另一个是环境风速。考虑环境风速对池火灾的影响，池火灾可分为静风和有风两种情况。

① 静风情况下池火焰高度　Thomas、Brötz 和 Heskestad 先后在实验研究的基础上推导了无风情况下圆柱形火焰高度的经验公式。Brötz 根据油池火灾的实验结果推导出了下面的火焰高度公式：

$$\frac{h}{D} = 1.73 + 0.33D^{-1.43}$$ (5-4)

式中，h 是池火焰高度，m；D 是池直径，m。

Heskestad 在气体、液体和固体燃料火灾实验的基础上推导得到了火焰高度经验公式：

$$\frac{h}{D} = 15.6N^{0.2} - 1.02$$ (5-5)

式中，h 是池火焰高度，m；D 是池直径，m；N 是无量纲燃烧数（$10^{-5} \leqslant N \leqslant 10^5$），定义为：

$$N = \frac{C_{p,a}T_a f^3 Q_r^2}{\rho_a^2 gH_c^3 D^5}$$ (5-6)

$$Q_r = 0.25\pi D^2 \eta_1 H_c m_f$$ (5-7)

式中，Q_r 是总放热速率，kW；$C_{p,a}$ 是空气定压比热容，$kJ/(kg \cdot K)$；T_a 是空气温度，K；f 是空气与燃料蒸气混合物的理想配比，无量纲；g 是重力加速度，$9.81m/s^2$；ρ_a 是空气密度，kg/m^3；H_c 是燃烧热，kJ/kg；D 是池直径，m；η_1 是总的热释放速率与理论热释放速率之比，无量纲；m_f 是燃料质量燃烧速度，$kg/(m^2 \cdot s)$。

如果燃料是在正常大气条件下（293K，101.35kPa）燃烧，式(5-5)可进一步简化为：

$$\frac{h}{D} = -1.02 + 0.2303\frac{Q_r^{0.4}}{D}$$ (5-8)

式中，h 是池火焰高度，m；D 是池直径，m；Q_r 是总放热速率，kW，$7 \leqslant Q_r^{0.4} \leqslant 700$。

对于非圆形燃料池，可以用下式计算有效直径：

$$D = 2\sqrt{\frac{A_f}{\pi}} \tag{5-9}$$

式中，D 是池直径，m；A_f 是池火的面积，m^2。

Thomas 在木垛实验的基础上推导出的经验公式为：

$$\frac{h}{D} = 42\left[\frac{m_f}{\rho_a\sqrt{gD}}\right]^{0.61} \tag{5-10}$$

式中，h 是池火焰高度，m；D 是池直径，m；g 是重力加速度，$9.81m/s^2$；ρ_a 是空气密度，kg/m^3；m_f 是燃料质量燃烧速度，$kg/(m^2 \cdot s)$。

用 Thomas 关系式计算火焰高度比较简单，但是预测的火焰高度比火焰的实际高度稍微偏高。在计算烟气产生物较少的液体燃料（如 LNG）的池火焰高度时，用 Thomas 关系式计算得出的结果比较准确，但在计算烟气产生物较多的液体燃料的池火焰高度时，计算值偏小。如果液池直径非常大（$N < 10^{-5}$），用 Heskestad 关系式计算则会产生不切实际的火焰高度。所以在计算烟气产生物较少的液体燃料或池直径非常大时的火焰高度时，采用 Thomas 关系式。

Schneider 和 Hofmann 对无风条件下三个池火焰高度模型进行了比较计算，结果发现，当池直径 $D < 10m$ 时，三者的预测结果相似；当池直径 $D > 12m$ 时，Brötz 关系式给出了火焰高度的上限，Thomas 关系式给出了火焰高度的下限，而 Heskestad 关系式给出的火焰高度值介于两者之间。所以估计一般火焰高度时（$10^{-5} \leqslant N \leqslant 10^5$）多采用 Heskestad 关系式。

② 有风情况下火焰高度　估算池火焰高度的另一个关键参数是风速，上面的三个池火焰模型只适用于无风的情况。在有风的情况下火焰会倾斜，火焰高度随风速的大小不同而变化。Pritchard 和 Binding 根据实际的火焰形状提出了一个双层表面辐射模型，这个模型适用于计算大面积的碳氢燃料的池火焰高度。

$$\frac{h}{D} = 10.615\left[\frac{m_f}{\rho_a\sqrt{gD}}\right]^{0.305}\left(\frac{U_9}{U_c}\right)^{-0.03} \tag{5-11}$$

$$U_c = \left(\frac{gm_fD}{\rho_a}\right)^{1/3} \tag{5-12}$$

式中，h 是池火焰高度，m；D 是池直径，m；m_f 是燃料质量燃烧速度，$kg/(m^2 \cdot s)$；g 是重力加速度，$9.81m/s^2$；ρ_a 是空气密度，kg/m^3；U_9 是 9m 高处测得的风速，m/s。

Thomas 得出的有风时火焰高度的计算公式为：

$$\frac{h}{D} = 55\left(\frac{m_f}{\rho_a\sqrt{gD}}\right)^{0.67}\left(\frac{U_{10}}{U_c}\right)^{-0.21} \tag{5-13}$$

式中，h 是池火焰高度，m；D 是池直径，m；m_f 是燃料质量燃烧速度，$kg/(m^2 \cdot s)$；g 是重力加速度，$9.81m/s^2$；ρ_a 是空气密度，kg/m^3；U_{10} 是 10m 高处测得的风速，m/s；U_c 是中间变量，可用式(5-12) 计算。

Moorhouse 于 1982 年得出了另一个有风时（$U_{10} \geqslant 1m/s$）的火焰高度的计算公式：

$$\frac{h}{D} = 6.2\left(\frac{m_f}{\rho_a\sqrt{gD}}\right)^{0.254}\left(\frac{U_{10}}{U_c}\right)^{-0.044} \tag{5-14}$$

$$\frac{h}{D}=4.7\left(\frac{m_{\mathrm{f}}}{\rho_{\mathrm{a}}\sqrt{gD}}\right)^{0.21}\left(\frac{U_{10}}{U_{\mathrm{c}}}\right)^{-0.114} \tag{5-15}$$

式中，h 是池火焰高度，m；D 是池直径，m；m_{f} 是燃料质量燃烧速度，kg/($\mathrm{m}^2 \cdot \mathrm{s}$)；$g$ 是重力加速度，9.81 $\mathrm{m/s}^2$；ρ_{a} 是空气密度，$\mathrm{kg/m}^3$；U_{10} 是 10m 高处测得的风速，m/s；U_{c} 是中间变量，可用式(5-12) 计算。

从式(5-11)～式(5-15) 可以发现：a. 火焰高度随池直径的增大而增大；b. 火焰的高径比随池直径的增大而减小；c. 风速能使火焰明显倾斜，风速越大，倾斜越严重。Pritchard-Binding 模型和 Thomas 模型考虑了风速对火焰高度的影响。Pritchard 和 Binding 模型的计算值与实际测得的池火焰高度相比差别不大。

(3) 池火形状和温度

① 池火形状　火焰的形状和温度是十分重要的参数，其直接决定了热辐射的大小。火焰的形状随液池形状和大小以及环境风速而变化。研究者首先研究了静风情况下的火焰形状。研究者通过研究发现：当液池可近似为圆形且半径大于 4.5m 时，火焰的形状可近似认为是轴对称的锥形体。如果液池的长宽比比较大时，火焰形状可认为是平面对称体。

对于锥形体火焰，火焰半径可用火焰高度的四阶多项式表示：

$$R(h)=a_0+a_1h+a_2h^2+a_3h^3+a_4h^4 \tag{5-16}$$

式中，$R(h)$ 是火焰半径，m；h 是池火焰高度，m；a_0、a_1、a_2、a_3、a_4 是池火灾形状系数，无量纲。

对于平面对称体火焰，火焰宽度可用火焰高度的三阶多项式表示：

$$W(h)=a_0+a_1h+a_2h^2+a_3h^3 \tag{5-17}$$

式中，$W(h)$ 是火焰宽度，m；h 是池火焰高度，m；a_0、a_1、a_2、a_3 是池火灾形状系数，无量纲，Eulalia 通过实验得到 $4\mathrm{m}^2$ 液池的池火灾形状系数 a_0、a_1、a_2、a_3 分别是 0.049、0.734、-0.383 和 0.043。

火焰的形状受到风的影响，在风作用下，火焰会发生倾斜，倾斜角度与风速有关。在实验研究基础上，许多研究者得出了火焰倾斜角度的经验公式。火焰倾斜角度和风速的关系：

$$\beta=\frac{0.787\alpha U^2}{W} \tag{5-18}$$

式中，β 是火焰倾斜角度，rad；U 是风速，m/s；W 是液池宽度，m；α 是经验系数，0.7。

Mudan 和 Croceand Mudan 认为，在众多计算有风时火焰倾斜角的公式中，美国气体协会（AGA，1974）提出的关系式能够给出最好的预测结果，该关系式为：

当 $U_{10} < U_{\mathrm{c}}$ 时，

$$\cos\beta=h \tag{5-19}$$

式中，β 是火焰倾斜角度，rad；h 是池火焰高度，m。

当 $U_{10} \geqslant U_{\mathrm{c}}$ 时，

$$\cos\beta=\left(\frac{U_{10}}{U_{\mathrm{c}}}\right)^{-0.5} \tag{5-20}$$

式中，β 是火焰倾斜角度，rad；U_{10} 是 10m 高处测得的风速，m/s；U_{c} 是中间变量，可用式(5-12) 计算。

② **火焰温度** 火焰温度随空间和时间变化，实验发现其主要取决于火焰高度和时间，可表示如下：

$$T_f = \frac{10^4 t}{8.51t + 210h + 34} + 290 \tag{5-21}$$

式中，T_f 是火焰温度，K；h 是池火焰高度，m；t 是时间，s。

（4）火焰热辐射

室外池火灾，由于氧气供应充足，燃烧比较完全，产生的有毒、有害烟气也容易消散掉。但是，池火灾产生的火焰能够向周围发射出强烈的热辐射，使附近人员受到伤害，并且可引燃周围的可燃物。所以火焰产生的热辐射是室外池火灾的主要危害。

火焰表面热辐射通量与燃料性质、燃烧充分程度、火焰几何形状、尺寸及火焰表面位置等因素有关，准确值应由实验确定。文献建议根据池直径的不同选取不同的火焰表面热辐射通量。如果假设能量从圆柱形火焰的顶部和侧面向四周均匀辐射，按下式计算表面热辐射通量：

$$E = \frac{Q_r \eta_2}{0.25\pi D^2 + \pi Dh} \tag{5-22}$$

式中，E 是表面热辐射通量，kW/m^2；Q_r 是总放热速率，无量纲；η_2 是辐射系数，无量纲；D 是池直径，m；h 是池火焰高度，m。

池火焰环境下目标处接受的热辐射通量由热辐射在空气中传播规律决定。对于圆柱形火焰，热辐射在空气中的传播可用下式来表达：

$$q = EV\tau \tag{5-23}$$

式中，q 是目标处热辐射通量，kW/m^2；E 是火焰表面辐射通量，kW/m^2；τ 是大气传递系数，无量纲；V 是视角系数，无量纲，由下式确定：

$$V = \sqrt{V_V^2 + V_H^2} \tag{5-24}$$

$$V_H = (A - B)/\pi \tag{5-25}$$

$$A = \left(\frac{b-1}{s}\right) \tan^{-1}\left[\frac{(b+1)(s-1)}{(b-1)(s+1)}\right]^{0.5} \Big/ (b^2-1)^{0.5} \tag{5-26}$$

$$B = \left(\frac{a-1}{s}\right) \tan^{-1}\left[\frac{(a+1)(s-1)}{(a-1)(s+1)}\right]^{0.5} \Big/ (a^2-1)^{0.5} \tag{5-27}$$

$$V_V = \left[\tan^{-1}\frac{m}{(s^2-1)^{0.5}} + m(J-K)/s\right]/\pi \tag{5-28}$$

$$J = [a/(a^2-1)^{0.5}]\tan^{-1}[(a+1)(s-1)/(a-1)(s+1)]^{0.5} \tag{5-29}$$

$$K = \tan^{-1}[(s-1)/(s+1)]^{0.5} \tag{5-30}$$

$$a = (m^2+s^2+1)/(2s) \tag{5-31}$$

$$b = (1+s^2)/(2s) \tag{5-32}$$

式中，m 是火焰高径比，无量纲；s 是目标到火焰垂直轴的距离与火焰半径之比，无量纲；a、b、A、B、J、K、V_H、V_V 是中间变量。

大气传递系数可采用下式计算：

$$\tau = 1 - 0.058\ln R \tag{5-33}$$

式中，τ 是大气传递系数，无量纲；R 是目标离火焰表面的距离，m。

经过研究发现：视角系数总是小于 1，且随距离/半径比的增大而急剧减小，随火焰高径比的增大而缓慢增大。对于平面对称体火焰或锥形体火焰，火焰内任意微元体 dV 对目标处任意一点 P 的微元 dA 的热辐射为：

$$dQ = \frac{k\sigma T_f^4 \cos\Phi e^{-ks}}{\pi s^2} dV dA \qquad (5-34)$$

式中，Q 是热辐射量，W；σ 是 Stefan-Boltzmann 常数，$\sigma = 5.66 \times 10^{-8}$ W/(m^{-2} · K^4)；k 是燃烧气体平均吸收系数，m^{-1}；积分区域 V 是 P 点的切平面以外的火焰区；Φ 和 s 分别是目标处的视角和视角系数，无量纲；A 是火焰面积，m^2；T_f 是火焰温度，K。

火焰对 P 点的热辐射通量为：

$$q = \int_V \frac{k\sigma T_f^4 \cos\Phi e^{-ks}}{\pi s^2} dV \qquad (5-35)$$

式中，q 是热辐射通量，W/m^2；σ 是 Stefan-Boltzmann 常数，$\sigma = 5.66 \times 10^{-8}$ W/(m^{-2} · K^4)；k 是燃烧气体平均吸收系数，m^{-1}；积分区域 V 是 P 点的切平面以外的火焰区；T_f 是火焰温度，K；Φ 和 s 分别是目标处的视角和视角系数，无量纲。通过求解目标处的视角和视角系数就可以计算目标处任意点的热辐射通量，体积分可用高斯积分方法数值求解。

(5) 模型验证及影响因素分析

为了收集实验数据和验证模型，国内外进行了一些池火灾实验和计算机模拟实验，测得了一批实验数据。测试过的可燃液体包括 LPG（液化石油气）、LNG（液化天然气）、重碳氢化合物、煤油、甲苯等。其中对 LNG、LPG、煤油做的实验比较多。对于 LNG、LPG 测试的直径从几米到几十米，并测得了 LNG 泄漏在水面上形成池火的数据和池火灾发生时的热辐射数据。英国煤气协会用红外分光计对异丙醇和二丁基酞酸盐做实验，比较精确地测得了开放空间池火焰直径和火焰表面热辐射通量。1981 年，日本安全工程协会进行了大直径池火灾实验，测试的池直径为 30m、50m、80m，测试的燃料为煤油，在这次实验中分别对火焰烟羽流和燃料的内部温度分布、火焰烟羽流对燃料池表面和对周围的热辐射强度、燃料的燃烧速度、烟气产生物的成分、环境空气的流动速度，以及火焰烟羽流的形状进行了测量。

池火灾影响因素比较多，主要包括：燃料的泄漏速度、环境风速、风向、燃料的燃烧速率、燃料的分子量、环境温度、环境相对湿度、燃料的沸点等，如表 5-3 所示。

表 5-3　计算参数的敏感性和不确定性

计算参数	参数的敏感性	参数的不确定性
燃料的泄漏速度	高	高
环境风速	低	高
水平风向	高	高
燃料的燃烧速率	中等	低
燃料的分子量	低	低
环境温度	低	中等
环境相对湿度	低	中等
燃料的沸点	中等	低

5.2.1.2　油罐池火灾

化工和石化企业中的绝大多数液态原料、中间体和产品是可燃易燃物，在生产、运输、储存过程中都可能发生池火灾。池火灾发生后导致的直接损失非常巨大，对环境生态的间接损失更是无法估量。例如，1981 年 8 月 29 日，科威特舒埃巴火灾直接摧毁了 8 座油罐，破坏数座油罐炼油厂的油罐区，事故损失高达 1.59 亿美元。1989 年 8 月 12 日，我国石油天然气总公司管道局胜利输油公司黄岛油库老罐区油罐爆炸起火，大火前后共持续 104h，烧掉原油 416m³，占地 250 亩的老罐区和生产区的设施全部烧毁，事故直接经济损失 3540 万元。大约 600 吨油水在胶州湾海面形成几条十几海里长、几百米宽的污染带，造成胶州湾有史以来最严重的海洋污染。灭火抢险中，10 辆消防车被烧毁，19 人牺牲，100 多人受伤。

（1）油罐池火灾的类型

从可燃物在常温下所处的物质状态来看，油罐池火灾主要包括两类：一类是可燃物，在常温下为液态；另一类也是可燃物，在常温下为固态。通常意义上的油罐池火灾是常温下为液态的可燃物的火灾。典型的池火灾包括在储罐、储槽等容器内的可燃液体被引燃而形成的火灾，以及泄漏的可燃液体在体积、形状限制条件下（如防火堤等人工边界、沟渠、特殊地形等）汇集并形成液池后被引燃而发生的火灾。泄漏的可燃液体在流动的过程中着火燃烧形成的火灾则为运动的液体火灾（running liquid fire）。气相中的可燃液滴、雾或气体冷凝沉降（rainout）后有时也可形成液池，从而引发池火灾。

某些常温为固态的物质受热融化（如石蜡），会由固态变为液态，也很容易形成液池。还有一些常温下的固体，如热塑性塑料，受热后会软化、熔融流动，这是由于高温下黏度下降而产生流动。这类大分子量物质在火灾条件下还会高温分解为小分子量物质，分子量的降低是黏度下降产生流动的另一个重要原因。固体可燃物发生流动后就有可能形成液池。由此，对于这些常温下为固态的物质发生火灾时就需要考虑从固体火灾到池火灾的转变。

根据池火燃烧的燃料来源不同，可将池火灾分为两类：一类为可燃物的蒸发燃烧，另一类为可燃物的分解燃烧。通常，液体的池火燃烧首先需要液体挥发或气化为可燃蒸气，而后与空气中的氧发生燃烧反应，属于蒸发燃烧；而常温为固体的可燃物有的因为分子量较大，分子链较长，分子间力大于化学键的键能，本身没有气态，因而不可能气化产生燃料气，只能通过分解产生可燃气体，而后可燃气与空气进行燃烧反应，属于分解燃烧。

（2）油罐池火灾的发展历程及影响因素

油罐池火灾是一种气相有焰燃烧，首先液体的挥发气与空气混合形成可燃气体混合物，在可燃浓度范围内的可燃气体混合物遇到足够能量的外界火源、电火花等会被引燃，然后部分火焰能量反馈到液体促使其温度升高，加速挥发或气化，可燃气则不断燃烧，达到一定程度时液体被点燃并发生持续燃烧。随后火焰会蔓延至整个液池表面，并逐渐进入稳定燃烧阶段。对于石油等非均相、多组分形成的液池，往往在池火灾过程中还可能出现后果异常严重的现象，如沸溢、喷溅。

① 液体燃烧的条件　要点燃液体，在其表面产生持续的火焰，可燃气的供给速度必须不小于燃烧时可燃气的消耗速度，即：

$$\dot{m}'' \leqslant \dot{m}_v'' = \frac{\dot{q}_{net}''}{L_v} = \frac{\dot{q}_e'' + \dot{q}_f'' - \dot{q}_1''}{L_v} = \frac{\dot{q}_e'' + f \Delta H_c \dot{m}'' - \dot{q}_1''}{L_v} \qquad (5\text{-}36)$$

式中，$\dot{m}''$ 是可燃气消耗速度，即质量燃烧速度，$kg/(m^2 \cdot s)$；$\dot{m}_v''$ 是可燃气供给速度，即燃料气化速度，$kg/(m^2 \cdot s)$；$\dot{q}_{net}''$ 是液面的净热通量，W/m^2；$\dot{q}_f''$ 是火焰传给液体的热通量，W/m^2；$\dot{q}_e''$ 是外部热源给予液体表面的热通量，W/m^2；$\dot{q}_1''$ 是液体表面单位面积的热损失速度，W/m^2；f 是液体燃烧热反馈到液体表面的分数，无量纲；ΔH_c 是蒸气的燃烧热，J/kg；L_v 是液体从初始温度状态到蒸发或分解为可燃气所需的热量，或称为广义气化热，包括气化潜热或分解热、从初始温度到沸点或分解温度所需热，J/kg。

如果燃料气的供应不足，则即使发生瞬间闪燃也不会形成液体的持续燃烧。例如，漂浮于水面上的油膜，因为可燃液层只有大约几个分子的厚度，不能连续供应充足的可燃气，因而不能点燃，这也是海上运输中原油泄漏后不能通过燃烧来处理的原因之一。某些物质的池火灾中外部火源是个重要的影响因素，当存在外部点火源时，公式(5-36) 得以满足，液体能够燃烧，但是当外部火源撤离或消失时，公式(5-36) 不能得到满足，燃烧会自行熄灭。

$$L_v = \Delta H_v + C_p (T_v - T_0) \qquad (5\text{-}37)$$

式中，L_v 是广义气化热，J/kg；ΔH_v 是气化或分解为可燃气所需的热量，J/kg；C_p 是液体的平均定压热容，$J/(kg \cdot K)$；T_v 是沸点或分解温度，有时统称为气化温度，K；T_0 是液体的初始温度，K。

除了液体形状、外界点火源等因素外，液体物质自身的物性及其初始温度状态是决定液池能否点燃的关键因素。比热容、气化热（或分解热）越大，初始温度越低，液体越难被点燃。这几个因素都体现在参数 L_v 中。另一个重要参数就是燃烧热，燃烧热越大液体越易被点燃。有的物质没有闪点或缺乏数据时，有时近似用燃烧热与 L_v 的比值大小来比较易燃性。

液体发生燃烧有点燃和自燃两种形式。若液池中的液体温度达到或高于燃点温度，则由燃点的定义可知，液体与引火源接触后会发生持续燃烧。若液体温度达到或高于自燃点温度，则即使不接触引火源也能发生持续燃烧。对于低闪点液体，若其闪点低于环境温度，液面上的蒸气浓度在可燃浓度范围内，其蒸气与空气的混合物遇到引火源时就会出现火焰，满足公式(5-36) 时液体会一边气化一边与空气混合发生燃烧，否则只是发生闪燃。对于高闪点液体，若其闪点高于环境温度，液面上的蒸气浓度低于燃烧下限，遇到引火源也不会被点燃，除非使得液体表面温度高于燃点，或者利用灯芯点燃。灯芯的热导率小，不易通过传导散热，而且灯芯上的液层很薄，对流散热也很难，因而遇火源后局部温度会迅速升高，很容易被点燃。液池及其附近的一些多孔材料（如抹布）均可能成为灯芯。灯芯被点燃后会加热附近的液体使其温度高于燃点，引起液体表面的燃烧和火焰蔓延。

② 火焰在液池表面蔓延的过程　液池局部被点燃后，火焰会在液体表面蔓延，逐步扩大液池着火面积，直至整个液池表面。火焰的蔓延可以看作火焰前方液体的不断点燃，火焰既是热源又是引火源。通常以火焰前锋的移动速度表示火焰蔓延速度。液体温度低于燃点时，液体表面火焰蔓延与液体的表面张力有关。因为液体表面张力随着温度升高而下降，而火焰外围的液体温度低于火焰下方的液体温度，所以火焰下方的热液体会向外流动，取代外围的冷液层。火焰随着热液体的流动而蔓延。

图 5-1 所示为初始温度低于闪点的液体表面火焰的蔓延。火焰前锋为蓝色，外观上类似于预混火焰，在主火焰前方发生闪燃。这是因为主火焰前方该区域的液面温度介于闪点和燃点之

间，只要蒸汽达到可燃浓度就会不时地发生这种闪燃。提高液池整体温度可以减少闪燃的频率，同时火焰蔓延速度会增加。当液体温度低于闪点且液池较浅时，火焰蔓延速度会随着液池深度的减小而降低。这主要是因为液池深度减小，由表面张力引起的液体内部对流运动受限。

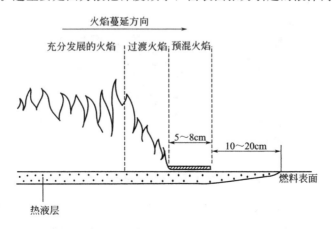

图 5-1　初始温度低于闪点的液体表面火焰的蔓延

液体温度高于燃点时，液面上方有大量可燃浓度范围内的可燃蒸气/空气混合物，火焰蔓延速度决定于火焰在该可燃蒸气/空气混合物中的传播速度。如果液体温度使得其蒸气/空气混合物中蒸气与氧气的比例等于燃烧反应的化学计量比时，火焰蔓延速度会接近极限值。

③ **液池的燃烧速度**　火焰蔓延到整个液池表面之后，火焰即在整个表面上燃烧。开始时液体表层温度低，火焰并不高，此后表层温度平稳上升，蒸发速度与火焰高度亦逐步增加，直到从火焰传到液体的热与液体损失的热和消耗于加热、蒸发的热相等时，液体的表层加热到接近沸点，液池的燃烧进入稳定阶段。

液池的燃烧速度通常有两种表示方式，即质量燃烧速度和燃烧线速度。质量燃烧速度为单位面积单位时间内燃烧的液体的质量。燃烧线速度为单位时间内燃烧掉的液层厚度。第 2 章表 2-1 列出了几种液体的燃烧速度。数据是在小直径的容器内测定的，若容器直径较大，则燃烧速度要更大一些。

图 5-2 为几种液体的燃烧线速度与液池直径的实验结果。液池直径小于 0.03m 时，为层流火焰，燃烧速度随着液池直径的增加而下降；液池直径大于 1m 时，为完全湍流火焰，燃烧速度与液池直径无关；液池直径介于 0.03~1m 时，火焰由层流向湍流过渡。

液池中液体的燃烧线速度与液池直径的关系可以传热机理来解释。不考虑外部热源时，液体燃料得到的净热通量 $\dot{q}''_{\text{net}}$ 主要包括器壁的导热、火焰的对流和辐射传热、液面的辐射散热：

$$\dot{q}''_{\text{net}} = 4k_1 \frac{T_f - T_1}{D} + k_2(T_f - T_1) + k_3(T_f^4 - T_1^4)[1 - \exp(-k_4 D)] \tag{5-38}$$

式中，$\dot{q}''_{\text{net}}$ 是液面的净热通量，W/m^2；k_1 是考虑了火焰向器壁传热、器壁内热传导和器壁向液体传热的综合传热系数，无量纲；k_2 是对流传热系数，无量纲；k_3 是包含了 Stefan-Boltzmann 常数和角系数的辐射传热系数，无量纲；$1 - \exp(-k_4 D)$ 是火焰发射率，无量纲，其中，k_4 是系数，无量纲；T_f 是火焰温度，K；T_1 是液体温度，K；D 是液池直径，m。

公式(5-38)右端包括三项，第一项是通过容器边缘传导的热通量，第二项是火焰到液体的对流热通量，第三项是辐射热通量。当液池直径很小时，传热过程以热传导为主，D

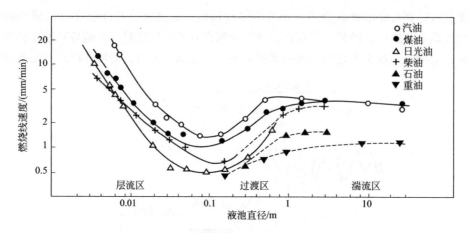

图 5-2　液体燃烧线速度和火焰高度与液池直径的关系

越小，$\dot{q}''_{net}$ 越大，燃烧速度越快；当液池直径很大时，热传导项趋于零，传热过程以辐射为主，$\dot{q}''_{net}$ 趋于一个常数；在过渡阶段，传导、对流和辐射共同起作用，燃烧从层流向湍流的过渡加强了火焰向液面的传热，因此，燃烧速度随着液池直径的增加而下降至最小值，而后随着直径的增加而上升，直至达到最大值。

油罐中的液体，随着燃烧的进行，液位会逐渐下降，液面到火焰底部的距离加大，火焰向液面的传热速度降低，燃烧的速度会下降。液池表面不同位置处的燃烧速度是不同的。对于小型池火，液池边缘处的蒸发速度比液池中心处的大。环境条件如风对燃烧速度也有影响。风有利于空气和液体蒸气的混合，因而通常会使燃烧速度加快。但风速增大到超过某个程度，液体的燃烧速度将趋于某一固定值。这是因为火焰向液面的辐射热通量受到火焰辐射强度和火焰倾斜度两个因素的影响。当风速增大时，燃烧速度加快，火焰强度增加，但同时火焰倾斜度加大，从火焰到液面的辐射角系数减小。这两个因素的综合作用使得液面得到的热通量趋于常数，所以燃烧速度趋于定值。在小直径油罐中进行某些液体的燃烧速度试验时，由于油罐直径较小，风使得燃烧不稳定，燃烧速度可能出现随风速增大而减慢的现象。在直径很大的地面油池模拟火灾试验中，由于烟雾的影响也会导致类似的现象发生。

④ 油火的沸溢和喷溅　油库或油罐中的油品燃烧过程中往往产生非常严重的火灾现象，沸溢和喷溅。例如，1989 年 8 月 12 日，石油天然气总公司管道局胜利输油公司黄岛油库老罐区的原油储罐爆炸起火，燃烧 4 个多小时后发生沸溢、喷溅，使得多个相邻油罐燃烧爆炸，外溢原油在地面四处流淌燃烧。2001 年 9 月 1 日，沈阳大龙洋石油有限公司油罐爆炸起火，4 个多小时后沸溢的油覆盖整座建筑物并向外蔓延，引起附近油罐爆炸。

油火发生沸溢和喷溅现象主要是因为燃烧时油品内部热传递的特性和油品中含有水分。对于单组分液体（如甲醇、丙酮、苯等）和沸程较窄的混合液体（如煤油、汽油等），在自由表面燃烧时，在很短时间内就形成稳定燃烧，且燃烧速度基本不变。火焰传给液面的热量使液面温度升高，达到沸点时液面的温度则不再升高。液体在敞开空间燃烧时，表面温度接近但略低于沸点。单组分油品和沸程很窄的混合油品，在池火稳定燃烧时，热量只传播到较浅的油层中，即液面加热层很薄。因为液体稳定燃烧时，液体蒸发速度是一定的，火焰的形状和热释放速率是一定的。因此，火焰传递给液面的热量也是一定的。这部分热量一方面用于蒸发液体，另一方面向下加热液体层。如果加热厚度越来越厚，则根据导热的傅里叶定律，通过液面传向液体的热量越来越少，而用于蒸发液体的热量越来越多，从而使火焰燃烧加剧。显然，这是与液体稳定燃烧的前提不符合的。因此，液体在稳定燃烧时，液面下的温度分布是一定的。图 5-3 是正丁醇稳定燃烧时液面下的温度分布。

然而，对于沸程较宽的混合液体，主要是一些重质油品，如原油、渣油、蜡油、沥青、润滑油等，由于没有固定的沸点，在燃烧过程中，表面温度逐渐升高。火焰向液面传递的热量首先使低沸点组分蒸发并进入燃烧区燃烧，而沸点较高的重质部分，则携带在表面接受的热量向液体深层沉降，形成一个热的锋面向液体深层传播，逐渐深入并加热冷的液层。这一现象称为液体的热波特性，热的锋面称为热波。对于原油的燃烧，热波的初始温度等于液面的温度，等于该时刻原油中最轻组分的沸点。随着原油的连续燃烧，液面蒸发，组分的沸点越来越高，热波的温

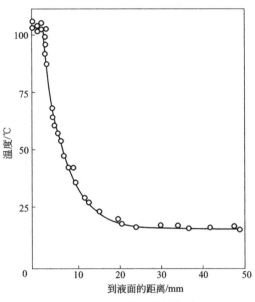

图 5-3　正丁醇稳定燃烧时
液面下的温度分布

度会由 150℃逐渐上升到 315℃，比水的沸点高得多。热波在液层中向下移动的速度称为热波传播速度。它比液体的燃烧线速度（即液面下降速度）快，如表 5-4 所示。

表 5-4　热波传播速度与燃烧线速度的比较

油品种类		热波传播速度/(mm/min)	燃烧线速度/(mm/min)
轻质油品	含水＜0.3%	7～15	1.7～7.5
	含水＞0.3%	7.5～20	1.7～7.5
重质燃油及燃料油	含水＜0.3%	约8	1.3～2.2
	含水＞0.3%	3～20	1.3～2.3
初馏分（原油轻组分）		4.2～5.8	2.5～4.2

原油黏度比较大，且都含有一定的水分。原油中的水一般以乳化水和水垫两种形式存在。所谓乳化水是原油在开采运输过程中，原油中的水由于强力搅拌成细小的水珠悬浮于油中而形成。放置久后，油水分离，水因密度大而沉降在底部形成水垫。在热波向液体深层运动时，由于热波温度远高于水的沸点，因而热波会使油品中的乳化水气化，大量的蒸气就要穿过油层向液面上浮，在向上移动过程中形成油包气的气泡，即油的一部分形成了含有大量蒸气气泡的泡沫。这样，必然使液体体积膨胀，向外溢出，同时部分未形成泡沫的油品也被下面的蒸气膨胀力抛出罐外，使液面猛烈沸腾起来，就像"跑锅"一样，这种现象叫沸溢（见图 5-4）。

随着燃烧的进行，热波的温度逐渐升高，热波向下传递的距离也加大，当热波到达水垫时，水垫的水大量汽化，蒸汽体积迅速膨胀，以至把水垫上面的液体层抛向空中，向罐外喷射。这种现象叫喷溅（见图 5-5）。油罐火灾在出现喷溅前，通常会出现油面蠕动、涌胀现象，出现油沫 2～4 次；烟色由浓变淡，火焰尺寸更大、发亮、变白，火舌形似火箭；金属油罐会发生罐壁颤抖，伴有强烈的噪声（液面剧烈沸腾和金属罐壁变形所引起的）。当油罐

火灾发生喷溅时，能把燃油抛出 70～120m，不仅使火灾猛烈发展，而且严重危及扑救人员生命安全。因此，应及时组织撤退，以减少人员伤亡。

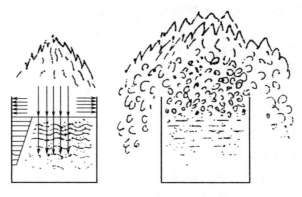

图 5-4　油罐沸溢火灾示意图

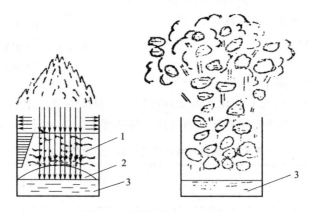

图 5-5　油罐喷溅火灾示意图

1—高温层；2—蒸汽；3—水垫层

从沸溢或喷溅过程说明，沸溢或喷溅形成必须具备三个条件：①原油具有形成热波的特性，即沸程宽，密度相差较大；②原油中含有乳化水或水垫，水遇热波变成蒸汽；③原油黏度较大，使水蒸气不容易从下向上穿过油层。如果原油黏度较低，水蒸气很容易通过油层，就不容易形成沸溢。

在已知某种油品的热波传播速度后，就可以根据燃烧时间估算液体内部高温层的厚度，进而判断含水的重质油品发生沸溢和喷溅。一般情况下，发生沸溢要比发生喷溅的时间早得多。发生沸溢的时间与原油种类、水分含量有关。根据实验，含有 1% 水分的石油，经 45～60min 燃烧就会发生沸溢。喷溅发生时间与油层厚度、热波移动速度以及油的燃烧线速度有关。可近似用下式计算：

$$t_j = \frac{h_1 - h_w}{V + V_w} - kh_1 \tag{5-39}$$

式中，t_j 是预计发生喷溅的时间，h；h_1 是储罐中油面的高度，m；h_w 是储罐中水垫层的高度，m；V 是原油燃烧线速度，m/h；V_w 是原油的热波传播速度，m/h；k 是提前系数，h/m，原油温度低于燃点时取 0，温度高于燃点时取 0.1。

由上可知，热波传播速度是发生重质油品火灾时决定沸溢和喷溅的重要参数，但它是一个十分复杂的技术参数，其主要影响因素包括：

a. 油品的组成：油品中轻组分越多，液面蒸发气化速度越快，燃烧越猛烈，油品接受火焰传递的热量越多，液面向下传递的热量也越多；此外，轻组分含量越大，则油品的黏性越小，高温重组分沉降速度越大。因此，油品中轻组分越多，热波传播速度越大。对于含水量≤0.1%，190℃以下馏分含量为 5%～6% 的原油，热波传播速度 V_w（mm/min）与 190℃以下馏分的体积分数 v_{CH} 有如下近似关系：

$$V_w = 1.65 + 4.69 \lg v_{CH} \tag{5-40}$$

式中，V_w 是热波传播速度，mm/min；v_{CH} 是 190℃以下馏分的体积分数，无量纲。

b. 油品中含水量：含水量较小时（如小于 4%），随着含水量的增大，热波传播速度加快。这是因为含水量大的油品黏度小，油品中的高温层易沉降。但含水量大于 10% 时，油品燃烧不稳定。含水量超过 6% 时，点燃很困难，即使着火了，燃烧也不稳定，影响热波传播速度。

对原油，当含水量 $v_{H_2O} < 2\%$ 时，有

$$V_w = 5.12 + 1.62 \lg v_{H_2O} + 4.69 (\lg v_{CH} - 0.5) \tag{5-41}$$

式中，V_w 是热波传播速度，mm/min；v_{CH} 是 190℃以下馏分的体积分数，无量纲；v_{H_2O} 是含水量，无量纲。

当 $2\% < v_{H_2O} < 4\%$ 时，有

$$V_w = 5.45 + 0.5 \lg v_{H_2O} + 4.69 (\lg v_{CH} - 0.5) \tag{5-42}$$

式中，V_w 是热波传播速度，mm/min；v_{CH} 是 190℃以下馏分的体积分数，无量纲；v_{H_2O} 是含水量，无量纲。

c. 油品储罐的直径：试验研究表明，在一定的直径范围内，油品的热波传播速度随着储罐直径的增大而加快。但当直径大于 2.5m 后，热波传播速度基本上与储罐直径无关。图 5-6 表示的是某种原油的热波传播速度与储罐直径的关系。

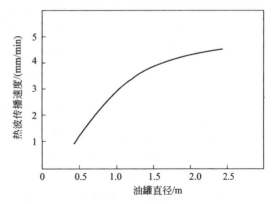

图 5-6　原油热波传播速度与油罐直径的关系

d. 储罐内的油品液位：储罐内的油品发生燃烧时，如果液位较高，空气就较容易进入火焰区，燃烧速度就快，火焰向液面传递的热量就多，所以热波传播速度就快；反之，如果液位低，热波传播速度就慢。例如，含水量为 2% 的原油，在储罐中油面距离罐口高度分别为 145mm 和 710mm 时，热波的传播速度分别为 5.94mm/min 和 5.00mm/min。

除了上述因素外，还有一些外界条件也影响热波传播速度的大小，甚至影响热波形成。例如，实验发现，裂化汽油、煤油、二号燃料油和六号燃料油的混合物几乎不能形成热波。这说明，油品中的杂质、游离碳等，对热波的形成起了很大的作用。而且油品中的杂质有利于形成重组分微团，从而加快了热波传播速度；风能使火焰偏向油罐的一侧，使下风向的罐壁温度升高，罐内液体的温度分布不均匀，从而加快了液体的热对流和热波传播速度；对较小直径的储罐用水冷却罐壁，能够带去高温层中的热量，阻止高温层下降，从而降低热波传播速度。

(3) 油罐火灾热辐射

除了烟气的毒性和腐蚀性、对环境的危害及引发二次事故外，池火的危害主要在于其高温及辐射危害。火焰温度主要取决于可燃液体种类，一般石油产品的火焰温度在 900～1200℃ 之间，不发光的酒精火焰的温度比烃类火焰温度高得多。这是因为烃类火焰由于有烟颗粒，辐射系数较大，会通过辐射向外损失相当大部分的热。从油面到火焰底部存在一个蒸气带，见图 5-7。

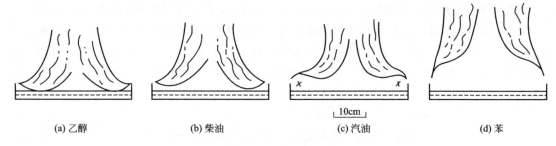

| (a) 乙醇 | (b) 柴油 | (c) 汽油 | (d) 苯 |

图 5-7　燃烧液体表面上方的火焰形状

(液池边缘处蒸气区域的厚度：苯，50mm；汽油，40～50mm；柴油，25～30mm)

火焰辐射的热量有一部分被蒸气带吸收，因此，温度从液面到火焰底部迅速增加；到达火焰底部后有一个稳定阶段；高度再增加时，则由于向外损失热量和卷入空气，火焰温度逐渐下降。火焰沿纵轴的温度分布示意图见图 5-8。

池火焰对物体的热辐射与池火的高度、池火的热释放速率、火焰温度与厚度、火焰内辐射粒子的浓度、火焰与目标物之间的几何关系、风速等众多因素有关。

火焰高度通常是指由可见发光的碳微粒所组成的柱状体的顶部高度，它取决于液池直径和液体种类。液池直径小时，火焰呈层流状态。这时空气向火焰面扩散，可燃液体蒸气也向火焰面扩散，所以燃烧的主要方式是扩散燃烧，液体

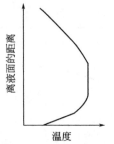

图 5-8　池火焰垂直方向的温度分布示意图

燃烧时所产生的火焰高度决定于液体从自由表面上蒸发的速度与蒸气燃烧的速度。扩散火焰的表面是蒸气运动速度与蒸气燃烧速度达于平衡的界限。如果降低液体的蒸发速度则火焰体积缩小并接近液体表面，如果降低空气中氧的浓度，则火焰体积增加并远离液体的表面。液池直径大时，火焰发展为湍流状态，火焰的形状由层流状态的圆锥形变为形状不规则的湍流火焰。大多数实际液体火灾为湍流火焰。在这种情况下，液面蒸发速度较快，火焰燃烧剧烈，由于火焰的浮力运动，在火焰底部与液面之间形成负压区，结果大量的空气被吸入，形成激烈翻卷的上下气流团，并使火焰产生脉动，烟柱产生蘑菇状的卷吸运动，使大量的空气被卷入。图 5-9 显示了火焰高度与液池直径的关系，横坐标为液池直径 D，纵坐标为火焰高度 h_f 与液池直径 D 的比值。可以看出，在层流火焰区域内（液池直径 $D<0.03$m），h_f/D 随 D 的增大而降低；而在湍流火焰区域内（液池直径 $D>1.0$m），h_f/D 基本上与 D 无关。一般地，这种关系可以表述为：

层流火焰区：

$$h_f/D \propto D^{-0.1\sim-0.3}$$

(5-43)

式中，h_f 是火焰高度，m；D 是液池直径，m。

湍流火焰区：

$$h_f/D \approx 1.5 \sim 2.0 \tag{5-44}$$

式中，h_f 是火焰高度，m；D 是液池直径，m。

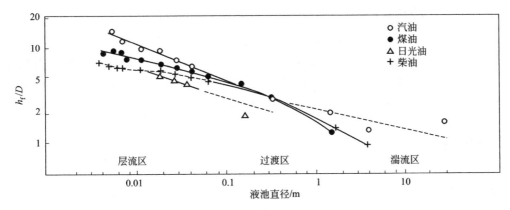

图 5-9　池火焰高度与液池直径的关系

由实验得出的汽油火焰的高度与液池直径的关系（见表 5-5）与上述表达式基本吻合。

表 5-5　汽油火焰高度与液池直径的关系

D/m	h_f/m	h_f/D
22.30	35.01	1.56
5.40	11.45	2.12
0.38~0.44	1.30	3.25

Heskestad 对广泛的实验数据进行数学处理，得到了下面的火焰高度关联式：

$$h_f = 0.23\dot{q}_t^{2/5} - 1.02D \tag{5-45}$$

$$\dot{q}_t = A_1 \dot{m}'' \Delta H_c \tag{5-46}$$

式中，h_f 是火焰中心轴上离液面高度，m；D 是液池直径，m；$\dot{m}''$ 是质量燃烧速度，kg/(m²·s)；A_1 是液池面积，m²；$\dot{q}_t$ 是液池燃烧的热释放速率，kW；ΔH_c 是燃烧热，J/kg。

通常假设液池是圆形的，对于非圆形液池，如果液池的大小恒定，如在容器、围堰、堤坝或特殊地形内的液体，则液池的直径为与液池面积相等的圆的直径。公式(5-45)在 $7 < \dot{q}_t^{2/5}/D < 700 kW^2/m$ 的范围内与实验结果符合很好，对其他非液体燃料也适用。对直径很大的液池（如 $D > 100m$），由于火焰破裂为小火焰，上述方程不适用。

在确定了火焰高度、液池燃烧的热释放速率后，可以根据点源模型简单的估算某一目标物所受到的热辐射通量。该模型假定液池燃烧的热释放速率的30%以辐射能的方式向外传递，且假定辐射热是从火焰中心轴上离液面高度为 $h_f/2$ 处的点源发射出的（见图 5-10）。因此，离点源 R 距离处的

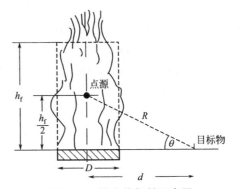

图 5-10　池火焰辐射示意图

辐射热通量为：

$$\dot{q}''_R = 0.3\dot{q}_t/(4\pi R^2) \tag{5-47}$$

式中，$\dot{q}''_R$ 是离点源 R 距离处的辐射热通量，W/m^2；R 是点源与目标物之间的直线距离，m；$\dot{q}_t$ 是液池燃烧的热释放速率，kW。

若目标物与点源的视角为 θ，则目标物表面的辐射热通量为：

$$I = \dot{q}''_R\sin\theta = \dot{q}''_R h_f/2R = \dot{q}''_R h_f/(2\sqrt{h_f^2/4+d^2}) \tag{5-48}$$

其中，I 是目标物表面的辐射热通量，W/m^2；$\dot{q}''_R$ 是离点源 R 距离处的辐射热通量，W/m^2；R 是点源与目标物之间的直线距离，m；h_f 是火焰中心轴上离液面高度，m；d 是点源与目标物之间的水平距离，m；θ 是目标物与点源的视角，(°)。

5.2.2 喷射火

(1) 喷射火

加压气体或液化气体由泄漏口释放到非受限空间（自由空间）并立即被点燃，就会形成喷射火灾（jet fire）。这类火灾的燃烧速度快，火势迅猛，在火灾初期如能及时切断燃料源则较易扑灭，若燃烧时间延长，可能因为容器材料熔化而造成泄漏口扩大，导致火势迅速扩大，则较难扑救。之所以被称为喷射火灾，一方面在于可燃物以射流形式喷出，另一方面，发生喷射火灾时可燃物喷出后立即被点燃，否则经过一段时间后，可燃物与空气混合形成可燃气云，此时若被点燃则可能发生蒸气云爆炸。很多情况下，喷射时就会因容器破裂、摩擦或静电而产生火花而点燃可燃物，特别是当喷射速度较大时。

(2) 喷射火特性

在使用燃料和氧化剂的混合物作为进料的喷射燃烧器中，出现的喷射火焰为预混火焰，然而在发生喷射火灾时喷出的仅仅为燃料，因而火焰为扩散火焰。喷出的若为可燃气体，则接触到氧气时即可发生气相燃烧反应；若为液体，则需要首先蒸发气化。气体喷射进入静止空气中，因为射流和周围空气之间剪切力的作用而卷吸空气。根据流场显示和流场探测，沿射流的前进方向可将射流分为 3 个阶段，即如图 5-11(a) 所示的初始段、过渡段和自模段。射流离开喷口后，形成所谓的切向突跃面 [见图 5-12(b) 截面的速度和浓度示意图]。因与外围气体之间有速度差，且有黏度存在，故将产生紊流旋涡层，与外围气体之间进行动量和质量的交换。这种紊流旋涡扩散侵蚀主流，形成楔形射流核，也叫势流核心，核内各截面仍保持喷口处的初始速度、温度及浓度，是射流的核心。射流核心区的边界面 BCA（即轴向流速保持初始速度的边界面）称为射流内边界。BN 与 AM 称为射流外边界。射流的内边界和外边界之间的区域即为混合层，也称剪切层或射流边界层，在其内存在速度梯度因而产生雷诺应力。由于射流气体的卷吸作用，外围气体将跨流扩散并与主流混合，发生动量、质量、能量的交换，并随着混合区的逐渐扩大，最终在射流中心汇合，势流核心逐渐缩小而消失，射流沿程各截面上速度分布开始不断变化，直到成为相似速度分布，该段成为射流过渡段。过渡段之后进入自模段，也叫射流充分发展区，这时，射流沿程各断面上轴向流速都呈正态分布，如图 5-11(b) 所示。

对于射流过程中同时发生燃烧反应的射流火焰，若可燃物喷出的速度较低，则形成层流扩

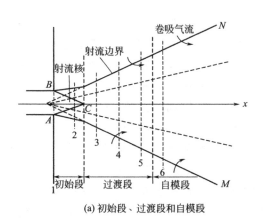 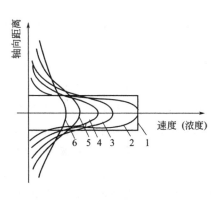

(a) 初始段、过渡段和自模段   (b) 截面的速度(浓度)分布

图 5-11　射流结构示意图及速度（浓度）分布图

散火焰。整个火焰区分为中央的纯燃料区、外围的新鲜空气区、可燃气体与燃烧产物的混合区及空气与燃烧产物的混合区，见图 5-12。气体燃料射流燃烧是一个受扩散控制的过程。射流中的气体燃料和环境中的氧气通过对流扩散而向对方迁移、混合，在一定的着火温度下燃烧化学反应发生。在燃料与氧处于化学当量比的各个位置，燃烧最为迅速，并形成火焰面。从喷口平面到轴向火焰面顶端的这段距离为火焰长度。实验发现，层流扩散火焰高度与可燃气燃烧所需的氧气量有关，等物质的量的可燃气燃烧所需的氧气的物质的量越多，其扩散火焰越长；环境氧浓度较低时，火焰越长。因为剪切力使得气流不稳定，层流扩散火焰会发生闪烁。

射流扩散火焰有一个较宽的气体成分变化区域。图 5-13 为射流扩散火焰中各种成分分布。在火焰内部，氧的浓度几乎等于零，因为在火焰面处氧已经燃烧完。在火焰外部，随径向距离增加，氧的浓度越来越大，直到等于空气中的浓度。火焰中心可燃气浓度最大，越向火焰面靠近可燃气浓度越小，在火焰面处等于零。燃烧产物的浓度在火焰面处最大，离火焰越远越小。燃料和氧化剂的浓度在火焰面处最小，而燃料产物的浓度在此处最大，这显然是燃烧反应的结果。火焰面处氧气和燃料全部消失将表明反应速率为无限大，即使反应速率为有限值时，火焰面也很薄。由于实际反应是发生在一个狭窄的区域之内，这些成分变化主要是由于反应物和燃烧产物的相互扩散引起的，燃料和氧化剂的相互扩散的速率是按化学当量比进行的。扩散火焰的温度在火焰面处最高，离开火焰面，向内趋于某一值，向外趋于环境温度。

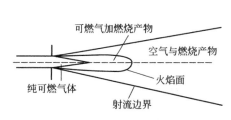

图 5-12　射流层流扩散火焰结构

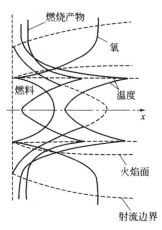

图 5-13　射流扩散火焰中各种成分分布

随着射流速度的逐渐增加，火焰高度逐渐增加，当射流速度超过一定值后，火焰开始出现不连续区，火焰高度开始下降，直至某一常数。图 5-14 所示为火焰高度与射流速度变化的关系。在流速较低的层流扩散火焰区，因为层流扩散火焰长度正比于泄漏燃料气的体积流量，即与喷口流速和喷口截面积成正比，所以喷口流速或喷口截面积越大，扩散火焰长度越大。在喷口处的局部雷诺数远大于 2000 后出现从层流到湍流火焰的过渡。湍流首先出现在焰舌，随着射流速度增加，湍流向喷口处发展，但始终不会达到喷口。在变为完全湍流燃烧的过程中，整个火焰面抖动越来越剧烈，火焰高度有所降低。在完全湍流燃烧时，因为湍流扩散火焰的高度正比于喷口直径，所以火焰高度与流速无关，基本保持不变。火焰高度由层流区的最大值到完全湍流区的常数值可以定性理解为涡流混合增加了空气的卷吸，使得更高效率的燃烧。因为湍流火焰燃烧效率高于层流扩散火焰，所以可能产生较少的碳颗粒，发射率会降低，辐射热损失在总燃烧热中所占比例也会下降。辐射热损失在层流扩散火焰中占到燃烧热的 25%～30%，而在湍流火焰中可能只占到 20%。因为射流速度较大，对层流扩散燃烧影响较大的浮力因素对完全湍流火焰的影响往往可以忽略。

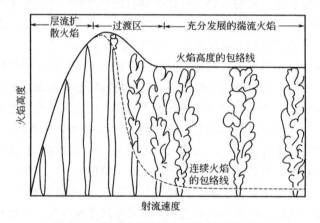

图 5-14　射流火焰高度与射流速度的关系

(3) 喷射火热辐射

对于喷射火灾可能造成的火焰辐射危害的估算，可以先从气体喷射扩散的模型得出射流中的速度、浓度分布，根据确定的喷射长度及点辐射源计算目标接受的辐射通量。将整个喷射火看成是在喷射火焰长度范围内，由沿喷射中心线的一系列点热源组成，每个点热源的热辐射通量相等，并假定喷射火焰长度和未燃烧时的喷射长度近似相等。理论上讲，喷射长度等于从泄漏口到可燃混合气燃烧下限的射流轴线长度。因而只需在喷射长度上划分点热源，点热源的个数的划分可以是随意的，一般取 5 点就可以了。单个点热源的热辐射通量按下式计算：

$$\dot{q} = \eta Q_0 \Delta H_c / n \tag{5-49}$$

式中，$\dot{q}$ 是点热源热辐射通量，W；η 是效率因子，无量纲，保守可以取 0.35；Q_0 是泄漏速度，kg/s；ΔH_c 是燃烧热，J/kg；n 是计算时选取的点热源数，一般 $n=5$。

射流轴线上某点热源 i 到距离该点 x_i 处的热辐射强度为：

$$I_i = \frac{\dot{q}\,\varepsilon}{4\pi x_i^2} \tag{5-50}$$

式中，I_i 是点热源 i 到目标点 x 处的热辐射强度，W/m^2；$\dot{q}$ 是点热源热辐射通量，W；x_i 是射流轴线上某点热源 i 到目标点的距离，m；ε 是发射率，取决于燃烧物质的性质，在喷射火灾中可取 0.2。

某一目标点的入射热辐射强度等于喷射火的全部点热源对目标的热辐射强度的总和，即：

$$I = \sum_{i=1}^{n} I_i \tag{5-51}$$

式中，I 是某一目标点的入射热辐射强度，W/m^2；I_i 是点热源 i 到目标点 x 处的热辐射强度，W/m^2；n 是计算时选取的点热源数，无量纲。

模型中未考虑风对火焰形状的影响。在高压源喷射时，喷射速度比风速大得多，所以风的影响很小。而对低压源，则明显受风的影响。除了热辐射危害外，因为喷射火的可燃物多为燃气，具有很高的燃烧热值，因而喷射火的高温火焰对与其直接接触的物质、设备的危害相当大，应当谨防其造成其他后果更严重的事故，如沸腾液体扩展蒸气爆炸。要预防喷射火灾的发生，首要任务就是要经常检查、监控以防止泄漏的发生。喷射火灾发生后则可以设法降低喷射（泄漏）速度或断绝燃料气的供应，但是断绝燃料气供应时，需要慎重考虑是否有产生回火爆炸的危险。在考虑减少燃料气供应的同时，应设法降低喷口周围及喷口所在设备的温度，以及受火焰热作用的设备的温度，转移周围的可燃物或设备。

5.2.3 火球

当大量的过热气化的液化气体瞬间泄放到空中形成球形的蒸气云，当达到燃烧极限的蒸气云遇到点火源就会产生剧烈燃烧湍动的火球，火球产生的热辐射是沸腾液体扩展蒸气爆炸（BLEVE）的主要危害之一。H. R. Greenberg 和 J. J. Cramer 研究建立的火球最大半径及持续时间模型为：

$$D = 5.33M^{0.327} \tag{5-52}$$
$$t = 1.089M^{0.327} \tag{5-53}$$

式中，D 是火球最大直径，m；M 是急剧蒸发的可燃物质的质量，kg；t 是火球持续时间，s。

ILO 研究建立的火球最大半径及持续时间模型为：

$$D = 5.8M^{1/3} \tag{5-54}$$
$$t = 0.45M^{1/3} \tag{5-55}$$

式中，D 是火球最大直径，m；M 是急剧蒸发的可燃物质的质量，kg；t 是火球持续时间，s。

以 1000kg LPG 为例，各模型的部分对比计算结果如表 5-6 所示。

由于在火球的发展期间，火球的直径和中心高度都在不断增大，因而为建立计算火球表面和目标接受的热辐射通量和剂量模型，需假设火球有一个最大直径及持续时间。近地面火球模型是假设火球中心在地面水平，此模型适合于快速 BLEVE 发生时初始喷射对火球中心抬升高度很小时。火球表面热辐射通量可通过下式计算：

$$E = E_{max}(1 - e^{0.18D}) \tag{5-56}$$

式中，E 是火球表面热辐射通量，kW/m^2；E_{max} 是火球表面最大辐射通量，可取值有

$200kW/m^2$、$270kW/m^2$、$350kW/m^2$、$469kW/m^2$；D 是火球最大直径，m。

表 5-6 各个模型对比计算结果

模型名称	模型计算结果	
	最大火球直径 D/m	火球持续时间/s
TNO	61.175	4.971
A. M. Brirk	51.018	7.485
ILO	58.000	4.500
Roberts	56.680	4.398
Moorhouse,Pirtchard	51.018	10.433
H. R. Greenberg 和 J. J. Cramer	51.018	10.424

目标 r 处接受的热辐射通量模型 q_r：

$$q_r = E(1-0.058\ln r)V \tag{5-57}$$

式中，q_r 是目标 r 处接受的热辐射通量，kW/m^2；E 是火球表面热辐射通量，kW/m^2；模型 $1-0.058\ln r$ 是大气传递系数；r 是目标离火球中心距离，m；V 是视觉系数，无量纲，V 可由下式计算：

$$V = 2D^2 r^2/(4D^2+r^2) \tag{5-58}$$

式中，D 是火球最大直径，m；r 是目标离火球中心距离，m。

目标 r 处接受的热辐射剂量模型 Q_r：

$$Q_r = q_r t \tag{5-59}$$

式中，Q_r 是目标 r 处接受的热辐射剂量，kJ/m^2；q_r 是目标 r 处接受的热辐射通量，kW/m^2；t 是时间，s。

抬升火球模型中，抬升高度及视觉系数的确定是关键，由于火球从产生到达到最大直径之间的时间间隔非常短（一般为几秒，甚至更短），因而在建立抬升火球模型时假设火球迅速达到最大直径，忽略火球产生到达到最大直径之间的时间间隔。抬升火球的最大直径及持续时间模型同近地面火球模型，其目标处大气传递系数模型：

$$V' = \frac{H/D+0.5}{4[(H/D+0.5)^{1/2}+(r/D)^{1/2}]^{3/2}} \tag{5-60}$$

式中，V' 是目标处大气传递系数，无量纲；H 是火球中离地面的抬升高度，m，由 λD 确定，其中，λ 是抬升系数，统计平均值是 0.75，D 是火球最大直径，m；r 是目标离火球中心距离，m。

目标 r 处接受的热辐射通量模型 q'_r：

$$q'_r = E e^{(-7/10000)d} \tag{5-61}$$

式中，$e^{(-7/10000)d}$ 是大气传递系数；d 是目标离火球边缘距离，m。

目标 r 处接受的热辐射剂量模型 Q'_r：

$$Q'_r = q'_r t \tag{5-62}$$

式中，Q'_r 是目标 r 处接受的热辐射剂量，kJ/m^2；q'_r 是目标 r 处接受的热辐射通量，kW/m^2；t 是时间，s。

有了火球尺寸、表面热辐射通量、目标接受的热辐射通量及剂量模型，根据热辐射对人和物体相应的热伤害准则，就能模拟计算出人及物体受到不同等级伤害的距离，如人员一度烧伤、二度烧伤、三度烧伤距离，容器破裂距离，引燃木材距离等；由于 BLEVE 产生的火球有效生存时间很短，因而采用瞬态池火灾下的热剂量准则来模拟计算火球热辐射导致各个伤害距离。热辐射剂量是根据热辐射通量和热辐射作用时间来确定的。死亡、重伤、轻伤热通量模型如下：

死亡热通量 q_1：

$$P_r = -37.23 + 2.56\ln(tq_1^{4/3}) \tag{5-63}$$

重伤热通量 q_2：

$$P_r = -43.14 + 3.019\ln(tq_2^{4/3}) \tag{5-64}$$

轻伤热通量 q_3：

$$P_r = -39.83 + 3.019\ln(tq_3^{4/3}) \tag{5-65}$$

式中，t 是人体暴露于热辐射的时间，s；q_1、q_2、q_3 分别是死亡、重伤和轻伤热通量，kW/m^2；P_r 是伤害概率，无量纲。

上述模型计算出来的热剂量值与热剂量伤害准则就可以确定死亡、重伤、轻伤及财产损失半径，即分别指热辐射作用下的死亡、二度烧伤、一度烧伤和引燃木材半径。

5.2.4 室内火灾

室内火灾发生时，人员安全疏散的条件是：建筑物可能的安全疏散时间大于建筑物需要的安全疏散时间。室内火灾的主要危害是火灾产生的烟气和热辐射。其中，室内火灾的灾害模拟结果包括：人员安全疏散所需时间，室内烟气量大小及随时间和房间高度的分布，热辐射通量大小及空间分布，死亡、重伤、轻伤人数，人员伤亡、财产损失数量。以上的相关参数就构成了室内火灾灾害后果模拟分析指标体系，它们的目标值均由相应的模型来模拟分析确定。

(1) 基本假设

① 火灾发生后，房间分为上下两层，上层为均匀的热烟气层，下层为均匀的冷空气层；
② 火灾发生后，无论是自然通风，还是机械通风，首先排出室外的是烟气；
③ 着火房间或者是长方体形，或者是圆柱体形；
④ 热烟气层底部离地面高度达到 1.8m、1.2m 和 0.4m 的时刻分别为室内人员轻伤、重伤和死亡的时刻。

(2) 可燃物燃烧量计算模型

对于燃烧面积恒定的火源，可燃物的燃烧量等于火源面积、单位面积燃烧速率和燃烧持续时间三者的乘积。因此，可燃物的燃烧量可用下式计算：

$$Q = Sm_f t, \quad t \leqslant Q_{max}/(Sm_f) \tag{5-66}$$

$$Q = Q_{max}, \quad t \geqslant Q_{max}/(Sm_f) \tag{5-67}$$

式中，Q 是可燃物的燃烧量，kg；Q_{max} 是可燃物的最大燃烧量，kg；S 是火源面积，m^2；m_f 是燃烧速率，$kg/(m^2 \cdot s)$；t 是时间，s。

(3) 烟气层高度计算模型

已知可燃物的燃烧量、发烟速率和房间排气量，可按下式计算室内烟气总量：

$$V = QV_{smoke} - V_1 t - V_2 t \tag{5-68}$$

式中，V 是室内烟气总量，m^3；t 是时间，s；Q 是可燃物的燃烧量，kg；V_{smoke} 是单位质量可燃物的烟气产生量，m^3/kg；V_1 是机械通风速率，m^3/min；V_2 是自然通风速率，m^3/min，可按下式计算：

$$V_2 = 60 f A_v [2 g h_v (\rho_0 - \rho_{smoke}) / \rho_{smoke}]^{1/2} \tag{5-69}$$

式中，f 是通风口流量系数，取 0.5；A_v 是有效通风口面积，m^2；g 是重力加速度，$9.81 m/s^2$；h_v 是有效通风口高度，m；ρ_0 是室外空气密度，kg/m^3；ρ_{smoke} 是室内烟气密度，kg/m^3，与烟气温度有关。

烟气层高度乘以房间面积应该等于室内烟气总量。因此，t 时刻烟气层底部离地面高度可按下式计算：

$$H_{smoke} = H - V/A \tag{5-70}$$

式中，H_{smoke} 是烟气层底部离地面高度，m；H 是房间高度，m；V 是 t 时刻室内烟气总量，m^3；A 是房间面积，m^2；V/A 是烟气层高度，m。

5.3 火灾模拟分析

5.3.1 池火灾模拟分析

池火灾模型主要用于计算可燃液体泄漏到地面或水面点燃后引起的火灾事故后果，需要输入的条件和参数包括：池火灾面积类型选择、池火面积、燃料泄漏速率、燃料泄漏时间、环境温度、财产密度、人员密度、环境大气密度、离火焰表面距离、燃料密度、燃料常压沸点、模型计算步长、燃烧物质质量、燃料燃烧热、燃料燃烧效率、定压比热容、物质蒸发热、人员暴露火焰时间，可输出的池火灾灾害后果包括：火焰半径、高度、火灾持续时间、火焰表面热辐射通量、空间热辐射通量大小及分布、死亡和重伤以及轻伤半径、财产损失半径、人员伤亡和财产损失数量等。图 5-15 为池火灾模拟计算界面。

5.3.2 喷射火灾模拟分析

喷射火灾模型主要用于计算气体或液化气体泄漏喷射后点燃后引起的火灾事故后果，需要输入的条件和参数包括：燃料燃烧热、燃料泄漏速率、离火焰中心距离、火焰温度、环境温度、反应物/产物摩尔比、燃料摩尔浓度、燃料摩尔质量、泄漏口当量直径、财产密度、人员密度等，可输出的喷射火灾害后果包括：喷射火焰尺寸大小、目标处热辐射通量大小及空间分布、火焰表面热辐射通量、空间热辐射通量大小及分布、死亡和重伤以及轻伤半径、财产损失半径、人员伤亡、财产损失数量等。图 5-16 为喷射火灾模拟计算界面。

5.3.3 火球模拟分析

火球模型主要是用于模拟液化气体泄漏后点燃引起的火灾事故后果，需要输入的条件和

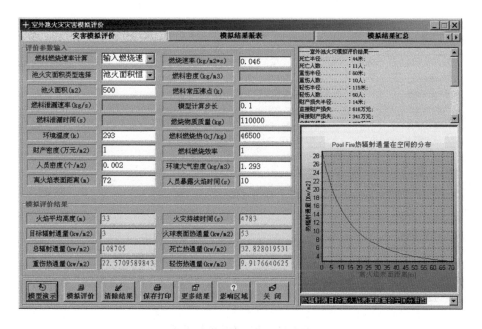

图 5-15　池火灾模拟计算界面

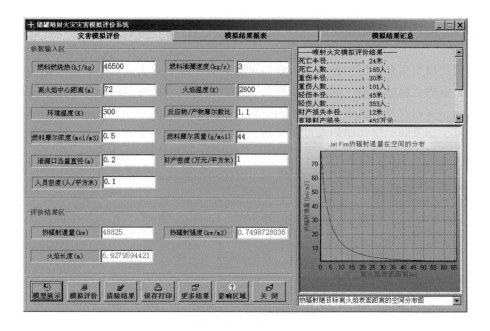

图 5-16　喷射火灾模拟计算界面

参数包括：模拟分析模型选择、燃料燃烧热、总储存物质质量、环境大气温度、人员暴露热辐射时间、财产密度、储罐数量及储存方式、液化气储罐形状、物质储存压力、环境大气压力、离火球垂心距离、人员密度、火球中心抬升高度等。可输出的火球灾害后果包括：爆炸火球半径及持续时间、各种热辐射通量大小、热通量空间分布、死亡和重伤以及轻伤半径、财产损失半径、逃生安全距离、救灾距离、人员伤亡、财产损失数量等。图 5-17 为火球模拟计算界面。

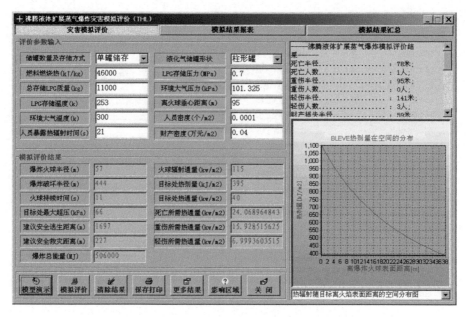

图 5-17　火球模拟计算界面

5.3.4　室内火灾模拟分析

室内火灾模型主要是用于模拟室内空间可燃物点燃后引起火灾后果，需要输入的条件和参数包括：室内火源的类型、时间计算步长、室内总人数、机械通风率、房屋本身造价、火灾持续时间、室内财产价值等，可输出的室内火灾灾害后果包括：人员安全疏散所需时间、室内烟气量大小及随时间和房间高度的分布、热辐射通量大小及空间分布、死亡和重伤以及轻伤人数、人员伤亡、财产损失数量。图 5-18 为室内火灾模拟计算界面。

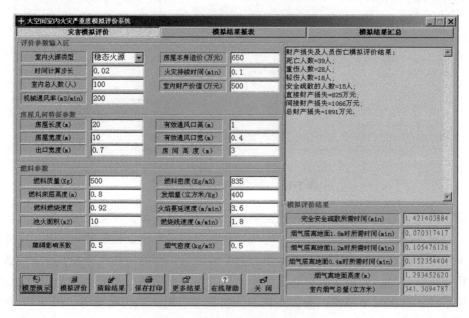

图 5-18　室内火灾模拟计算界面

5.3.5　火灾模拟实例分析

本小节选取 LPG 罐区池火灾（Pool Fire）事故为例，对 PoolFire 火灾事故模型进行分析。罐区基本参数为：共 6 个 LPG 柱形储罐，存储 LPG（丙烷、丁烷）共 110t，LPG 燃烧热为 46.5MJ/kg，存储压力为 0.4MPa。

（1）LPG 罐区的 PoolFire 危险性

液化石油气的火灾大多由于设备及管线跑冒滴漏、容器破裂、阀门开启或失效、超载、雷击等因素所造成的。液化气罐区的火灾有以下特点：燃烧伴随爆炸、火焰温度高和辐射热强、火灾初发面积大、易形成二次爆炸、破坏性大。罐区池火灾的主要危害是火焰的强烈热辐射对周围人员及装备的危害，在火焰环境下，易导致周围储罐的破裂而引发二次灾害。

（2）LPG 罐区的 PoolFire 定量模拟分析

池火灾的主要危害来自火焰的强烈热辐射危害，而且火灾持续时间一般较长，因而采用稳态火灾下的热通量准则来确定人员伤亡及财产损失区域。

① 池火焰半径及高度：池火灾采用圆柱形火焰和池面积恒定假设，火焰半径 R_f 由下式确定：

$$R_f = \sqrt{\frac{S}{\pi}} \tag{5-71}$$

式中，R_f 是池半径，m；S 是池面积，m^2。

池面积可由 LPG 储罐的防护堤所围的面积确定，本例中按 $S = 500m^2$，LPG 的燃烧速率 $m_f = 0.02kg/(m^2 \cdot s)$，由上式可求得火焰半径 $R_f = 12.61m$。

火焰高度 L：

$$L = 84 R_f \left(\frac{m_f}{\rho_0 \sqrt{2gR_f}} \right)^{0.61} \tag{5-72}$$

式中，L 是池火焰高度，m；R_f 是池半径，m；g 是重力加速度，$9.81m/s^2$；ρ_0 是空气密度，kg/m^3；m_f 是燃料质量燃烧速度，$kg/(m^2 \cdot s)$。

由上式可求得火焰高度 $L = 15.26m$。

② 火灾持续时间 t：

$$t = \frac{W}{S m_f} \tag{5-73}$$

式中，t 是火灾持续时间，s；W 是燃料质量，kg；m_f 是燃料质量燃烧速度，$kg/(m^2 \cdot s)$；S 是池面积，m^2。

由上式可求得火灾持续时间 $t = 11000s$。

③ 火焰表面热辐射通量 Q_f：

$$Q_f = \frac{2\pi R_f^2 \eta_1 m_f \eta_2}{(2\pi R_f^2 + \pi R_f L)} \tag{5-74}$$

式中，Q_f 是火焰表面热辐射通量，kW/m^2；L 是池火焰高度，m；R_f 是池半径，m；m_f 是燃料质量燃烧速度，$kg/(m^2 \cdot s)$；η_1 是燃烧效率，无量纲；η_2 是热辐射系数，无量纲，可取 0.15。

由上式可求得火焰表面热辐射通量 $Q_f = 39.86\text{kW/m}^2$。

④ 目标接受的热通量 q_r：

$$q_r = Q_f V(1 - 0.058\ln d) \tag{5-75}$$

式中，q_r 是目标接受的热通量，kW/m^2；Q_f 是火焰表面热辐射通量，kW/m^2；V 是目标处视角系数，无量纲；d 是目标离火焰表面的距离，m。

由式(5-75) 可求得离火焰表面距离 123m 处的目标接受热通量 $q_r = 2.089\text{kW/m}^2$。

罐区的池火灾的热辐射通量在离火焰表面距离为 100m 的空间分布曲线，如图 5-19 所示。

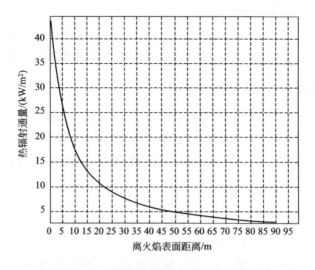

图 5-19　热辐射通量在空间的分布曲线

⑤ 死亡、重伤、轻伤及财产损失半径：死亡、重伤、轻伤及财产损失半径分别指热辐射作用下的死亡、二度烧伤、一度烧伤和引燃木材半径。根据计算出来的 q_r，依据稳态火灾作用下的热通量伤害准则来确定各个伤害及财产损失半径。根据稳态火灾作用下的热通量伤害准则，本例中求得的死亡、重伤、轻伤及财产损失半径分别为 50m、71m、148m、20m。若知道 LPG 罐区的人员密度和财产密度，即可确定人员的伤亡数量和财产损失大小。LPG 罐区可能发生的三种事故模型的伤害/破坏半径比较，见表 5-7 所示。

表 5-7　池火灾事故模型的伤害/破坏半径结果比较　　　　　　　　单位：m

事故模型		池火灾
伤害/破坏半径	死亡半径	50
	重伤半径	71
	轻伤半径	148
	财产损失半径	20

当 LPG 罐区发生池火灾时，离火焰中心外径为 148m、内径为 71m 的圆环区域内人员大部分轻伤；离火焰中心外径为 71m、内径为 50m 的圆环区域内人员大部分重伤，离火焰中心半径为 50m 的圆形区域内的人员可能大部分死亡。以上分析以圆形伤害区域作为假设。为防止池火灾发生，因池面积的扩大而导致灾害的扩大，应根据储罐容积来设计事故状态下

防护堤的半径和高度。

(3) LPG 罐区的 BLEVE 定量评价

BLEVE 是指 LPG 储罐在外部火焰的烘烤下突然破裂，压力平衡破坏，LPG 急剧气化，并随即被火焰点燃而产生的爆炸。BLEVE 发生有以下条件：储罐内 LPG 在外部热作用下，处于过热状态，罐内气液压力平衡破坏，LPG 急剧气化；罐壁不能承受 LPG 急剧气化导致的超压。LPG 罐区的 BLEVE 的发生有它自身的规律和条件要求，不同的 BLEVE 事故的发生原因也不同，但它们都有一些共性的规律，其中大多数 BLEVE 的发生是由于外来热辐射作用使得容器内 LPG 处于过热状态，容器内压力超过对应温度下材料的爆炸压力，导致容器发生灾难性的失效，容器内 LPG 发生爆炸的气体快速泄放，即 BLEVE 的发生；装有 LPG 的容器发生失效时，可能会有以下的结果：容器部分失效，伴有 LPG 的喷射泄放或产生喷射火焰；容器罐体产生抛射物；容器内 LPG 完全快速泄放（TLOC）及导致 BLEVE 的发生。导致 TLOC 和 BLEVE 的因素很多，包括罐体材料缺陷、材料疲劳、腐蚀、热应力、压应力、池火焰包围或喷射火焰环境下罐体材料强度下降、容器过载、操作不当等，通常 BLEVE 的发生是由于上述几个因素的联合作用的结果。

罐区的 BLEVE 发生后主要爆炸产生的火球热辐射危害，同时爆炸产生的碎片和冲击波超压也有一定的危害，但与火球热辐射危害相比，危害次要。从上述 LPG 罐区危险性分析，可见罐区主要危险性是 UVCE 和 BLEVE，下面利用灾害定量评价技术和相应的伤害评价模型对这两种事故的危险性进行定量模拟评价。利用开发的灾害模拟与评价软件系统对某化工厂罐区进行 UVCE 和 BLEVE 危害性的定量模拟评价。

BLEVE 主要危害是火球产生的强烈热辐射伤害，因而采用瞬态火灾作用下的热剂量准则确定人员的伤亡和财产损失的区域。

① 火球当量半径 R 及持续时间 t：

$$D = 5.33M^{0.327} \tag{5-76}$$

$$t = 1.089M^{0.327} \tag{5-77}$$

式中，D 是火球最大直径，m；M 是急剧蒸发的可燃物质的质量，kg；t 是火球持续时间，s。由于 LPG 采用多罐存储，LPG 质量取多罐总质量的 90%，由上式可求得火球当量半径 $R = 134$m；火球持续时间 $t = 21$s。此处，使用的是 H. R. Greenberg 和 J. J. Cramer 模型。BLEVE 发生后，消防人员及紧急救灾人员最小安全工作建议距离为 $4R$，即 536m，人群安全逃脱最小建议距离为 $15R$，即 2010m。

② 目标接受热剂量 Q_r：

$$Q_r = \frac{0.27P_0^{0.32}bc(1-0.058\ln r)WQ}{4\pi r^2} \tag{5-78}$$

式中，Q_r 是目标接受热剂量，kJ/m^2；b 是储罐形状系数，无量纲；c 是储罐数量影响因子，无量纲；r 目标是离储罐距离，m；W 是燃料质量，kg；Q 是 LPG 燃烧热，kJ/kg；P_0 是 LPG 储存压力，Pa。

由式(5-78)求得 $4R$ 处目标接受热剂量 $Q_r = 164.63kJ/m^2$。

罐区的 BLEVE 热辐射剂量在离爆源中心距离为 536m 的空间分布曲线，如图 5-20 所示。

③ 死亡、重伤、轻伤热通量：

死亡热通量 q_1：

$$P_r = -37.23 + 2.56\ln(tq_1^{4/3}) \tag{5-79}$$

重伤热通量 q_2：

$$P_r = -43.14 + 3.019\ln(tq_2^{4/3}) \tag{5-80}$$

轻伤热通量 q_3：

$$P_r = -39.83 + 3.019\ln(tq_3^{4/3}) \tag{5-81}$$

式中，t 是人体暴露于热辐射的时间，s；q_1、q_2、q_3 分别是死亡、重伤和轻伤热通量，kW/m^2；P_r 是伤害概率，无量纲。

当伤害概率为 50%，热辐射作用时间为 21s 时，q_1、q_2、q_3 分别为 24.069kW/m^2、15.928kW/m^2、6.999kW/m^2。

④ 死亡、重伤、轻伤及财产损失半径：死亡、重伤、轻伤及财产损失半径分别指热辐射作用下的死亡、二度烧伤、一度烧伤和引燃木材半径。由式 $Q_r = \dfrac{0.27 P_0^{0.32} bc(1 - 0.058\ln r) WQ}{4\pi r^2}$ 求得目标处热剂量 Q_r，再根据热剂量准则来确定各种伤害半径及财产损失半径。本例求得的死亡、重伤、轻伤及财产损失半径分别为 290m、354m、525m、223m。若知道 LPG 罐区的人员密度和财产密度，即可评价确定人员的伤亡数量和财产损失大小。

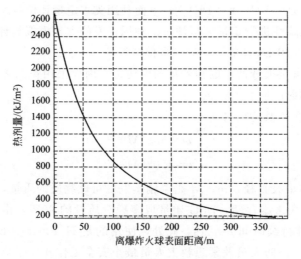

图 5-20 热辐射剂量在空间的分布曲线

第6章
爆炸模拟分析

6.1 概述

爆炸是化工和石油化工生产中的重大灾害之一，事故的发生常常导致重大的人员伤亡和财产损失。例如，1966 年 1 月 4 日，发生在法国的一次沸腾液体扩展蒸气爆炸事故导致 18 人死亡，81 人受伤和巨大财产损失。1972 年巴西某厂精炼工段丁烷大量泄漏，引发蒸气云爆炸事故，导致直接财产损失 840 万美元，37 人死亡，53 人受伤。1997 年 9 月 14 日，印度 HPCL 炼油厂因腐蚀使该厂的一个液化石油气储罐泄漏，从而引发一系列事故并逐渐演变成一场灾难，导致 60 人死亡，造成 1.5 亿美元财产损失，威胁附近城市 200 万居民的安全。此类灾难性爆炸事故不胜枚举，且随着石化工业的发展，这类灾难性事故的发生频率越来越高，灾害后果也越来越严重。爆炸灾害所带来的严重后果和环境与社会问题远远超过了事故本身，严重影响、制约了当代石化工业的顺利健康发展，这些严酷的事实表明了深入研究这些灾害性事故的发生机理、相关条件及伤害机理，建立这些灾害性事故的严重度模拟分析模型，开发灾害模拟分析软件系统，对于科学预防爆炸灾害的发生、指导紧急救灾具有重要理论价值和实践意义。

有关爆炸灾害防治技术研究有着悠久的历史，然而开展灾害基础研究的出现和防治技术的快速发展却是在最近三四十年内。20 世纪 70 年代以来，随着石油化工生产规模越来越大，化工装置重大爆炸事故频繁发生，引起了世界各国的广泛关注，国际上相继通过了1990 年化学制品公约、1993 年预防重大工业事故公约等，敦促世界各国实施相应的政策及预防保护措施，发展基础研究和重大灾害防治应用技术研究。加拿大、美国、英国、日本及欧盟许多国家先后投入了大量的人力、物力和财力开展重大危险源的辨识、评价与预防控制技术及相关的基础性研究工作，取得了较高水平的研究成果。

在国外，由于发达国家工业化进程较早，加之以强大的经济做后盾，因此发达国家与工业安全相关的各项法律、制度及管理规定等制度体系都比较完善，而在爆炸灾害风险评估、爆炸灾害防治理论研究及工程技术开发方面也是遥遥领先。如在爆炸灾害危险评价方法研究方面，美国 DOW 化学公司于 1964 年开发了 DOW 火灾、爆炸指数法，至今已发展更新至第七版；英国帝国化学公司于 1974 年在 DOW 火灾、爆炸指数法的基础上开发了ICIMOND 法，可用于工厂火灾、爆炸及毒性危险性评估；日本学者提出了化学工厂六阶段安全评价法及概率风险评价法。随着化工和石化企业的生产规模越来越大，爆炸事故的发生频率增加，且所导致的危害也越来越大，引起了国际社会的广泛关注。英国卫生与安全委员会设立了重大危险源咨询委员会并进行了重大危险源辨识、评价技术研究；美国于 1985 年出版了《危险性评价方法指南》；欧盟于 1982 年颁发了《工业活动中重大事故隐患的指示》；1992 年国际劳工组织（ILO）第 79 届会议专门讨论了预防重大工业灾害的问题；在国际劳工组织的支持下，许多国家也相继建立了重大危险源控制系统。国外在理论研究基础上，还开发了不少危险评价软件包，并投入运行，如英国 TECHNICA 公司开发的 SAFETI 软件包、荷兰咨询科学家公司开发的 SAVEⅡ 软件包等。

近些年来，我国政府非常重视爆炸灾害的防治工作。国内部分高校和科研单位相继开展了爆炸灾害的研究工作，取得了较好的进展。我国自 20 世纪 80 年代开始进行可燃气体爆炸方面的研究，但主要是针对可燃气体爆炸极限、密闭空间气相爆炸及安全泄放等方面进行的研究工作。关于气云爆炸的研究也是针对以炸药点燃空气炸药而形成爆轰气云进行的实验及数值模拟，而通常的气云爆炸并不会产生爆轰波。在危险源评价、宏观控制技术研究方面取得了较好的成果建立了定量与定性相结合评价方法，并开发了事故后果分析的计算机软件系统。

在有大量易燃、易爆危险物质的生产或储存装置中，一旦物质或能量的正常运行状态遭到破坏，装置发生爆炸，便会导致灾难性的后果，不仅厂区内部，而且邻近地区人员的生命、财产和环境都将遭受巨大的损失。以往发生的灾害性事故案例的严酷事实表明了爆炸灾害防治已刻不容缓。随着石油化工行业的发展，装置的高度自动化、连续化、大型化及高温、高压、高能量储备的特点，也使得爆炸事故更具有突发性、灾难性、复杂性和社会性。因此，加强典型化工过程爆炸灾害的发生、发展和防治机理研究，加强典型装置爆炸灾害的预测、预防和控制技术的研究，是建立和完善社会防灾体系及做好城市减灾工作的重要内容之一，具有重要的理论价值和社会现实意义。

当前，国内外在爆炸灾害基础研究方面的发展趋势是：重视爆炸灾害发生、发展和防治机理与规律的研究；重视灾害过程理论模型及灾害的实验模拟与计算机模拟；重视重大装置的防护，对爆炸的结构危险性作出评估，采用各种措施消除危险根源；加快高新技术进入爆炸灾害研究与防治领域；重视在工程设计、评估与管理中引入基础研究成果。

6.2 爆炸分类与特征

6.2.1 爆炸分类

（1）按爆炸性质分类

① 压力容器爆炸：压力容器爆炸主要是由物理原因所引起的爆炸，例如，蒸汽锅炉因水快速汽化，压力超过设备所能承受的强度而产生的锅炉爆炸；装有压缩气体的钢瓶受热爆炸等。

② 化学爆炸：化学爆炸是物质发生化学反应而引起的爆炸。化学爆炸可以是可燃气体和助燃气体的混合物遇明火或火源而引起的（如煤矿的瓦斯爆炸）；也可以是可燃粉末与空气的混合物遇明火或火源而引起（粉尘爆炸）；但更多的是炸药及爆炸性物品所引起的爆炸。

③ 核爆炸是由核反应引起的爆炸：例如原子弹或氢弹的爆炸。

（2）按爆炸形式分类

① 凝聚相含能材料的爆炸：火药、炸药爆炸等。

② 蒸气云爆炸（vapor cloud explosion，VCE）：包括粉尘爆炸。

③ 沸腾液体扩展蒸气爆炸（boiled liquid expansion vapor explosion，BLEVE）。

（3）根据爆源特点分类

可将爆炸源分为两类：理想爆源和非理想爆源。

① 理想爆源 理想爆源是点爆炸源，主要有三个特点：a. 爆炸能量密度较大，爆源体积较小，在爆炸分析中可以作为点源处理；b. 爆炸过程中能量释放速度较快，在爆炸瞬间能够达到较高的爆炸压力，通常可达到几十兆帕，如凝聚相爆炸可在数微秒内发展成爆轰；c. 爆炸波是以空气冲击波的形式传播的，通常用特征长度 R_0 来表示爆炸源的特征。

$$R_0 = \left(\frac{E_0}{p_0}\right)^{1/3} \tag{6-1}$$

式中，R_0 是爆炸特征长度，m；E_0 是爆炸能量，J；p_0 是环境压力，Pa。

爆源初始尺度约为特征长度的 1/100，爆轰速度高达 6900m/s，因此，凝聚相爆炸可近似当作点源爆炸。

② 非理想爆源 不具备理想爆源特点的爆源即为非理想爆源。如工业中可燃气体就属于非理想爆源，其爆炸释放能量远低于凝聚相炸药，爆炸传播过程很复杂，受爆源性质、环境条件、点火源等多种因素的影响。和理想爆源相比，非理想爆源有三个特点：a. 爆源体积较大，不能作为点源处理；b. 能量释放速率比理想爆源低得多，大部分情况下属于爆燃，较少情况下发展为爆轰；c. 爆炸压力上升速率相对较慢，与爆源体积的三次方根成反比。爆炸压力较低，如密闭情况下气体爆炸的最终压力一般为 0.7~1.0MPa。

6.2.2 爆炸特征

气体爆炸过程具有以下三个主要特征：

（1）放热性

气体爆炸过程中由于燃烧会产生大量的热量，这些热量大部分用来加热未燃气体，使未燃气体温度升高而被点燃。放热性是气体爆炸过程存在的必要条件，也是最显著的特征之一。

（2）反应的快速性

气体爆炸与燃烧过程的区别就在于爆炸过程具有较高的燃烧速度。物质燃烧时燃烧速度比较慢，燃烧所产生的热量可通过热传导或辐射的形式散失掉，而爆炸则几乎是在瞬间完成，所产生的热量在爆炸过程中基本上与外界没有交换，表现出极高的化学反应速度。

（3）气体产物的形成

气体爆炸瞬间通常会产生强烈压缩状态的气体产物，这些气体产物在膨胀过程中将化学能转化为机械能或气体运动的动能，气态物质的存在是气体爆炸效应产生的先决条件。

6.3 压力容器超压爆炸模型

爆炸是物质从一种状态通过物理的或化学的变化突然变成另一种状态，并放出巨大能量而做机械功的过程。压力容器破裂时，气体膨胀所释放的能量（即爆破能量）不仅与气体压力和容器的容积有关，而且与容器内介质的物性、相态相关。因为有的介质以气态存在，如空气、氧气、氢气等，有的以液态存在，如液氨、液氯等液化气体、高温饱和水等。容积与压力相同而相态不同的介质，在容器破裂时产生的爆破能量不同，而且爆炸过程也不完全相同，其能量计算公式亦不相同。下面分别对盛装液体的压力容器、盛装气体的压力容器、液化气与高温饱和水的爆炸及气体爆炸时冲击波能量和爆破时碎片能量、飞行距离进行阐述。

6.3.1　盛装液体的压力容器爆破能量

当压缩液体盛装在容器内超压或容器受损发生爆破，所释放出的能量为压缩液体、压力、体积变化的函数。

$$E_L = \frac{1}{2}\Delta P^2 \beta V \times 10^8 \tag{6-2}$$

式中，E_L 是液体爆破能量，J；ΔP 是压缩液体的增压，按压缩液体的表压计，MPa；β 是液体的压缩系数，MPa^{-1}，在常温和 10MPa 以内的水，其压缩系数 β 是 4.52×10^{-4} MPa^{-1}，在常温和 50MPa 以内的水，β 是 $4.4 \times 10^{-4} MPa^{-1}$；$V$ 是液体的体积，m^3。

6.3.2　盛装气体的压力容器爆破能量

(1) 爆破能量

盛装气体的压力容器在破裂时，气体膨胀所释放的能量（即爆破能量），与压力容器的容积有关。其爆破过程是容器内的气体由容器破裂前的压力降至大气压力的一个简单膨胀过程，所以历时一般都很短，不管容器内介质的温度与周围大气存在多大的温差，都可以认为容器内的气体与大气无热量交换，即此时气体介质的膨胀是一个绝热膨胀过程，因此其爆破能量亦即为气体介质膨胀所做之功，可按理想气体绝热膨胀做功公式计算，即：

$$E_g = \frac{PV}{k-1}\left[1-\left(\frac{0.1013}{P}\right)^{\frac{k-1}{k}}\right]\times 10^6 \tag{6-3}$$

式中，E_g 是容器内气体的爆炸能量，J；P 是气体爆破前的绝对压力，MPa；V 是容器体积（无液体时），m^3；k 是气体的绝热指数，无量纲。

(2) 气体的绝热指数

常用压缩气气体的绝热指数见表 6-1。气体的绝热指数是气体的定压比热容与定容比热容之比。k 值可按气体的分子组成近似地确定，双原子气体 $k=1.4$，三原子气体和四原子气体 $k=1.2\sim1.3$。

表 6-1　常用压缩气体的绝热指数

气体名称	空气	氮	氧	氢	甲烷	乙烷	一氧化碳	二氧化碳
绝热指数	1.4	1.4	1.397	1.142	1.315	1.18	1.395	1.295

6.3.3　液化气体与高温饱和水容器爆破能量

液氯、液氨储罐及锅炉汽包等压力容器以气、液两态存在，工作介质的压力大于大气压，介质温度大于其在大气压力下的沸点。当容器破裂时，气体迅速膨胀，液体迅速沸腾。剧烈蒸发，产生爆沸或水蒸气爆炸。

（1）液化气体容器爆破能量计算

容器爆破所释放出来的能量为气体的能量和饱和液体的能量，由于前者量很小，往往可忽略不计，因为爆沸或水蒸气爆炸在瞬间完成，所以是一个绝热过程，其爆破能量可用下式计算：

$$E_L=[(i_1-i_2)-(S_1-S_2)T_b]m \tag{6-4}$$

式中，E_L 是过热状态下液体的爆破能量，kJ；i_1 是爆破前液化气体的焓，kJ/kg；i_2 是在大气压力下饱和液体的焓，kJ/kg；S_1 是爆破前饱和液体的熵，kJ/(kg·K)；S_2 是在大气压力下饱和液体的熵，kJ/(kg·K)；m 是饱和液体的质量，kg；T_b 是介质在大气压力下的沸点，K。

（2）饱和水容器爆破能量计算

饱和水容器的爆破能量可按下式计算：

$$E_W=C_W V \tag{6-5}$$

式中，E_W 是饱和水容器的爆破能量，kJ；V 是容器内饱和水所占容积，m^3；C_W 是饱和水爆破能量系数，kJ/m^3。

饱和水的爆破能量系数由压力决定，表 6-2 列出了常用压力下饱和水容器的爆破能量系数。

表 6-2　常用压力下饱和水爆破能量系数

表压力 P/MPa	0.3	0.5	0.8	1.3	2.5	3.0
能量系数 $C_W/(kJ/m^3)$	2.38×10^4	3.25×10^4	4.56×10^4	6.35×10^4	9.56×10^4	1.06×10^5

6.3.4　压力容器爆破时冲击波能量

（1）冲击波超压的伤害、破坏作用

压力容器爆破时，爆破能量在向外释放时以冲击波能量、碎片能量和容器残余变形能量三种形式表现出来。后两者所消耗的能量只占总爆破能量的 $3\%\sim15\%$，亦即能量产生的是空气冲击波。冲击波是一种强压缩波，波前、后介质的状态参数（温度、压力、密度）具有急剧的变化。实质上，冲击波是介质状态参数急剧变化的分界面。冲击波是由压缩波叠加形成的，是波阵面以突进形式在介质中传播的压缩波。容器破裂时，容器内的高压气体大量冲出，使它周围的空气受到冲击而发生扰动，使其状态（压力、密度、温度等）发生突跃变化，其传播速度大于扰动介质的声速，这种扰动在空气中传播就成为冲击波。在离爆破中心一定距离的地方，空气压力会随着时间迅速发生悬殊的变化。开始时，压力突然升高，产生一个很大的正压力，接着又迅速衰减，在很短时间内正压降至负压。如此反复循环数次，压力渐次衰减下去。开始时，产生的最大正压力即是冲击波波阵面上的超压 Δp。多数情况下，冲击波的伤害、破坏作用是由超压引起的。超压 Δp 可以达到数个甚至数十个大气压。

冲击波超压对人体的伤害作用及对建筑物的破坏作用，冲击波超压对人体的伤害及对建筑物的破坏作用见表 6-3 和表 6-4。

表 6-3　冲击波超压对人体的伤害作用

超压(Δp)/MPa	伤害作用	超压(Δp)/MPa	伤害作用
$0.02\sim0.03$	轻微损伤	$0.05\sim0.10$	内脏严重损伤或死亡
$0.03\sim0.05$	听觉器官损伤或骨折	>0.10	大部人员死亡

表 6-4　冲击波超压对建筑物的破坏作用

超压(Δp)/MPa	破坏作用	超压(Δp)/MPa	破坏作用
$0.005\sim0.006$	门窗玻璃部分破碎	$0.06\sim0.07$	木建筑厂房房柱折断，房架松动
$0.006\sim0.01$	受压面的门窗玻璃大部分破碎	$0.07\sim0.10$	砖墙倒塌
$0.015\sim0.02$	窗框损坏	$0.10\sim0.20$	防震钢筋混凝土破坏小房屋倒塌
$0.02\sim0.03$	墙裂缝	$0.20\sim0.30$	大型钢架结构破坏
$0.04\sim0.05$	墙大裂缝，房瓦掉下	—	—

（2）冲击波的超压

冲击波伤害-破坏作用准则有：超压准则、冲量准则、超压-冲量准则等。超压准则认为，只要冲击波超压达到一定值时，便会对目标造成一定的伤害或破坏。冲击波波阵面上的超压与产生冲击波的能量有关，同时也与距离爆炸中心的远近有关。冲击波的超压与爆炸中心距离的关系：

$$\Delta p \propto R^{-n} \tag{6-6}$$

式中，Δp 是冲击波波阵面上的超压，MPa；R 是距爆炸中心的距离，m；n 是衰减系数，无量纲。

衰减系数在空气中随着超压的大小而变化，在爆炸中心附近内为 $2.5\sim3$；当超压在数个大气压以内时，$n=2$；小于 1atm(0.1MPa) 时，$n=1.5$。

实验数据表明，不同数量的同类炸药发生爆炸时，如果距离爆炸中心的距离 R 之比与炸药量 q 三次方根之比相等，则所产生的冲击波超压相同，如 $\dfrac{R}{R_0}=\left(\dfrac{q}{q_0}\right)^{\frac{1}{3}}=\alpha$，则：

$$\Delta p = \Delta p_0 \tag{6-7}$$

式中，R 是目标与爆炸中心距离，m；R_0 是目标与基准爆炸中心的距离，m；q_0 是基准 TNT 质量，kg；q 是爆炸时产生冲击波所消耗的 TNT 质量，kg；Δp 是目标处的超压，MPa；Δp_0 是基准目标处的超压，MPa；α 是炸药爆炸实验的模拟比，无量纲。

公式(6-7)也可以写成为：

$$\Delta p(R) = \Delta p_0 \left(\frac{R}{\alpha} \right) \tag{6-8}$$

式中，R 是目标与爆炸中心距离，m；Δp 是目标处的超压，MPa；Δp_0 是基准目标处的超压，MPa；α 是炸药爆炸实验的模拟比，无量纲。

利用式(6-8)就可以根据某些已知药量的实验所测得的超压来确定在各种相应距离下爆炸时的超压，见表 6-5。

表 6-5　1000kg TNT 炸药在空气中爆炸时所产生的冲击波超压

距离 R_0/m	5	6	7	8	9	10	12	14	16	18	20
超压 Δp_0/MPa	2.94	2.06	1.67	1.27	0.95	0.76	0.50	0.33	0.235	0.17	0.126
距离 R_0/m	25	30	.35	40	45	50	55	60	65	70	75
超压 Δp_0/MPa	0.079	0.057	0.043	0.033	0.027	0.0235	0.0205	0.018	0.016	0.0143	0.013

根据式(6-8)和表 6-5 及爆炸的炸药量或 TNT 当量即可计算确定各种相应距离的超压。

6.3.5　压力容器爆破时碎片能量及飞行距离

压力容器爆破时，壳体可以破裂为很多大小不等的碎片或碎块向四周飞散抛掷。例如，某化肥厂合成氨设备进行系统气密试验，由于试压空气中泄入可燃气体，造成系统的 5 个高压器及管道全部炸成碎片，回收到的碎片仅占容器重量的 10%，有一百多块，最远的飞离 1500m，其中一块碎片飞行 40～50m 至另一个车间，破窗而入将 1 名工人砸死；另一块碎片飞出，将 1 名女工拦腰砍成两截，当场死亡；还有一块碎片飞出厂外，将 1 名少年的腿砸断。

(1) 碎片的能量

碎片飞出时具有动能，动能的大小与每块碎片的质量及速度的平方成正比，即：

$$E = \frac{1}{2} m V^2 \tag{6-9}$$

式中，E 是碎片的动能，J；m 是碎片的质量，kg；V 是碎片击中人或物体的速度，m/s。

根据罗勒（Rhore）的研究发现：①碎片击中人体时的动能在 26J（2.6kgf·m）以上时，可致外伤；②碎片击中人体时的动能在 60J（6.0kgf·m）以上时，可致骨部轻伤；③碎片击中人体时的动能在 200J（20kgf·m）以上时，可致骨部重伤。

(2) 碎片的速度

压力容器碎片飞离壳体时，一般具有 80～120m/s 的初速，即使在飞离容器较远的地方也常有 20～30m/s 的速度。

① 碎片的水平初速　可按抛物运动方程解出碎片的水平初速。设压力容器或爆破时碎片离地高度为 h，则：

$$V_0 = \frac{R}{\sqrt{\dfrac{2h}{g}}} \qquad (6\text{-}10)$$

式中，V_0 是压力容器或碎片抛出的水平初速，m/s；h 是压力容器或碎片原来的离地高度，m；R 是抛出的水平距离，m。

② 斜抛时的抛出初速　若压力容器爆破时碎片或容器抛出时与地面成 θ 角，则抛出初速 V_0，可按下式计算：

$$V_0 = \sqrt{\frac{Rg}{\sin 2\theta}} \qquad (6\text{-}11)$$

式中，V_0 是压力容器或碎片抛出的水平初速，m/s；g 是重力加速度，9.81m/s^2；R 是抛出的水平距离，m；θ 是碎片或容器抛出时与地面的倾角，(°)。

(3) 碎片的穿透力

压力容器爆破时，碎片常常会损坏或穿透邻近的设备和管道，引发二次火灾、爆炸或中毒事故。例如，浙江某电化厂一个 1000kg 的液氯钢瓶破裂爆炸，碎片将附近的 10 个钢瓶击穿，其中 4 个液氯钢瓶被击穿后继而发生爆炸，大量氯气泄出，造成极大的危害。

压力容器爆破时，碎片的穿透力与碎片击中时的动能成正比，计算公式如下：

$$S = K\frac{E}{A} \qquad (6\text{-}12)$$

式中，S 是碎片对材料（钢板等一类塑性材料）的穿透量，mm；E 是碎片击中物体时所具有的动能，J；A 是碎片穿透方向的截面积，mm^2；K 是材料的穿透系数，无量纲，见表 6-6。

表 6-6　材料的穿透系数

材料名称	钢板	钢筋混凝土	木材
穿透系数	1	10	40

6.4 化学爆炸模型

6.4.1 蒸气云爆炸

蒸气云爆炸（UVCE）是由于可燃性气体或易于挥发的液体的大量快速泄漏，与周围空气混合形成覆盖很大范围的"预混云"，在某一有限制空间遇点火源而导致的爆炸。爆炸冲击波是主要的伤害形式。

6.4.1.1　数值模型

基于计算流体动力学（computational fluid dynamics，CFD）方法，典型 UVCE 数值模拟软件有 FLACS、AutoReagas。其中，FLACS 软件由挪威 GEXCON（CMR/CMI）开发，

是一种基于计算流体动力学技术开发的专门用于海上及陆上石化行业内气体爆炸三维计算的模拟工具。通过求解一组描述流体特性的质量、动量、能量以及组分守恒方程。

$$\frac{\partial}{\partial t}(\rho\phi)+\frac{\partial}{\partial x_j}(\mu_i\rho\phi)-\frac{\partial}{\partial x_j}\left[\mu_i\phi\Gamma_\phi\frac{\partial}{\partial x_j}(\phi)\right]=S_\phi \tag{6-13}$$

式中，ϕ 是通用求解变量；ρ 是气体密度，kg/m^3；x_j 是 j 方向上积分；μ_i 是 i 方向上的速度矢量，m/s；Γ_ϕ 是扩散系数，无量纲；S_ϕ 是源项。

湍流和化学反应的影响包含在相关方程中，采用有限体积法，利用 SIMPLE 算法，配合边界条件来求解计算区域中的超压、燃烧产物、火焰速度以及燃料消耗量等变量的值。对于爆炸冲击波采用特别的火焰加速求解器进行求解，它能够考虑到火焰与装置、管线、设备等的相互作用及影响，可以直接对气体爆炸冲击波进行计算。

另外一款软件 AutoReagas 为 Century Dynamics 和 TNO 公司共同研发的三维 CFD 软件，AutoReagas 软件则是当前商业化的蒸气云爆炸计算软件，在世界范围内被广泛应用于工业设施爆炸安全和风险分析。

6.4.1.2 SCOPE 物理模型

SCOPE 模型是典型的 UVCE 物理模型。

6.4.1.3 关系模型

关系模型亦称缩放比率模型，是依靠实验结果而建立起来的。典型的 UVCE 相关模型包括当量模型、TNO 模型、ME 模型。由于关系模型相对简单，易应用于爆炸灾害风险评价。

(1) 当量模型

蒸气云爆炸主要因冲击波造成伤害，因而按超压-冲量准则确定人员伤亡区域及财产损失区域。冲击波超压破坏准则见表 6-7。

表 6-7 冲击波超压破坏、伤害准则

超压/kPa	建筑物破坏程度	超压/kPa	人伤害程度
5.88~9.81	受压面玻璃大部分破碎	20~30	轻微挫伤
20.7~27.6	油储罐破裂	30~50	中等损伤
68.66~98.07	砖墙倒塌	50~100	严重损伤
196.1~294.2	大型钢架结构破坏	>100	大部分死亡

① TNT 当量模型 蒸气云爆炸最常见的是 TNT 当量模型，可燃气体的 TNT 当量可用下式计算：

$$W_{TNT}=\frac{\alpha WQ}{Q_{TNT}} \tag{6-14}$$

式中，W_{TNT} 为可燃气体的 TNT 当量，kg；α 为可燃气体蒸气云当量系数，无量纲，统计平均值为 0.04；W 为蒸气云中可燃气体质量，kg；Q 为可燃气体的燃烧热，J/kg；Q_{TNT} 为 TNT 的爆热，J/kg。

可燃气体的爆炸总能量：

$$E = 1.8\alpha WQ \tag{6-15}$$

式中，E 为可燃气体的爆炸总能量，J；1.8 为地面爆炸系数。

爆炸的伤害区域即为人员的伤害区域。为了估计爆炸所造成的人员伤亡情况，一种简单但较为合理的预测方法是将危险源周围分为死亡区、重伤区、轻伤区和安全区，根据人员因爆炸而伤亡概率的不同，将爆炸危险源周围由里向外依次划分。

a. 死亡区　该区内的人员如缺少防护，则被认为将无例外地蒙受严重伤害或死亡，其内径为 0，外径记为 R_1，表示外圆周处人员因冲击波作用导致肺出血而死亡的概率为 0.5，它与爆炸量间的关系由下式确定：

$$R_1 = 13.6 \left(\frac{W_{TNT}}{1000} \right)^{0.37} \tag{6-16}$$

式中，R_1 是死亡半径，m；W_{TNT} 是可燃气体的 TNT 当量，kg。

如果认为圆周内没有死亡的人数正好等于圆周外死亡的人数，则可以说死亡区的人员将全部死亡，而死亡区外的人员将无一死亡。这一假设能够极大地简化危险性评估的计算而不会带来显著的误差，因为在破坏效应随距离急剧衰减的情况下，该假设是近似成立的。需要说明的另一个假设是，在考虑这些区域时，已假设冲击波在这些区域传播时没受到任何障碍。在一般情况下，不考虑障碍物时得到的伤害分区，将给出最保守的结果。

b. 重伤区　该区内的人员如缺少防护，则绝大多数将遭受严重伤害，极少数人可能死亡或受轻伤。其内径就是死亡半径 R_1，外径是重伤半径，记为 R_2，代表该处人员因冲击波作用耳膜破裂的概率为 0.5，对应的冲击波峰值超压为 44000Pa。这里应用了超压准则。冲击波超压 ΔP_s 可按下式计算：

$$\Delta P_s = 1 + 0.1567Z^{-3} \qquad \Delta P_s \geqslant 5 \tag{6-17}$$
$$\Delta P_s = 0.137Z^{-3} + 0.119Z^{-2} + Z^{-1} - 0.091 \qquad 5 < \Delta P_s < 10 \tag{6-18}$$

$$Z = R \left(\frac{P_0}{E} \right)^{1/3} \tag{6-19}$$

式中，ΔP_s 是冲击波超压，Pa；R 是目标到爆源的水平距离，m；P_0 是环境压力，Pa，1 个大气压（atm）近似等于 101300Pa；E 是爆炸总能量，J。

c. 轻伤区　该区内的人员如缺少防护，则绝大多数人员将遭受轻微伤害，少数人将受重伤或平安无事，死亡的可能性极小。该区内径为重伤区的外径 R_2，外径是轻伤半径，记为 R_3，表示外边界处耳膜因冲击波作用破裂的概率为 0.01，对应的冲击波峰值超压为 17000Pa。

d. 安全区　该区内人员即使无防护，绝大多数人也不会受伤，死亡的概率则几乎为零。该区内径为轻伤区的外径 R_4，外径为无穷大。

概率方程中的概率与伤害分数间的关系可用下式计算：

$$D = \int_{-\infty}^{P_r} \exp \left(-\frac{u^2}{2} \right) du \tag{6-20}$$

式中，D 是死亡分数，无量纲；P_r 是死亡概率，无量纲，当 $P_r = 5$ 时，$D = 0.5$。

爆炸能不同程度地破坏周围的建构物和构筑物，造成直接经济损失。根据爆炸破坏模型，可估计建筑物的不同破坏程度，据此可将危险源周围划分为几个不同的区域。英国分类标准见表 6-8。

各区外径由下式确定：

$$R_i = \frac{K_i W_{\text{TNT}}^{1/3}}{\left[1 + \left(\frac{3175}{W_{\text{TNT}}}\right)^2\right]^{1/6}} \tag{6-21}$$

式中，R_i 是 i 区半径，m；W_{TNT} 是 TNT 当量，kg；K_i 是常数，无量纲，见表 6-8，财产损失半径计算时一般取 2 级伤害系数 5.6。

表 6-8 英国建筑物破坏等级的划分

破坏等级	破坏系数 A_i	常数 K_i	破坏状况
1	1.0	3.8	所有建筑物全部破坏
2	0.6	5.6	砖砌房外表 50%～70% 破损，墙壁下部危险
3	0.5	9.6	房屋不能再居住，屋基部分或全部破坏，外墙 1～2 个面部分破损，承重墙损失严重
4	0.3	28	建筑物受到一定程度破坏，隔墙木结构要加固
5	0.2	56	房屋经修理可居住，天井瓷砖瓦管不同程度破坏，隔墙木结构要加固
6	0.1	$+\infty$	房屋基本无破坏

注：在精度要求不太高的危险性评估中，可以此半径作为财产损失半径，并假定此半径内没有损失的财产与此半径外损失的财产相互抵消。或者说，可假定此半径内的财产完全损失，此半径外的财产完全无损失。

② 丙烷当量模型

蒸气云爆炸危险性评估时，有时也采用丙烷当量模型计算蒸气云爆炸伤害后果。

爆炸伤害半径 R：

$$R = C(NE)^{1/3} \tag{6-22}$$

式中，C 为爆炸实验常数，取值 0.03～0.4；N 为有限空间内爆炸发生系数，取 10%；E 是爆炸总能量，J。

爆炸冲击波正相最大超压 ΔP：

$$\ln\left(\frac{\Delta P}{P_0}\right) = -0.9216 - 1.5058\ln(R') + 0.167\ln^2(R') - 0.0320\ln^3(R') \tag{6-23}$$

$$R' = \frac{D}{\left(\frac{E}{P_0}\right)^{1/3}} \tag{6-24}$$

式中，R' 为无量纲距离；D 为目标到蒸气云中心距离，m；P_0 为大气压，Pa。

死亡半径 R_1：死亡半径指人在冲击波作用下头部撞击致死半径，由下式确定：

$$R_1 = 1.98 W_p^{0.447} \tag{6-25}$$

式中，W_p 为可燃气体蒸气云的丙烷当量，kg。

重伤半径 R_2：重伤半径指人在冲击波作用下耳鼓膜 50% 破裂半径，由下式确定：

$$R_2 = 9.187 W_p^{1/3} \tag{6-26}$$

轻伤半径 R_3：轻伤半径指人在冲击波作用下耳鼓膜 1% 破裂半径，由下式确定：

$$R_3 = 17.87 W_p^{1/3} \tag{6-27}$$

财产损失半径 R_4：财产损失半径指在冲击波作用下建筑物三级破坏半径，由下式确定：

$$R_4 = \frac{K_{\text{III}} W_{\text{TNT}}^{1/3}}{\left[1 + \left(\frac{3175}{W_{\text{TNT}}}\right)^2\right]^{1/6}} \tag{6-28}$$

式中，K_{III} 为建筑物三级破坏系数。

(2) TNO 模型

TNO 模型是荷兰应用科学研究院研究建立的，该模型用于确定过程中的受限体积，给出相对的受限程度，然后确定该受限体积对于超压的贡献，然后使用半经验曲线确定爆炸超压。该模型的基础是爆炸能量高度依赖于受限和拥挤的程度，对蒸气云中燃料的依赖性不大。对于蒸气云爆炸，使用 TNO 模型的步骤如下：

① 使用扩散模型确定气云的范围。一般情况下，由于扩散模型在拥挤空间使用起来受到限制。因此，通过假设不存在设备和建筑物，从而可以来完成该计算步骤。

② 进行区域检查以确定拥挤的空间。通常情况下，重气趋向于向下移动。

③ 在被可燃气体覆盖的区域内，确定引起强烈冲击波的潜在源。强烈冲击波的潜在源包括：拥挤的空间和建筑物（例如，化工厂或炼油厂中的过程设备、箱子、平台和管架）；延伸的平行平面之间的距离（例如，停车场内底部停靠得很近的汽车、开放的建筑）；管状结构内的空间（如隧道、桥梁、走廊、下水道系统、管路）；由于高压泄放导致的喷射中的燃料-空气混合物的剧烈动荡。可燃气云中剩余的燃料-空气混合物，被认为产生的冲击波强度不大。

④ 通过下述步骤，估算当量燃料——空气混合物所释放的能量：a. 认为每一个冲击波源是相互分离的；b. 假设全部的燃料——空气混合物都存在于部分受限、或有障碍物的区域，被确定为气云中的冲击波源，有助于冲击波传播；c. 估算存在于被确定为冲击波源的单个区域内的燃料——空气混合物的体积（估算是基于区域的全部尺寸之上的，注意可燃气云可能没有充满全部的冲击波源体积，以及设备的体积应该被认为是它描绘了一个可接收的整个体积的一部分）；d. 通过将单个混合物的体积同 $3.5 \times 10^6 J/m^3$ 相乘（该值是烃类与空气混合物，在平均化学组成计量下的典型燃烧热值），计算每次燃烧的燃烧能 E(J)。

⑤ 为每个单独冲击波指定一个代表冲击波强度的典型数字。如果假设爆轰的最大强度用数字 10 来代替，那么对于强烈爆炸的源强的估算是安全和保守的。然而，源强 7 似乎能更准确地代表真实的爆炸。另外，对于侧向超压低于 0.5bar（$1bar = 10^5 Pa$）的爆炸，源强等级为 7~10 之间的差别不大。对于未受限制和无障碍的部分气云所产生的爆炸，可假设初始强度的值较低进行模拟。对于延伸的静止的部分，假设为最小强度 1。对于多数不静止且处于低强度的湍流运动的部分，可假设强度为 3。

⑥ 一旦估算出单个的当量燃料-空气混合物所导致的能量 E 和初始爆炸强度，那么，在计算过 Sachs 比拟距离后，距离爆源 R 处的 Sachs 比拟爆炸侧向超压和正相持续时间，就能从图 6-1 所示的爆炸图中查到。

$$\overline{R} = \frac{R}{(E/P_0)^{1/3}} \tag{6-29}$$

式中，$\overline{R}$ 是燃料的 Sachs 比拟距离，无量纲；R 是距燃料的距离，m；E 是燃料的燃烧能，J；P_0 是周围环境的大气压，Pa。

爆炸侧向超压峰值和负相持续时间，可根据 Sachs 比拟距离和 Sachs 比拟正相持续时间计算。爆炸超压由下式计算：

$$p_0 = \Delta \overline{P}_s p_a \tag{6-30}$$

式中，p_0 是侧向爆炸超压，Pa；$\Delta \overline{P}_s$ 是 Sachs 比拟侧向爆炸超压，无量纲；p_a 是周围环境压力，Pa。

正相持续时间则由下式计算：

$$t_d = \bar{t}_d \left[\frac{(E/p_0)^{1/3}}{c_0} \right] \tag{6-31}$$

式中，t_d 是负相持续时间，s；$\bar{t}_d$ 是 Sachs 比拟负相持续时间，无量纲；E 是燃料燃烧能，J；p_0 是侧向爆炸超压，Pa；c_0 是周围环境的声速，m/s。

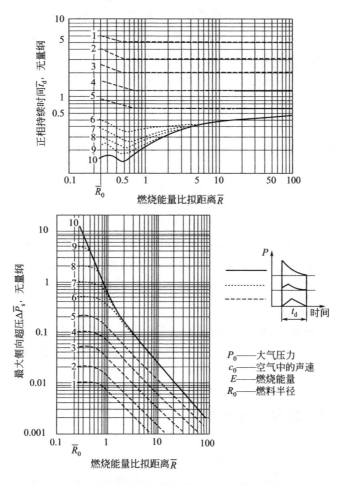

图 6-1　用于蒸气云爆炸的 TNO 多能法模型

如果单独的爆源同其他爆源靠得很近，它们几乎可能被同时引爆，各自的爆炸应加在一起。对于该问题最为保守的方法，是假设初始的爆炸强度为最大值 10，并将每一个爆源所产生的燃烧能相加。应用 TNO 多能法的主要问题，是使用者必须在受限程度的基础上对严重系数的选择做出决定。对于局部受限的几何形状，相关指导则很少。

（3）ME 模型

ME 模型是 1980 年由 van den Berg 最先提出来的。ME 模型基本观点是：约束条件是增强气云爆炸威力的关键因素，只有受约束的那部分气云才对爆炸强度有作用，而不受约束的那部分蒸气云几乎对爆炸强度没有贡献；使用 ME 模型计算管道中气体爆炸超压时，根据约束条件可假设全部可燃气体对爆炸强度有作用。ME 模型假设火焰以恒定的速度传播，从而以数值方法计算不同燃烧速度下的气云爆炸强度，获得一组爆炸强度曲线。图 6-2 是

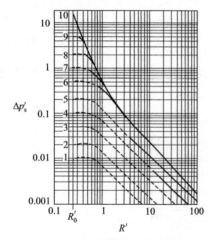

图 6-2　燃烧能量-距离曲线

ME 模型的燃烧能量-距离曲线。图中 10 条曲线代表不同的爆源强度（火焰速度不同），曲线 10 代表爆轰情况，曲线 1～10 依次增大；曲线 6、7 代表爆源强度居中的情况，用于一般气云爆炸时，模拟远场超压较合适。管道中气体爆炸超压计算时可根据实际情况选取，爆燃情况下取曲线 7，爆轰情况下取曲线 10。ME 模型能够估算出蒸气云爆炸的最大静压、最大动压和正相超压持续时间。

ME 基本模型：

$$\Delta p_s' = \frac{\Delta p_s}{P_0} \tag{6-32}$$

$$R' = \frac{R}{R_0} \tag{6-33}$$

$$R_0 = \sqrt[3]{\frac{E_c}{P_0}} \tag{6-34}$$

$$E_c = WH_c \tag{6-35}$$

式中，$\Delta p_s'$ 是比例超压，MPa；Δp_s 是爆炸超压，MPa；P_0 是爆炸初压，MPa；R' 是离爆炸中心的比例长度，无量纲；R 是离爆炸中心的距离，m；R_0 是爆炸特征长度，m；E_c 是燃烧热能，J；W 是对爆炸强度有贡献的可燃气体的质量，kg；H_c 是可燃气体燃烧热，J/kg。

根据受限气云的质量 W 就可以由式（6-35）计算出对爆炸有贡献的燃烧能量，由式（6-33）和式（6-34）计算出目标 R 处的 R'，然后就可以从图 6-2 查得 $\Delta p_s'$，再由式（6-32）计算出目标 R 处的爆炸超压值。

6.4.2　沸腾液体扩展蒸气爆炸

沸腾液体膨胀蒸气爆炸（boiling liquid expanding vapor explosion，BLEVE）是温度高于常压沸点的加压液体突然释放并立即气化而产生的爆炸。加压液体的突然释放通常是因为容器的突然破裂引起的，如锅炉爆裂而导致锅炉内的过热水突然气化。它实质是一种物理性爆炸。但是如果液体可燃，且有外部点火源作用于其蒸气，则沸腾液体扩展蒸气爆炸会产生大火球。因为液体的突然释放多为外部火源加热导致压力容器爆炸所致，因而沸腾液体膨胀蒸气爆炸往往伴随有大火球的产生。

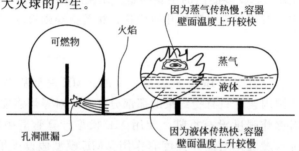

图 6-3　沸腾液体膨胀蒸气爆炸形成的示意图

图 6-3 显示了典型的沸腾液体膨胀蒸气爆炸形成机理。某可燃物泄漏并发生火灾，火焰直接加热邻近的储罐。因为液体传热速度快，所以能接触到液体的储罐的下部分器壁能保持较低的温度，从而保持其材料强度。但是，储罐的上部分器壁是与蒸气接触，而金属与蒸气之间的传热速度慢，因而器壁温度迅速上升，金属材料的强度下降，最终导致结构性失效。失效发生时容器内的压力可能低于容器的设计压力或减压阀的设定压力。容器失效后液体几乎立即闪蒸为蒸气，产生压力波和蒸气云。

从图 6-3 可知，BLEVE 所导致的主要危害形式除了火球的热辐射就是爆炸超压的破坏作用，BLEVE 产生的很强的爆炸超压和推动的高速流动的空气对爆炸源周围的人员和设备、建筑物等物体有很大的伤害和破坏作用。为了建立爆炸超压的模拟计算模型，就得先确定参加爆炸的物质的初始质量，根据最大危险性原则，把容器内全部数量的物质作为初始爆炸物的量。同时还需把爆炸物质实际质量转化为 TNT 的当量。

在建立爆炸超压模型前，先要确定爆炸特征距离 Z 模型：

$$Z = (p/P_a)^{1/3}(T_a/T)^{1/3}R/W_{TNT}^{1/3} \tag{6-36}$$

式中，Z 是爆炸特征距离，m；p 是液化气体储存压力，kPa；R 是离爆炸中心距离，m；P_a 是环境大气压力，kPa；T_a 是大气温度，K；T 是温度，K；W_{TNT} 是可燃气体蒸气云的 TNT 当量，kg。

BLEVE 爆炸超压模型：

$$\Delta P = P_a \times \frac{808[1+(Z/4.5)^2]}{\sqrt{1+(Z/0.048)^2}\sqrt{1+(Z/0.32)^2}\sqrt{1+(Z/1.35)^2}} \tag{6-37}$$

式中，ΔP 是爆炸超压，kPa；Z 是爆炸特征距离，m；P_a 是环境大气压力，kPa。

根据爆炸超压模型结合超压伤害准则就能计算超压导致的各种建筑物破坏距离、人员各等级的伤害距离以及设备破坏距离等。

6.4.3 凝聚相爆炸

凝聚相爆炸是含能材料的一种爆炸形式，如炸药、火药爆炸。冲击波是凝聚相爆炸主要的伤害方式，冲击波对人和建筑物均有不同程度的伤害效应，评估冲击波伤害效应时应遵循三种伤害准则。

(1) 冲击波伤害准则

① 超压准则　只有当冲击波超压大于或等于某一临界值时，才会对目标造成一定的伤害。超压准则适用范围是 $\omega T_+ > 40$，其中 ω 是目标响应角频率，s^{-1}；T_+ 是冲击波正相持续时间，s。超压准则仅仅考虑冲击波超压的影响，不考虑超压持续时间对爆炸伤害效应的影响。

点源爆炸在理想气体中产生的冲击波入射超压为：

$$P_s = (1+0.1567Z^{-3}) \times 10^5, \quad P_s > 5 \times 10^5 \, Pa \tag{6-38}$$

$$P_s = (0.137Z^{-3}+0.119Z^{-2}+0.269Z^{-1}-0.019) \times 10^5, \quad P_s \leqslant 5 \times 10^5 \, Pa \tag{6-39}$$

$$Z = R/R_0 = R/(E_0/p_0)^{1/3} \tag{6-40}$$

式中，P_s 是入射超压，Pa；Z 是爆炸特征距离，m；R 是目标到爆源的距离，m；R_0

是爆源特征长度，m；E_0 是爆源总能量，J；p_0 是环境压力，Pa。

② 冲量准则　冲量准则认为只有当作用于目标的冲击波冲量达到某一临界值时，才会引起目标相应等级的伤害。该准则适用范围：$\omega T_+ < 0.4$，其中 ω 是目标响应角频率，s^{-1}；T_+ 是冲击波正相持续时间，s。冲量准则具有同时考虑冲击波超压和超压持续时间对爆炸伤害效应的影响的特点。

冲量准则的定义为：

$$i_s = \int_0^{T_+} P_s(t)\,\mathrm{d}t \tag{6-41}$$

式中，i_s 是冲量，Pa·s；P_s 是超压，Pa；t 是时间，s；T_+ 是冲击波正相持续时间，s。

点源爆炸在理想气体中产生的冲击波正相入射冲量为：

$$i_s = 0.0322 P_0 R_0 Z^{-1} C_0^{-1} \qquad 0.01 \times 10^5\,\mathrm{Pa} < P_s \leqslant 1500 \times 10^5\,\mathrm{Pa} \tag{6-42}$$

$$Z = \frac{R}{R_0} \tag{6-43}$$

式中，i_s 是冲击波正相入射冲量，N·m；C_0 是环境声速，m/s；R 是目标到爆源的距离，m；R_0 是爆源特征长度，m；p_0 是环境压力，Pa；Z 是爆炸特征距离，m。

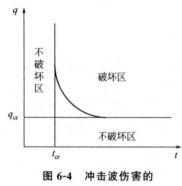

图 6-4　冲击波伤害的超压-冲量准则

③ 超压-冲量准则　超压-冲量准则（图 6-4）认为伤害效应应由超压和冲量共同决定。

超压-冲量准则的定义为：

$$(P_s - P_{s,cr}) \times (i_s - i_{s,cr}) = C \tag{6-44}$$

式中，P_s 是超压，Pa；$P_{s,cr}$ 是目标伤害的临界超压，Pa；i_s 是冲击波正相入射冲量，N·m；$i_{s,cr}$ 是目标伤害的临界冲量，N·s；C 是常数，与目标伤害等级有关。

(2) 冲击波伤害效应

① 冲击波对人的伤害　相邻组织间密度差最大的部位是最易遭受冲击波直接伤害的器官，如肺、耳。人体垂直站在或躺在平整地面上，冲击波传播方向与身高方向垂直，肺部受到伤害，这是最危险的暴露情形。入射超压 44kPa 可造成 50% 耳鼓膜破裂。

② 冲击波对建筑物的破坏　冲击波对砖石结构房屋破坏程度等级说明见表 6-9。

表 6-9　冲击波英式砖石结构房屋破坏程度等级说明

破坏等级	破坏程度
A 级	房屋几乎被全部摧毁
B 级	房屋 50%～70% 的外部砖墙被摧毁，不能继续安全使用
C_b 级	屋顶部分或全部坍塌，1～2 个外墙被部分摧毁，需要修复
C_a 级	屋隔板从接头上脱落，房屋结构至多受到轻微破坏
D 级	屋顶和盖瓦受到一定程度的破坏，10% 以上的窗玻璃破裂，房屋修复后可住

（3）冲击波伤害模型

不同药量炸药爆炸时的头部撞击致死半径为：

$$R_1 = 0.961 W_{\text{TNT}}^{0.429} \qquad (6\text{-}45)$$

式中，R_1 是死亡半径，m；W_{TNT} 是炸药的 TNT 当量，kg。

重伤半径为爆炸冲击波作用下 50% 耳鼓膜破裂半径：

$$R_2 = 4.774 W_{\text{TNT}}^{0.332} \qquad (6\text{-}46)$$

式中，R_2 是重伤半径，m；W_{TNT} 是炸药的 TNT 当量，kg。

轻伤半径为爆炸冲击波作用下 1% 耳鼓膜破裂半径：

$$R_3 = 1.8 R_2 \qquad (6\text{-}47)$$

式中，R_3 是轻伤半径，m；R_2 是重伤半径，m。

爆炸作用下砖石建筑物破坏半径：

$$R_4 = \frac{K W_{\text{TNT}}^{1/3}}{\left[1 + \left(\frac{3175}{W_{\text{TNT}}}\right)^2\right]^{1/6}} \qquad (6\text{-}48)$$

式中，K 是常量，无量纲，按破坏程度的 A、B、C_b、C_a 和 D 级分别取值为 3.8、5.6、9.6、28 和 56；W_{TNT} 是炸药的 TNT 当量，kg。

6.4.4　密闭容器气体爆炸

可燃气体或粉尘在密闭容器中的爆炸发展过程与泄压容器中的爆炸相比，前者较为简单和易于理解，在实际爆炸中也往往发生密闭容器的爆炸，或者是第一阶段是密闭情况下的爆炸发展，然后再是破坏或泄压。因此，密闭容器中的爆炸发展过程是了解泄压爆炸的基础。密闭容器中可燃气体或可燃粉尘的爆炸发展过程，实质上是燃烧的快速发展的过程，属于伴随有化学反应的不定常流动过程。在此过程中，燃烧反应瞬间放出的热使产物状态（温度、压力）突变，此突变从爆源向外传播，形成一个波，这个波的性质取决于介质的性质、点火条件等因素，可以是燃烧波，可以是爆炸波，也可以是爆轰或者是它们的组合，最常见的是燃烧波的发展。这种燃烧是不稳定的，因为容器中的状态在爆炸发展过程中随时间不断变化，所以这种燃烧常常被称为爆燃或爆炸。密闭容器中的爆炸发展过程是比较复杂的，在一般情况下没有解析解，只有在某些简化模型中，在一些近似假设条件下，才有解析解。即使这样，其解的形式有时也相当繁琐。

（1）等温爆炸模型

① 模型假设　等温爆炸模型的基本假设是已反应材料（燃烧产物）的温度（T_b）和未反应材料（初始反应物的温度）（T_u）在爆炸发展过程中始终不变，即：

$$T_b = T_f = 常数 \qquad (6\text{-}49)$$
$$T_u = T_i = 常数 \qquad (6\text{-}50)$$

式中，T_b 是燃烧产物的温度，K；T_u 是初始反应物的温度，K；T_f 是燃烧终态产物温度，K，可由热化学计算得到；T_i 是反应物初始状态温度，K，一般为常温。

假设当然是一种近似。实际上，在爆炸成长过程中，容器中的压力是逐渐升高的，因而

T_u 也是逐渐增加的，但一般气体或粉尘爆炸的最大压力为 $0.7 \sim 0.8 \text{MPa}$，未反应气体在这种压力下绝热压缩所产生的温升不是很大，因而作等温假设后不会带来很严重的误差，但对问题的处理可大大简化。

为了得到密闭容器中火焰发展和压力增长的数学表达式，必须首先建立燃料-空气混合物的反应速率方程。假设在整个容器中燃料-空气混合物是完全均匀的，且在容器中心位置点火，而点火源的能量相对于容器中反应总能量可以忽略不计，同时火焰为层流。

② 燃烧产物质量变化速率 为了得到燃烧产物质量变化速率表达式，可考察一个火焰阵面，它以 v 的速度向外扩展，而从驻火焰阵面上看，反应气体或粉尘混合物无湍流地以速度 v 流入火焰面，单位时间内流入火焰面的质量为：

$$\frac{\mathrm{d}m_u}{\mathrm{d}t} = -\rho_u A v \tag{6-51}$$

式中，m_u 是流入火焰面的燃烧质量，kg；A 是火焰阵面面积；t 是时间，s；v 是速度，m/s；ρ_u 是燃料密度，kg/m^3，对粉尘来说，是粉尘/空气混合物的密度，而不是固体粉尘的密度。

若用物理的量来表述，密度用状态方程中压力来表述，则有：

$$\frac{\mathrm{d}n_u}{\mathrm{d}t} = -\frac{P}{RT_u} A v \tag{6-52}$$

式中，P 是绝对压力，Pa；n_u 是流入火焰阵面的未燃燃料的质量，kg；T_u 是初始反应物的温度，K；t 是时间，s；A 是火焰阵面面积；v 是速度，m/s；R 是理想气体状态常数，8.314J/(mol·K)。

燃料总质量等于未燃质量 m_u 和已燃质量 m_b 之和，即：

$$m = m_u + m_b \tag{6-53}$$

或用平均分子量表述，则有：

$$m = \overline{M}_u n_u + \overline{M}_b n_b \tag{6-54}$$

式中，m 是燃料总质量，kg；m_u 是未燃质量，kg；m_b 是已燃质量，kg；$\overline{M}_u$ 和 $\overline{M}_b$ 分别是未燃和已燃燃料的平均分子量，无量纲；n_u 是流入火焰阵面的未燃燃料的质量，kg；n_b 是已燃燃料的质量，kg。

利用公式(6-54)，用已燃燃料项表述燃烧质量变化速率，再代入式(6-51)，并写成微分形式，则得：

$$\frac{\mathrm{d}n_b}{\mathrm{d}t} = \frac{AP\overline{M}_u}{RT_u\overline{M}_b} v \tag{6-55}$$

式中，t 是时间，s；$\overline{M}_u$ 和 $\overline{M}_b$ 分别是未燃和已燃燃料的平均分子量，无量纲；n_b 是已燃燃料的质量，kg；P 是绝对压力，Pa；T_u 是初始反应物的温度，K；A 是火焰阵面面积；v 是速度，m/s；R 是理想气体状态常数，8.314J/(mol·K)；v 是速度，等于化学输送速度 s_t，或垂直于火焰阵面的速度，即未燃混合物进入驻火焰阵面的速度，m/s。实验数据表明，此输运速度随未燃混合物的压力及温度而变化。

$$v = s_t \approx \frac{T_u^2}{P^\beta} \tag{6-56}$$

式中，s_t 是化学输送速度，m/s；P 是绝对压力，Pa；T_u 是初始反应物的温度，K；β 是常数，无量纲。

化学输送速度可用经验式表述为：

$$s_t = K_r \left(\frac{T_u}{T_r}\right)^2 \left(\frac{P_r}{P}\right)^\beta \tag{6-57}$$

式中，K_r 是在参考温度 T_r 和参考压力 P_r 时测定得燃烧速度，cm/s；T_u 是初始反应物的温度，K；β 是常数，无量纲。

表 6-10 列出了部分气体-空气混合物和粉尘-空气混合物在常温常压下实测的燃烧速度值。

表 6-10 某些可燃混合物的燃烧速度

可燃混合物	浓度	燃烧速度/(cm/s)
氢/空气	33.1%	280.0
乙炔/空气	13.3%	131.0
丙烷/空气	4.8%	40.0
甲烷/空气	10.1%	37.0
玉米粉/空气	0.6g/L	15.2
赛璐珞/空气	0.8g/L	10.2
煤粉/空气	0.8g/L	7.6

将式(6-50)代入式(6-48)可得：

$$\frac{dn_b}{dt} = \frac{K_r T_u A P \overline{M_u}}{R T_r^2 \overline{M_b}} \left(\frac{P_r}{P}\right)^\beta \tag{6-58}$$

式中，t 是时间，s；n_b 是已燃燃料的质量，kg；$\overline{M_u}$ 和 $\overline{M_b}$ 分别是未燃和已燃燃料的平均分子量，无量纲；P 是绝对压力，Pa；K_r 是在参考温度 T_r 和参考压力 P_r 时测定的燃烧速度，cm/s；T_u 是初始反应物的温度，K；A 是火焰阵面面积；R 是理想气体状态常数，8.314J/(mol·K)；β 是常数，无量纲。

在有湍流的情况下，应乘上一个湍流因子 α，即：

$$\frac{dn_b}{dt} = \frac{\alpha K_r T_u A P \overline{M_u}}{R T_r^2 \overline{M_b}} \left(\frac{P_r}{P}\right)^\beta \tag{6-59}$$

式中，t 是时间，s；n_b 是已燃燃料的质量，kg；$\overline{M_u}$ 和 $\overline{M_b}$ 分别是未燃和已燃燃料的平均分子量，无量纲；P 是绝对压力，Pa；K_r 是在参考温度 T_r 和参考压力 P_r 时测定的燃烧速度，cm/s；T_u 是初始反应物的温度，K；A 是火焰阵面面积；R 是理想气体状态常数，8.314J/(mol·K)；β 是常数，无量纲；α 是湍流因子，无量纲。

若 K_r 常温下测得燃速，则参考温度等于室温，即 $T_r = T_0$。而在等温模型中，未反应气体或粉尘混合物的温度是等温的，则等于常温，即 $T_u = T_0$，或 $T_u = T_r$。若进一步假设压力升高对燃速影响不大，即 $\beta = 0$，则式(6-59)可简化为：

$$\frac{dn_b}{dt} = \frac{\alpha K_r A P}{R T_u} \times \frac{\overline{M_u}}{\overline{M_b}} \tag{6-60}$$

式中，t 是时间，s；n_b 是已燃燃料的质量，kg；$\overline{M_u}$ 和 $\overline{M_b}$ 分别是未燃和已燃燃料的平均分子量，无量纲；P 是绝对压力，Pa；K_r 是在参考温度 T_r 和参考压力 P_r 时测定的燃烧速度，cm/s；T_u 是初始反应物的温度，K；A 是火焰阵面面积，m^2；R 是理想气体状态常数，8.314J/(mol·K)；α 是湍流因子，无量纲。

③ 压力上升速率　对等温系统，未反应物和已反应物的状态方程分别为：

$$PV_u = n_u RT_u \tag{6-61}$$

$$PV_b = n_b RT_b \tag{6-62}$$

式中，P 是绝对压力，Pa；V_u 是未反应物体积，m^3；V_b 是已反应物体积，m^3；T_u 是初始反应物的温度，K；T_b 是反应物的温度，K；n_u 是流入火焰阵面的未燃燃料的质量，kg；n_b 是已燃燃料的质量，kg；R 是理想气体状态常数，8.314J/(mol·K)。

容器内质量守恒关系为：

$$m = \overline{M}_u n_u + \overline{M}_b n_b \tag{6-63}$$

$$V = V_b + V_u \tag{6-64}$$

式中，m 是容器中反应物总质量，kg；V 是容器中反应物总体积，m^3；V_u 是未反应物体积，m^3；V_b 是已反应物体积，m^3；n_u 是流入火焰阵面的未燃燃料的质量，kg；n_b 是已燃燃料的质量，kg；$\overline{M}_u$ 和 $\overline{M}_b$ 分别是未燃和已燃燃料的平均分子量，无量纲。

对等温系统，下标 0 和 u、b 和 m 是相同的，则有：

$$\frac{P_0}{P_m} = \frac{\dfrac{n_i RT_u}{V_0}}{\dfrac{n_f RT_b}{V_0}} \approx \frac{T_u}{T_b} \tag{6-65}$$

式中，P_0 是初始压力，Pa；P_m 是终态压力，即最大压力，Pa；T_u 是初始反应物的温度，K；T_b 是反应物的温度，K；n_i 和 n_f 分别是初态和终态的质量，$n_i \approx n_f$，kg；V_0 是容器总体积，m^3；R 是理想气体状态常数，8.314J/(mol·K)。

由状态方程和质量守恒方程式(6-61)～式(6-65)，可以将式(6-61) 质量变化速率形式换成压力上升速率的形式：

$$\frac{dP}{dt} = \frac{\alpha K_r AP(P_m - P_0)}{VP_0} \tag{6-66}$$

式中，P 是绝对压力，Pa；t 是时间，s；P_0 是初始压力，Pa；P_m 是终态压力，即最大压力，Pa；K_r 是在参考温度 T_r 和参考压力 P_r 时测定的燃烧速度，cm/s；α 是湍流因子，无量纲；V 是气体体积，m^3；A 是火焰阵面面积，m^2。

④ 管状容器中爆炸　对管状密闭容器火焰阵面面积 A 和容器总体积之比为：

$$\frac{A}{V} = \frac{A}{AL} = \frac{1}{L} \tag{6-67}$$

式中，V 是容器总体积，m^3；A 是火焰阵面面积，m^2；L 是管状容器长度，m。

故式(6-66) 可写成

$$\frac{dP}{dt} = \frac{\alpha K_r P(P_m - P_0)}{LP_0} \tag{6-68}$$

式中，P 是绝对压力，Pa；t 是时间，s；P_0 是初始压力，Pa；P_m 是终态压力，Pa；K_r 是在参考温度 T_r 和参考压力 P_r 时测定的燃烧速度，cm/s；α 是湍流因子，无量纲；L 是管状容器长度，m。

积分式(6-68) 可得：

$$P = P_0 \exp\left[\frac{\alpha K_r\left(\frac{P_m}{P_0} - 1\right)}{L} t\right] \tag{6-69}$$

式中，P 是绝对压力，Pa；t 是时间，s；P_0 是初始压力，Pa；P_m 是终态压力，Pa；K_r 是在参考温度 T_r 和参考压力 P_r 时测定的燃烧速度，cm/s；α 是湍流因子，无量纲；L 是管状容器长度，m。

还可根据未反应和已反应的气体状态方程和几何关系，得到管中火焰阵面运动速度。由几何关系：

$$V = AL \tag{6-70}$$

$$V_b = Ax \tag{6-71}$$

及状态方程：

$$P(V - V_b) = n_u R T_u = (n_0 = n_b) R T_u \tag{6-72}$$

可得：

$$PAL - PAx = P_0 V - PAx \frac{T_u}{T_b} = P_0 V - PAx \frac{P_0}{P_m} \tag{6-73}$$

或

$$x = L \frac{\left(1 - \frac{P_0}{P}\right)}{\left(1 - \frac{P_0}{P_m}\right)} \tag{6-74}$$

式中，V 是容器总体积，m^3；A 是火焰阵面面积，m^2；L 是管状容器长度，m；V_b 是已反应物体积，m^3；A 是火焰阵面面积，m^2；x 是沿管长方向上的坐标，m；P 是绝对压力，Pa；R 是理想气体状态常数，8.314J/(mol·K)；n_u 是流入火焰阵面的未燃燃料的质量，kg；T_u 是初始反应物的温度，K；T_b 是反应物的温度，K；n_0 和 n_b 分别是初态和燃烧结束后的质量，kg；P_0 是初始压力，Pa；P_m 是终态压力，Pa。

推导可得：

$$\frac{dx}{dt} = \alpha K_r \frac{P_m}{P} = \alpha K_r \frac{P_m}{P_0}\left[1 - \frac{x}{L}\left(1 - \frac{P_m}{P_0}\right)\right] \tag{6-75}$$

式中，x 是沿管长方向上的坐标，m；t 是时间，s；α 是湍流因子，无量纲；K_r 是在参考温度 T_r 和参考压力 P_r 时测定的燃烧速度，cm/s；P_0 是初始压力，Pa；P_m 是终态压力，Pa；L 是管状容器长度，m。

令 $K_1 = \dfrac{\alpha K_r (P_m - P_0)}{L P_0}$，则式(6-68) 可以写成：

$$\frac{dx}{dt} = \alpha K_r \frac{P_m}{P} - K_1 x \tag{6-76}$$

式中，x 是沿管长方向上的坐标，m；t 是时间，s；α 是湍流因子，无量纲；K_r 是在参考温度 T_r 和参考压力 P_r 时测定的燃烧速度，cm/s；P 是绝对压力，Pa；P_m 是终态压力，Pa；L 是管状容器长度，m；K_1 是常数，无量纲。

积分式(6-76) 可得火焰面随时间的运动位置：

$$\ln \frac{\alpha K_r \left(\frac{P_m}{P_0}\right)}{\alpha K_r \left(\frac{P_m}{P_0}\right) - K_1 x} = K_1 t \tag{6-77}$$

或

$$x = \frac{L P_m}{(P_m - P_0)}(1 - e^{-K_1 t}) \tag{6-78}$$

式中，α 是湍流因子，无量纲；K_r 是在参考温度 T_r 和参考压力 P_r 时测定的燃烧速度，cm/s；P_0 是初始压力，Pa；P_m 是终态压力，Pa；x 是沿管长方向上的坐标，m；t 是时间，s；L 是管状容器长度，m；K_1 是常数，无量纲。

⑤ 球形密闭容器　在球形密闭容器中心点火，时刻 t 时火焰面达到 r 位置，火焰面积是 A。将火焰面积 A 用压力 P 来表示，则可得到压力发展过程。由未反应状态方程：

$$P V_u = n_u R T_u \tag{6-79}$$

或

$$P(V - V_b) = (n_0 - n_b) R \left(\frac{P_0}{P_m} T_m\right) \tag{6-80}$$

式中，P 是绝对压力，Pa；V_u 是未反应物体积，m³；V_b 是已反应物体积，m³；V 是容器总体积，m³；n_u 是流入火焰阵面的未燃燃料的质量，kg；R 是理想气体状态常数，8.314J/(mol·K)；T_u 是初始反应物的温度，K；n_0 是燃料的质量，kg；n_b 是已燃燃料的质量，kg；P_0 是初始压力，Pa；P_m 是终态压力，Pa；T_m 是燃烧的最高温度，K。

可有：

$$P(V - V_b) = P_0 V - \frac{P_0}{P_m} P V_b \tag{6-81}$$

或

$$V_b = V \frac{(1 - P_0/P)}{(1 - P_0/P_m)} \tag{6-82}$$

$$V_b = \frac{4}{3}\pi r^2 \tag{6-83}$$

$$A = 4\pi r^2 = 4\pi \left(\frac{3 V_b}{4\pi}\right)^{\frac{2}{3}} = 4\pi \left[\frac{3 V P_m (P - P_0)}{4\pi P (P_m - P_0)}\right]^{\frac{2}{3}} \tag{6-84}$$

$$\frac{A}{V} = \frac{3}{a}\left[\frac{P_m (P - P_0)}{P (P_m - P_0)}\right]^{\frac{2}{3}} \tag{6-85}$$

式中，P 是绝对压力，Pa；V 是容器总体积，m³；V_b 是已反应物体积，m³；P_0 是初始压力，Pa；P_m 是终态压力，Pa；r 是火焰半径，m；a 是容器半径，m；A 是火焰阵面面积，m²。

推导可得球形密闭容器中爆炸式压力上升速率公式为：

$$\frac{dP}{dt} = \frac{3\alpha K_r P_m^{2/3}}{a P_0}(P_m - P_0)^{1/3}\left(1 - \frac{P_0}{P}\right)^{2/3} P \tag{6-86}$$

或

$$\frac{dP}{\left(1 - \frac{P_0}{P}\right)^{2/3} P} = \frac{3\alpha K_r P_m^{2/3}}{a P_0}(P_m - P_0)^{1/3} dt \tag{6-87}$$

式中，P 是绝对压力，Pa；t 是时间，s；K_r 是在参考温度 T_r 和参考压力 P_r 时测定的燃烧速度，cm/s；P_0 是初始压力，Pa；P_m 是终态压力，Pa；a 是容器半径，m；α 是湍流因子，无量纲。

令 $y = \left(1 - \dfrac{P_0}{P}\right)^{1/3}$，则有：

$$\frac{\mathrm{d}P}{\left(1 - \dfrac{P_0}{P}\right)^{2/3} P} = \frac{3\mathrm{d}y}{1 - y^2} \tag{6-88}$$

式中，P 是绝对压力，Pa；P_0 是初始压力，Pa。

于是式(6-88) 可写成：

$$\frac{\mathrm{d}y}{1 - y^3} = \frac{\alpha K_r P_m^{2/3}}{a P_0}(P_m - P_0)^{1/3}\mathrm{d}t \tag{6-89}$$

式中，t 是时间，s；α 是湍流因子，无量纲；K_r 是在参考温度 T_r 和参考压力 P_r 时测定的燃烧速度，cm/s；P_0 是初始压力，Pa；P_m 是终态压力，Pa；a 是容器半径，m。

在 $P_0 \leqslant P \leqslant 2P_0$ 压力范围内，式(6-89) 有近似解：

$$P = P_0 + (P_m - P_0)\left(\frac{P_m}{P_0}\right)^2 \frac{\alpha^3 K_r^3 t^3}{a^3} \tag{6-90}$$

或用容器体积 V 来表述，则有：

$$P = P_0 + \frac{4\pi}{3}(P_m - P_0)\left(\frac{P_m}{P_0}\right)^2 \frac{\alpha^3 K_r^3 t^3}{a^3} \tag{6-91}$$

式中，P 是绝对压力，Pa；t 是时间，s；P_0 是初始压力，Pa；P_m 是终态压力，Pa；K_r 是在参考温度 T_r 和参考压力 P_r 时测定的燃烧速度，cm/s；a 是容器半径，m；α 是湍流因子，无量纲。

在一般情况下，可对式(6-79) 作数值积分，再根据数值解的结果可归纳出一个经验公式。Zabetakis（1995）曾提出如下形式的经验式：

$$P = P_0 + \frac{KP_0 K_r^3 t^3}{V} \tag{6-92}$$

式中，P 是绝对压力，Pa；t 是时间，s；P_0 是初始压力，Pa；K_r 是在参考温度 T_r 和参考压力 P_r 时测定的燃烧速度，cm/s；V 是容器总体积，m³；K 是常数，无量纲。将式(6-92) 与式(6-91) 比较，可知经验式中的常数 K 与湍流度 α、终态压力 P_m、初始压力 P_0 以及容器尺寸有关。

$$K = \frac{\alpha^3 (P_m - P_0)\left(\dfrac{P_m}{P_0}\right)^2}{a^3 P_0} \tag{6-93}$$

式中，P_0 是初始压力，Pa；P_m 是终态压力，Pa；α 是湍流因子，无量纲；a 是容器半径，m。

球形密闭容器中爆炸的火焰面运动速度可用推导管中火焰速度类似的方法求得：

$$\frac{\mathrm{d}V_b}{\mathrm{d}t} = \frac{VP_0}{\left(1 - \dfrac{P_0}{P_m}\right) P^2} \times \frac{\mathrm{d}P}{\mathrm{d}t} \tag{6-94}$$

$$\frac{\mathrm{d}V_b}{\mathrm{d}t} = A\,\frac{\mathrm{d}r}{\mathrm{d}t} \tag{6-95}$$

式中，P 是绝对压力，Pa；t 是时间，s；V 是容器总体积，m^3；V_b 是已燃气体体积，m^3；P_0 是初始压力，Pa；P_m 是终态压力，Pa；r 是火焰半径，m；A 是火焰阵面面积，m^2。

这样就可得到火焰速度的表述式：

$$\frac{\mathrm{d}r}{\mathrm{d}t} = \frac{\alpha K_r P_m}{P_0}\left[1 - \frac{r^3}{a^3}\left(1 - \frac{P_0}{P_m}\right)\right] \tag{6-96}$$

$$\frac{\mathrm{d}r}{\left[1 - \dfrac{\left(1 - \dfrac{P_0}{P_m}\right)}{a^3}r^3\right]} = \frac{\alpha K_r P_m}{P_0}\mathrm{d}t \tag{6-97}$$

式中，r 是火焰半径，m；t 是时间，s；a 是容器半径，m；α 是湍流因子，无量纲；K_r 是在参考温度 T_r 和参考压力 P_r 时测定的燃烧速度，cm/s；P_0 是初始压力，Pa；P_m 是终态压力，Pa。

可解此方程而求得 r-t 的关系。

（2）绝热爆炸模型

在等温爆炸模型中做了如下基本假设：燃烧面前方未反应气体（或粉尘）混合物的温度在爆炸发展过程中是不变的，即 $T_u = T_i =$ 常数；燃烧面后方已反应产物气体的温度 T_b 也是不变的，即 $T_b = T_m =$ 常数。实际上，T_u 及 T_b 都不是常数，而都随容器中塔里的升高而变化。由于火焰面扩展速度较快，过程可近似看称绝热过程，而由绝热压缩使未燃气体温度升高，即：

$$T_u = T_0\left(\frac{P}{P_0}\right)^{1 - \frac{1}{\gamma_u}} \tag{6-98}$$

式中，T_u 是未燃气体温度，K；T_0 是初始温度，K；P 是气体压力，Pa；P_0 是初始压力，Pa；γ_u 是未燃气体的绝热指数，无量纲。

为简化起见，设 $\gamma_u = \gamma_b$（已燃气体的绝热指数），对绝热爆炸系统有：

$$V = V_b\frac{\left[1 - \left(\dfrac{P_0}{P}\right)^{1/\gamma}\right]}{\left[1 - \left(\dfrac{P_0}{P_m}\right)^{1/\gamma}\right]} \tag{6-99}$$

式中，P 是绝对压力，Pa；V 是容器总体积，m^3；V_b 是已燃气体体积，m^3；P_0 是初始压力，Pa；P_m 是终态压力，Pa；γ 是未燃气体和已燃气体的绝热指数，无量纲。

同样，也可推导得出压力上升速率和火焰速度表达式：

$$\frac{\mathrm{d}P}{\mathrm{d}t} = \frac{\gamma\alpha K_r S P_r^\beta P_m^{2\gamma/3}}{V P_0^{(2-1/\gamma)}}(P_m^{1/\gamma} - P_0^{1/\gamma})^{1/3}\left[1 - \left(\frac{P_0}{P}\right)^{1/\gamma}\right]^{2/3}P^{3 - \frac{2}{\gamma} - \beta} \tag{6-100}$$

$$\frac{\mathrm{d}r}{\mathrm{d}t} = \alpha K_r P_r^\beta P_m^{1/\gamma}\left\{1 - \left[1 - \left(\frac{P_0}{P_m}\right)^{1/\gamma}\frac{r^3}{a^3}\right]^{3 - 2\gamma + \beta\gamma}\right\} \tag{6-101}$$

式中，P 是绝对压力，Pa；t 是时间，s；γ 是未燃气体和已燃气体的绝热指数，无量纲；K_r 是在参考温度 T_r 和参考压力 P_r 时测定的燃烧速度，cm/s；P_0 是初始压力，Pa；P_m 是终态压力，Pa；β、S 是常数，无量纲；V 是容器总体积，m^3；a 是容器半径，m；r

是火焰半径，m；α 是湍流因子，无量纲。

在式(6-100)及式(6-101)的推导中已考虑到压力对燃速的影响，即 $\beta \neq 0$，因此用他们计算所得结果比等温系统 $\beta = 0$ 的情况更符合实验值。

(3) 等容爆炸模型

等容爆炸模型的基本假设有：

① 容器内气体浓度是化学计量比浓度，爆炸过程中气体与空气完全反应；

② 容器器壁呈刚性，绝热且不可渗透；

③ 气体属于理想气体，满足理想气体状态方程；

④ 气体与空气混合物总物质的量在爆炸前后基本保持不变。

气体在恒容条件下燃烧能量平衡式：

$$\Delta U = n_0 C_v (T_v - T_0) \tag{6-102}$$

式中，ΔU 是恒容燃烧产生的热量，J；T_v 是恒容燃烧温度，K；T_0 是初始温度，K；n_0 是总的物质的量，mol；C_v 是等容比热容，J/(mol·K)。

气体在恒压条件下燃烧能量平衡式：

$$\Delta H_c = n_0 C_p (T_p - T_0) \tag{6-103}$$

式中，ΔH_c 是恒压燃烧产生的热量，J；n_0 是总的物质的量，mol；T_0 是初始温度，K；T_p 是恒压燃烧温度，K；C_p 是等压比热容，J/(mol·K)。

对于典型烃类气体，气体燃烧前后物质的量改变较小，其改变量可以忽略不计。因此，气体在恒容条件下与恒压条件下燃烧能量基本相等，即：

$$\Delta U = \Delta H_c \tag{6-104}$$

式中，ΔU 是恒容燃烧产生热量，J；ΔH_c 是恒压燃烧产生热量，J。

将式(6-102)、式(6-103)代入式(6-104)，得

$$T_v = T_0 + \gamma (T_p - T_0) \tag{6-105}$$

式中，T_v 是恒容燃烧温度，K；T_0 是初始温度，K；γ 是比热容比，无量纲，$\gamma = \dfrac{C_p}{C_v}$；$T_p$ 是恒压燃烧温度，K。

对于可燃气体而言，比热容比趋近于 1，T_p 远大于 T_0。因此，式(6-105)可改写为：

$$T_v = \gamma T_p \tag{6-106}$$

式中，T_v 是恒容燃烧温度，K；γ 是比热容比，无量纲；T_p 是恒压燃烧温度，K。

等容爆炸压强可以通过理想气体状态方程求得：

$$P_v = P_0 (T_v / T_0) \tag{6-107}$$

式中，P_v 是恒容爆炸压力，Pa；P_0 是初始压力，Pa；T_v 是恒容燃烧温度，K；T_0 是初始温度，K。

将式(6-106)代入式(6-107)得

$$P_v = \gamma P_0 (T_p / T_0) \tag{6-108}$$

式中，P_v 是恒容爆炸压力，Pa；γ 是比热容比，无量纲；P_0 是初始压力，Pa；T_p 是恒压燃烧温度，K；T_0 是初始温度，K。

(4) 影响因素

容器尺寸和形状、初压、初温、湍流、燃料空气比等对爆炸发展过程有较大影响。

① 容器的尺寸和形状　容器尺寸和形状对压力上升速率有很大影响。密闭容器中爆炸压力上升速率与容器的表面积与体积比 S/V 成正比。对球形容器，$S/V=3/a$，其中 a 是容器半径。容器尺寸和形状对达到最大压力的时间 t_m 也有较大影响。S/V 越大，达到最大压力的时间越短。

② 湍流的影响　湍流使最大压力 P_m 略有增加，且使压力上升速率大大增加（线性增加）。

③ 初始压力的影响　在密闭容器中空气或粉尘爆炸的最大压力 P_m，若忽略容器热损失，它与容器尺寸和形状无关，而只与反应初始状态 i 和终了状态 f 有关，与容器尺寸和形状无关。

$$P_m = P_i \frac{n_f T_f}{n_i T_i} \tag{6-109}$$

式中，P_m 是最大爆炸压力，Pa；P_i 是初始压力，Pa；n_f 是燃烧产物的物质的量，mol；n_i 是反应物的物质的量，mol；T_i 是初始温度，K；T_f 是爆炸温度，K。

最大爆炸压力 P_m 与初始压力 P_i 成正比，初始压力对最大压力上升速率影响也有类似的线性关系。

$$\left(\frac{dP}{dt}\right)_m = \frac{\alpha K_r S T_b \overline{M}_u}{V T_u \overline{M}_b}\left(\frac{T_b \overline{M}_u}{T_u \overline{M}_b}-1\right)P_i \tag{6-110}$$

式中，下标 m 表示最大值；P 是绝对压力，Pa；t 是时间，s；α 是湍流因子，无量纲；K_r 是在参考温度 T_r 和参考压力 P_r 时测定的燃烧速度，cm/s；S 是常数，无量纲；V 是容器总体积，m³；T_u 是未燃气体温度，K；T_b 是已燃气体温度，K；$\overline{M}_u$ 和 $\overline{M}_b$ 分别是未燃和已燃燃料的平均分子量，无量纲；P_i 是初始压力，Pa。

④ 初始温度的影响　初始温度对最大压力和最大压力上升速率影响不大，而主要受火焰温度的影响。

⑤ 燃料浓度　粉尘浓度对最大爆炸压力和压力上升速率有较大的影响。

6.5 爆炸模拟分析

6.5.1 蒸气云爆炸模拟分析

蒸气云爆炸模型主要用于计算可燃气体泄漏后与空气混合引燃发生的气体爆炸事故后果，需要输入的条件和参数包括：燃料燃烧热、气云质量、气云爆炸当量系数、气云爆燃速度、爆炸区建筑物占地百分比、室内外人员和财产密度、环境大气压等，可输出的蒸气云爆炸灾害后果包括：爆炸火球半径、爆炸破坏半径、热辐射通量空间分布、爆炸超压空间分布、死亡半径、死亡人数、重伤半径、重伤人数、轻伤半径、轻伤人数、财产损失半径、直接财产损失、间接财产损失、总财产损失等。图 6-5 为蒸气云爆炸模拟计算界面。

6.5.2 沸腾液体扩展蒸气爆炸模拟分析

沸腾液体扩展蒸气爆炸模型主要用于计算液化气体泄漏后遇火源引发的爆炸事故后果，

需要输入的条件和参数包括：燃料燃烧热、总储存物质质量、环境大气温度、人员暴露热辐射时间、财产密度、储罐数量及储存方式、液化气储罐形状、物质储存压力、环境大气压力、离火球垂心距离、人员密度、火球中心抬升高度等，可输出的沸腾液体扩展蒸气爆炸灾害后果包括：爆炸火球半径及持续时间、爆炸能量大小、爆炸冲击波超压大小及空间分布、各种热辐射通量大小、热通量空间分布、爆炸破片打击范围、死亡和重伤以及轻伤半径、财产损失半径、逃生安全距离、救灾距离、人员伤亡、财产损失数量等。图 6-6 为沸腾液体扩展蒸气爆炸模拟计算界面。

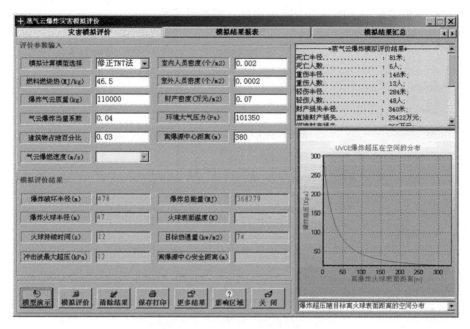

图6-5 蒸气云爆炸模拟计算界面

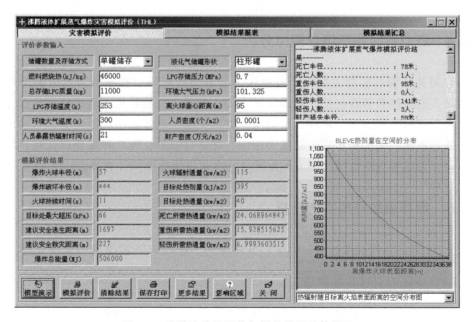

图6-6 沸腾液体扩展蒸气爆炸模拟计算界面

6.5.3　凝聚相爆炸模拟分析

凝聚相爆炸模型主要用于计算含能材料爆炸事故后果，需要输入的条件和参数包括：炸药爆炸热、炸药质量、建筑物占地百分比、环境大气压力、室内人员密度、室外人员密度、财产密度、离爆源中心距离等，可输出的凝聚相爆炸灾害后果包括：冲击波最大超压、爆炸总能量、火球当量半径、目标处热通量、火球持续时间、人员安全距离、死亡和重伤以及轻伤半径、财产损失半径等。图 6-7 为凝聚相爆炸模拟计算界面。

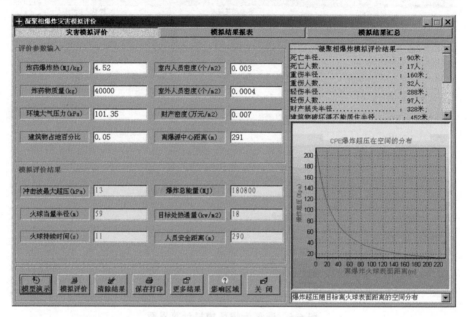

图 6-7　凝聚相爆炸模拟计算界面

6.5.4　压力容器超压爆炸模拟分析

压力容器超压爆炸模型主要用于计算压力容器物理超压引起破裂后发生的爆炸事故后果，需要输入的条件和参数包括：选择求解方法、容器内介质种类、建筑物占地百分比、环境大气压力、室内人员密度、室外人员密度、财产密度、离爆源中心距离等，可输出的压力容器超压爆炸灾害后果包括：冲击波最大超压、爆炸总能量、死亡和重伤以及轻伤半径、财产损失半径、人员安全距离等。图 6-8 为压力容器超压爆炸模拟计算界面。

6.5.5　爆炸事故模拟实例分析

选取 LPG 罐区蒸气云爆炸（UVCE）事故为例，对 UVCE 模型进行实例分析。

（1）LPG 罐区的 UVCE 危险性

当液化气罐区的储存液化气等物质的设备罐体在机械作用（如撞击、打击）、化学作用（如腐蚀）或热作用（如火焰环境、热冲击）下发生破坏就会导致大量液化气泄漏，此外工

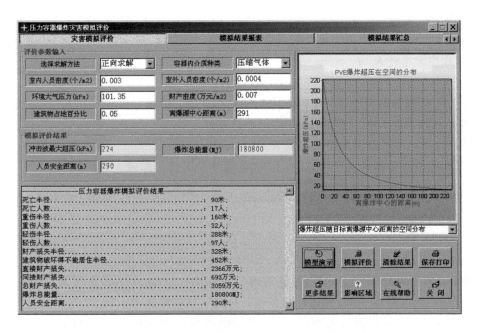

图 6-8 压力容器超压爆炸模拟计算界面

作人员在装运取样等日常业务中是否正确操作，也是导致罐内液化气泄漏的一个重要因素。容器破裂后，LPG 就会快速泄漏并与周围空气形成爆炸性混合气云，在遇到延迟点火的情况下，就会导致 UVCE 的发生，由此可见，罐体破裂是导致 UVCE 发生的直接原因。

LPG 罐区发生的 UVCE 具有以下特点：一般由火灾发展成的爆燃，而不是爆轰；是由于存储温度一般高于 LPG 的常压沸点的 LPG 大量泄漏的结果；是一种面源爆炸模型。UVCE 发生后的破坏作用有爆炸冲击波、爆炸火球热辐射对周围人员、建筑物、储罐等设备的伤害、破坏作用。

罐区基本参数为：共 6 个 LPG 柱形储罐，存储 LPG（丙烷、丁烷）共 110t，LPG 燃烧热为 46.5MJ/kg，存储压力为 0.4MPa。

(2) LPG 罐区的 UVCE 定量评价

蒸气云爆炸主要因冲击波造成伤害，因而按超压-冲量准则确定人员伤亡区域及财产损失区域。

① LPG 的 TNT 当量 W_{TNT} 及爆炸总能量 E　LPG 的 TNT 当量：

$$W_{TNT} = \frac{\alpha WQ}{Q_{TNT}} \tag{6-111}$$

式中，W_{TNT} 是可燃气体的 TNT 当量，kg；α 是可燃气体蒸气云当量系数，无量纲，统计平均值是 0.04；W 是蒸气云中可燃气体质量，kg；Q 是可燃气体的燃烧热，J/kg；Q_{TNT} 是 TNT 的爆热，J/kg。

由式(6-111) 可求得 LPG 的 TNT 当量 $W_{TNT} = 48752.4$kg。

LPG 的爆炸总能量：

$$E = 1.8\alpha WQ \tag{6-112}$$

式中，E 是 LPG 的爆炸总能量，J；α 是可燃气体蒸气云当量系数，无量纲；1.8 是地面爆炸系数；W 是蒸气云中可燃气体质量，kg；Q 是可燃气体的燃烧热，J/kg。

由式(6-112)可求得 LPG 的爆炸总能量 $E = 368279$MJ。

② 爆炸伤害半径 R

$$R = C(NE)^{1/3} \qquad (6-113)$$

式中，R 是爆炸伤害半径，m；C 是爆炸实验常数，取值；$0.03 \sim 0.4$；N 是有限空间内爆炸发生系数，取 10%；E 是 LPG 的爆炸总能量，J。

由式(6-113)可求得爆炸伤害半径 $R = 478$m。

③ 爆炸冲击波正相最大超压 ΔP LPG 的爆炸冲击波正相最大超压：

$$\ln\left(\frac{\Delta P}{P_0}\right) = -0.9216 - 1.5058\ln(R') + 0.167\ln^2(R') - 0.0320\ln^3(R') \qquad (6-114)$$

$$R' = \frac{D}{\left(\dfrac{E}{P_0}\right)^{1/3}} \qquad (6-115)$$

式中，ΔP 是爆炸超压，Pa；R' 是距离，无量纲；D 是目标到蒸气云中心距离，m；P_0 是大气压，Pa；E 是 LPG 的爆炸总能量，J；P_0 是初始压力，Pa。

由式(6-115)可求得离气云中心 475m 处的爆炸冲击波超压 $\Delta P = 8.60$kPa。

爆炸超压在离爆源中心距离为 550m 的空间分布曲线，如图 6-9 所示。

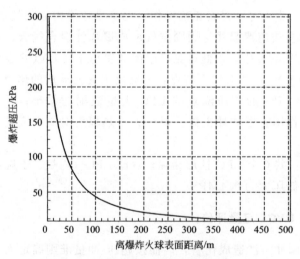

图 6-9 爆炸超压在空间的分布曲线

④ 死亡半径 死亡半径指人在冲击波作用下头部撞击致死半径，由下式确定：

$$R_1 = 1.98W_p^{0.447} \qquad (6-116)$$

式中，R_1 是死亡半径，m；W_p 是 LPG 蒸气云的丙烷当量，kg。

由式(6-116)可求得死亡半径 $R_1 = 82$m。

⑤ 重伤半径 重伤半径指人在冲击波作用下耳鼓膜 50% 破裂半径，由下式确定：

$$R_2 = 9.187W_p^{1/3} \qquad (6-117)$$

式中，R_2 是重伤半径，m；W_p 是 LPG 蒸气云的丙烷当量，kg。

由式(6-117)可求得重伤半径 $R_2 = 147$m。

⑥ 轻伤半径 轻伤半径指人在冲击波作用下耳鼓膜 1% 破裂半径，由下式确定：

$$R_3 = 17.87W_p^{1/3} \qquad (6-118)$$

式中，R_3 是轻伤半径，m；W_p 是 LPG 蒸气云的丙烷当量，kg。

由式(6-118) 可求得轻伤半径 $R_3 = 285$m。

⑦ 财产损失半径　财产损失半径指在冲击波作用下建筑物三级破坏半径，由下式确定：

$$R_4 = \frac{K_{\text{III}} W_{\text{TNT}}^{1/3}}{\left[1 + \left(\frac{3175}{W_{\text{TNT}}}\right)^2\right]^{1/6}} \tag{6-119}$$

式中，R_4 是财产损失半径，m；W_{TNT} 是 LPG 蒸气云的 TNT 当量，kg；K_{III} 是建筑物三级破坏系数，无量纲。

由式(6-119) 可求得财产损失半径 $R_4 = 341$m。

若知道 LPG 罐区的人员密度和财产密度，即可模拟分析确定人员的伤亡数量和财产损失大小。

第**7**章

化工事故风险定量评价技术

7.1 概述

根据安全工程学的一般原理，化工事故风险定义为事故频率和事故后果严重程度的乘积，一方面取决于事故的易发性，另一方面取决于事故后果的严重性。化工生产中的危险性不仅取决于生产单元的固有危险性，包括生产物质的特定物质危险性和特定工艺过程危险性，而且还与现实危险性有密切关系，包括各种人为管理因素及防灾措施的综合效果。化工事故风险定量评价模型具有如图 7-1 所示的层次结构。

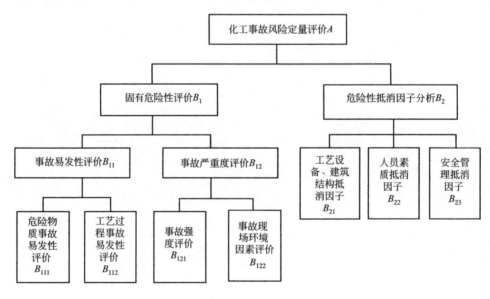

图 7-1 化工事故风险定量评价模型

7.2 化工事故风险定量评价模型

化工事故风险定量评价分为固有危险性评价与危险性抵消因子分析，后者是在前者的基础上考虑各种危险性的抵消因子,它们反映了人类在控制事故发生和控制事故后果扩大上的主观能动作用。固有危险性评价主要反映了物质的固有特性、危险物质生产过程的特点和危险单元内部、外部环境状况。固有危险性评价分为事故易发性评价和事故严重度评价。事故易发性取决于危险物质事故易发性与工艺过程危险性的耦合。事故严重度评价包括事故强度评价和事故现场环境因素评价。现实危险性评价须考虑工艺设备和建筑结构抵消因子、人员素质抵消因子和安全管理抵消因子。

化工事故风险定量评价的数学模型如下:

$$A = \Big[\sum_{i=1}^{n} \sum_{j=1}^{m} (B_{111})_i W_{ij} (B_{112})_j \Big] B_{12} \prod_{k=1}^{k=3} (1 - B_{2k}) \tag{7-1}$$

式中,m 是工艺种类数,无量纲;n 是物质种类数,无量纲;$(B_{111})_i$ 是第 i 种物质危险性的评价值,无量纲;$(B_{112})_j$ 是第 j 种工艺危险性的评价值,无量纲;W_{ij} 是第 j 项工艺与第 i 种物质危险性的相关系数,无量纲;B_{12} 是事故严重度评价值,无量纲;B_{21} 是工艺设备和建筑结构抵消因子,无量纲;B_{22} 是人员素质抵消因子,无量纲;B_{23} 是安全管理抵消因子,无量纲。

7.3 化工事故概率定量计算模型

7.3.1　危险物质事故易发性评价模型

7.3.1.1　危险物质分类分级的基本原则

为了便于将物质归类,避免重复及交叉,危险物质分类分级遵循如下基本原则:

① 只考虑物质对事故易发性的影响,不考虑物质对事故严重度的影响;

② 物质的分类根据化学危险物品特性中的主要危险性及生产、储存、运输、使用时便于管理的原则来确定;

③ 同一物质具有多种危险特性时,归入危险性大(或主要危险特性)一类。如环氧乙烷有氧化性,但它大多经过压缩,储于钢瓶内,所以被归入易燃性气体这一类。氯酸钾有强氧化性,又容易爆炸,但它的主要危险性是氧化作用,故归入氧化剂类等;

④ 同一物质既具有易燃、易爆特性又具有毒性时,按两类物性分别计算易发性系数,归入易发性大的一类;

⑤ 不同激发条件下的敏感度,按当前国际通用的综合叠加方法计算。

7.3.1.2　危险物质事故易发性分类分级判据

具有燃烧、爆炸、有毒危险物质的事故易发性分为八类,见图 7-2。

每类物质根据其总体危险程度给出权重分 α_i;每种物质根据其与反应危险程度有关的理化参数值给出状态分 G_i;每一大类物质下面分若干子类,共计 19 个子类。对每一大类或子类,分别给出状态分的评价标准。权重分与状态分的乘积即为该类物质危险程度的评价值,亦即危险物质事故易发性的评分值 B_{111},即:

$$(B_{111})_i = \alpha_i G_i \qquad (7-2)$$

式中，$(B_{111})_i$ 是第 i 种物质危险性的评价值，无量纲；α_i 是每类物质根据其总体危险程度给出的权重分，无量纲；G_i 是每种物质根据其与反应危险程度有关的理化参数值给出的状态分，无量纲。

为了考虑毒物扩散危险性，在危险物质分类中定义毒性物质为第八种危险物质。一种危险物质可以同时属于易燃、易爆七大类中的一类，又可以属于第八类。对于毒性物质，其危险物质事故易发性主要取决于下列四个参数：①毒性等级；②物质的状态；③气味；④密度。毒性大小不仅

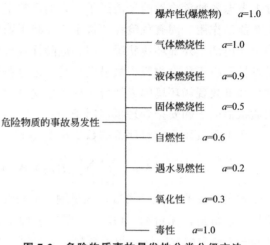

图 7-2 危险物质事故易发性分类分级方法

影响事故后果，而且影响事故易发性。毒性大的物质，即使微量扩散也能酿成事故，而毒性小的物质不具有这种特点。对不同的物质状态，毒物泄漏和扩散的难易程度有很大不同。物质危险性的最大分值定为 100 分。

(1) 第 1 类：爆炸性（爆炸物）

爆炸物一般指受到摩擦、撞击、震动、高热或冲击波等因素的激发，能产生激烈的化学反应，在极短时间内放出大量的能量和气体，同时伴有光、声等效应的物质和物品。如炸药及其制品、烟火药剂及其制品等，其事故易发性主要取决于所需最小起爆能，起爆能越小，敏感度越高，爆炸危险性越大。在分类时按其敏感度及其制品的燃烧、爆炸特性分成 5 级，如表 7-1 所示。

表 7-1 按敏感度及其制品的燃烧、爆炸特性的爆炸物分级

级别	物质性质及其说明
1.1 级	有整体爆炸危险的物质。一般指在瞬间影响到全部装入量的爆炸，如炸药生产单元、炸药储存库房等。
1.2 级	有迸射但无整体爆炸危险的物质和物品，如弹药生产单元。
1.3 级	有燃烧危险并兼有局部爆炸或局部迸射危险之一，或兼而有之，有燃烧转爆轰危险的物质和物品，一般指火药生产单元、烟火药剂生产单元、烟花、爆竹生产单元等。
1.4 级	有剧烈燃烧危险的物质和物品，如湿硝化棉等。
1.5 级	非常不敏感但有整体爆炸危险的物质，如硝酸铵等。

对于有整体爆炸危险（即 1.1 级和 1.5 级）及有燃烧危险并兼有局部爆炸危险（即 1.3 级）的物质的分级主要依据物质对热、机械、电、冲击波的敏感程度，其分级判据由下式计算确定。

$$G = K_{ih} + K_c + K_m + K_d \qquad (7-3)$$

式中，G 是某物质根据其与反应危险程度有关的理化参数值给出的状态分，无量纲；K_{ih}、K_c、K_m、K_d 分别为根据爆炸物对热、机械、电及冲击波的敏感程度给出的状态分，无量纲。

G 总值为 100 分。根据 G 的大小，可以对爆炸物的敏感程度进行分类，当 $G < 40$ 时为低敏感爆炸物，$G \geq 40$ 而 $G < 70$ 时为中敏感爆炸物，在 $G \geq 70$ 时为高敏感爆炸物。

公式(7-3)中各参数的具体选择如下。

① 对热（温度）的敏感度 K_{ih}。对热（温度）的敏感度总值为 30 分，按表 7-2 给出的爆发点进行选择。

表 7-2　热（温度）的敏感度分级判据

爆发点/℃	≤200	200～300	>300
敏感度	热敏感爆炸物	中敏感爆炸物	低敏感爆炸物
K_{ih} 取值/分	30	20	10

② 对电火花（含静电火花）敏感度 K_c。对电火花（含静电火花）敏感度，总值为 25 分。按最小引爆电火花能量的大小取值，如表 7-3 所示。

表 7-3　电火花（含静电火花）敏感度分级判据

最小引爆电火花能量/mJ	≤2	2～15	>15
敏感度	高敏感爆炸物	中敏感爆炸物	低敏感爆炸物
K_c 取值/分	25	15	5

③ 对机械能作用（包括撞击、摩擦）的敏感度 K_m。对机械能作用（包括撞击、摩擦）的敏感度总值为 30 分，分级判据如表 7-4 所示。

表 7-4　机械能作用敏感度 K_m 分级判据

危险等级	撞击感度		摩擦感度 爆炸百分数/%	K_m 取值/分
	H_{50}/cm	爆炸百分数/%		
1 级	>50	<5	<5	5
2 级	30～50	5～25	5～20	10
3 级	20～30	25～45	20～40	15
4 级	10～20	45～70	40～60	20
5 级	5～10	70～90	60～80	25
6 级	≤5	≥90	≥80	30

注：1. 爆炸百分数指在 100 次实验中爆炸的次数；

2. H_{50} 指 10kg 来自 50cm 高处落下使爆炸物爆炸；

3. 撞击感应爆炸百分数指 10kg 来自 50cm 高处落下引爆爆炸物频率；

4. 当撞击感度和摩擦感度值不在同一等级时，按能量最小准则取值。

④ 对冲击波的敏感度 K_d。对冲击波的敏感度总值为 15 分，其分级判据用隔板厚度 δ_{50} 或临界压强值表示，分级判据见表 7-5。

表 7-5　冲击波敏感度分级数据

危险等级	分级判据		K_d 取值/分
	δ_{50}	P_c	—
Ⅰ	>25	≤1.5	15
Ⅱ	20～25	1.5～10	10
Ⅲ	≤20	>10	5

注：δ_{50} 是以塑料黏结黑索金为主发装药，药柱直径 20mm，长度为 40mm，装药密度为 (1.727 ± 0.002)g/cm³。Y12 铝为隔板测定的临界隔板值。P_c 是以直径 40mm、高 100mm 的 TNT 与黑索金按 1:1 的比例作主发装药，以 5～30mm 铜板作隔板所测得的冲击波起爆临界压强值。

对于有迸射危险的物品（即 1.2 级危险物品）可按弹药口径及药剂敏感程度来进行评价，该类物品总分值为 80 分。按口径大小分为三级，总分为 50 分，见表 7-6；药剂对抛射物的敏感度，用起爆炸药的子弹临界速度来进行分级评价，总分为 30 分，见表 7-7。

表 7-6 有迸射危险的物品按弹药口径评价的分值

危险等级	弹药口径	评分/分
I	口径≥122mm	50
II	122mm＞口径＞35mm	30
III	口径≤35mm	10

表 7-7 有迸射危险的物品按药剂敏感度评价的分值

敏感度	临界速度/(m/s)	评分/分
高敏感爆炸物品	＜100	30
中敏感爆炸物品	1000~100	20
低敏感爆炸物品	＞1000	10

对于有剧烈燃烧危险（1.4 级）的物品可按其燃烧速度及自燃点进行分级评价，总分值为 60 分，分级判据如表 7-8 和表 7-9 所示。

表 7-8 有剧烈燃烧危险物品按燃烧速度评价的分值

评价依据	评分/分
药剂燃烧速度≥3m/s	20
10mm/s≤药剂燃烧速度＜3m/s	15
药剂燃烧速度＜10mm/s	6

表 7-9 有剧烈燃烧危险物品按自燃点评价的分值

评价依据	评分/分
药剂自燃点＜120℃	40
120℃≤药剂自燃点＜280℃	30
药剂自燃点＞280℃	20

（2）第 2 类：气体燃烧性

可燃性气体按其危险性质可分为爆炸性气体（如 H_2、C_2H_2、液化石油气等）和助燃性气体（如 O_2、压缩空气等）两类。爆炸性气体的分级判据见图 7-3。爆炸性气体总分值为 90 分，其中，最大安全缝隙为 10 分，爆炸极限、最小点燃电流、最小点燃能量和引燃温度四个判据各 20 分。

爆炸极限的分级可根据危险度 H 进行。

$$H = \frac{C_上 - C_下}{C_下} \tag{7-4}$$

式中，H 是危险度，无量纲；$C_上$ 表示爆炸上限，无量纲；$C_下$ 表示爆炸下限，无量纲。

MICR 是按 IEC 79-3 方法测得的最小点燃电流与甲烷测得的最小点燃电流的比值，分级判据见表 7-10。最小点燃能量的分级判据见表 7-11。

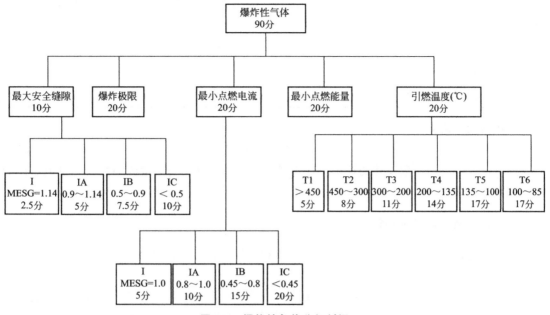

图 7-3 爆炸性气体分级判据

表 7-10 爆炸极限分级判据

危险等级	1 级	2 级	3 级	4 级	5 级	6 级
分级判据(H 值)	≥20	15≤H<20	10≤H<15	5≤H<10	1≤H<5	≤1
评分	20	17	14	11	8	5

表 7-11 最小点燃能量 E_{min} 的分级判据

危险等级	1 级	2 级	3 级	4 级	5 级	6 级
分级判据 E_{min}/mJ	<0.1	0.1~0.3	0.3~0.5	0.5~0.7	0.7~0.9	≥0.9
评分	20	17	14	11	8	5

在国际上尚无评价助燃性气体的方法，主要是压缩气体容器爆炸的危险，可考虑用临界压力及临界温度来进行分类评价。助燃气体的临界温度越低，对热作用越敏感，蒸发越快，形成的压力也越大，造成压力容器爆炸的可能性也就越大。分级判据为：当临界温度<21℃时，评分为 10 分；当 21℃≤临界温度<50℃时，评分为 6 分。

(3) 第 3 类：液体燃烧性

指易燃液体、液体混合物及含有固体物质的液体。其闭环试验闪点≤61℃，按表 7-12 给出的闪点、沸点进行分级。

表 7-12 易燃液体、液体混合物及含有固体物质的液体的分级评价

类别	分级判据		评分
	闪点/℃	沸点/℃	
一级易燃液体(GB 称作低闪点液体)	≤−18	≤35	80
二级易燃液体(GB 称作中闪点液体)	−18~23	>35	60
三级易燃液体(GB 称作高闪点液体)	23~61		40

如果考虑可燃性气体和液体的化学活泼性，可在原危险系数 B_{111} 基础上进行修正，修正系数 K 值如表 7-13 所示。

表 7-13　危险系数 B_{111} 的修正系数 K

化学活泼性	4	3	2	1
修正系数 K	0.20	0.12	0.06	0.02

修正后的危险系数用下式计算：

$$B_{111}=B_{117}(1+K) \tag{7-5}$$

式中，B_{111} 是物质危险性的评价值，无量纲；B_{117} 是修正前的危险系数，无量纲；K 是修正系数，无量纲。

（4）第 4 类：固体燃烧性

指爆炸物以外的固体物质。包括易燃固体和爆炸性粉尘。易燃固体为 4.1 级，爆炸性粉尘为 4.2 级。

① 4.1 级：易燃固体分级判据。根据易燃固体的着火性及燃烧剧烈程度分级，总分值为 20 分，其中着火性占 10 分，燃烧速度占 10 分，分级判据如表 7-14 所示。

表 7-14　易燃固体分级判据

项目	类别	判据	评分/分
着火性	一级易燃固体	在 3s 内着火的物质	10
	二级易燃固体	3～10s 内着火的物质	5
	难燃固体	＞10s 着火的物质	3
燃烧速度	一级易燃固体	燃速＞10mm/s	10
	二级易燃固体	10mm/s≥燃速＞3mm/s	5
	难燃固体	燃速≤3mm/s	3

② 4.2 级：爆炸性粉尘分级判据。爆炸性粉尘在生产过程中经常形成并造成事故，所以在评价中必须加以考虑。粉尘可归纳为一般工业粉尘（需外界供氧）发自供氧粉尘（火炸药粉尘等），其分级判据见图 7-4 和图 7-5。对于一般工业粉尘，评价总分值为 60 分，其中比电阻 10 分，下限浓度 20 分，粉尘最小点火能 15 分，粉尘云着火温度或粉尘层着火温度占 15 分。在实际评价时，是取粉尘云着火温度，还是取粉尘层着火温度，只能取其一。对于自供氧粉尘，总分值为 60 分，其中着火温度占 20 分，最小点火能量 20 分，下限浓度占 20 分。

（5）第 5 类：自燃性物质

指不需要外界火源的作用，本身与空气氧化或受外界温度、湿度影响，发热、蓄热达到自燃点而引起自燃的物质，按其自燃性可分为：一级自燃性物质和二级自燃性物质。自燃性物质的评分为 60 分，评价判据如表 7-15 所示。

（6）第 6 类：遇水燃烧性

该类物质遇水反应放热，释放可燃性气体，不经点火可自燃或可燃性气体经点火可燃烧爆炸，如 K、Na、Li 等碱金属、氢化物、有机金属化合物等。在实际应用时，把产生的气体可以自燃发火或产生的气体靠近小火焰可以发火或 1kg 试样产生可燃性气体最大量为 $0.12m^3/h$ 以上的均为遇水燃烧物质。

表 7-15　自燃性物质的评价依据及得分

评价判据		评分/分
自燃形式	自燃点	—
在常温下自燃的物质	一级自燃性物质，自燃点在 200℃ 以下	60
在空气中缓慢氧化蓄热	二级自燃性物质，自燃点<120℃，危险性大	40
	二级自燃性物质，120℃≤自燃点≤280℃，危险性中	30
	二级自燃性物质，自燃点>280℃，危险性小	20

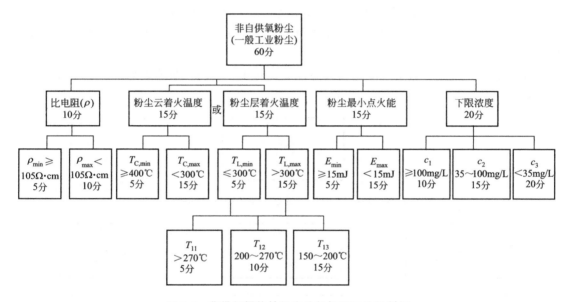

图 7-4　非供氧爆炸性粉尘分级框图及分级判据

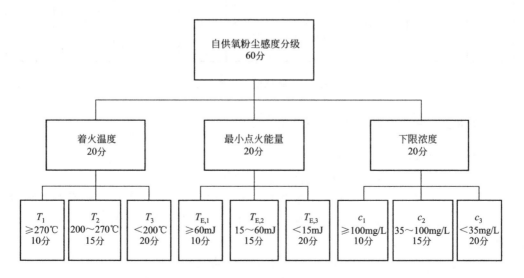

图 7-5　自供氧粉尘分级框图及分级判据

遇水燃烧物质分为两类：①一级遇水燃烧物，反应剧烈，产生易燃、易爆气体及大量热，引起自燃或爆炸的物质；②二级遇水燃烧物，反应缓慢，产生可燃气体遇火而燃烧或爆炸的物质。在评价时，遇水燃烧物质的总分值为60分，若为一级遇水燃烧物评分为60分，若为二级遇水燃烧物评分为40分。

（7）第7类：氧化性

氧化物可分为无机氧化物（又称氧化剂）和有机过氧化物。氧化性总分值60分，若为无机氧化物评分为40分，若为有机过氧化物评分60分。

① 无机氧化物。无机氧化物指处于高氧化态、具有强氧化性、易分解并放出氧和热量的物质。该类物质在混合过程是危险的，经摩擦、撞击迅速分解，有燃烧、爆炸危险。按氧化性强度分为：一级无机氧化物和二级无机氧化物。含有过氧基或高价态的氯、氮、锰等元素，易获得电子，释放大量氧和热的物质定义为一级无机氧化物，评分为40分；如硝酸盐、过硫酸钠、重铬酸钠等，稍稳定、氧化性能稍弱的物质定义为二级无机氧化物，评分为20分。

② 有机过氧化物。有机过氧化物极易分解，对热、震动、摩擦极为敏感，分级判据及评分见图7-6。

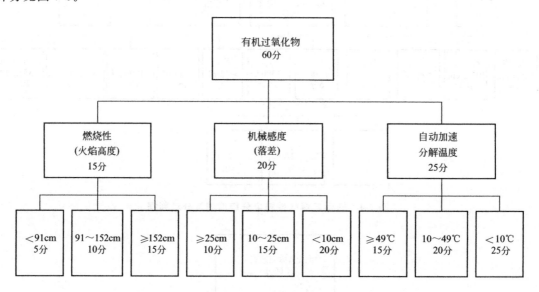

图7-6 有机过氧化物分级

（8）第8类：物质中毒事故易发性评价

中毒事故易发性用下式计算：

$$B_{1118} = B_{1118-1} + B_{1118-2} + B_{1118-3} + B_{1118-4} \tag{7-6}$$

式中，B_{1118}是物质中毒事故易发性系数，无量纲；B_{1118-1}是物质毒性系数，无量纲；B_{1118-2}是物质重度修正系数，无量纲；B_{1118-3}是物质气味修正系数，无量纲；B_{1118-4}是物质状态修正系数，无量纲。

① 物质毒性系数。物质毒性的大小不仅影响中毒的程度，也是诱发中毒的重要因素。它能干扰人体的正常反应，降低人们在异常情况下制定对策和减轻伤害的能力，导致事故的

扩大。用毒性系数来表征物质毒性的大小，参照美国消防协会的分类标准（NFPA704、NF-PA325），将物质毒性分为四级，以健康危险系数指数 N_a 来表征物质毒性，如表 7-16所示。

表 7-16　健康危险系数指数 N_a 与物质毒性系数

健康危险系数指数	1	2	3	4
物质毒性系数	15	30	45	60

② 物质重度修正系数。物质重度大于空气重度时，容易在地面附近集聚，不容易散发，增大了中毒的可能，故重度比空气大的物质，其毒性系数按如下原则加以修正。对液体来说，挥发性大、密度比水轻时，增大了中毒可能性，可按挥发性或与水的相对密度比值进行修正，物质重度修正系数的取值如表 7-17 所示。

表 7-17　物质重度修正系数的取值

气体判据	液体或固体判据	重度修正系数
气体密度/空气密度＞1.3	极易挥发(物质密度/水密度＜1)	15
1.0＜气体密度/空气密度≤1.3	易挥发	10
0.5＜气体密度/空气密度≤1.0	能挥发	5
气体密度/空气密度≤0.5	难挥发	0

③ 物质气味修正系数。对于无味、无刺激性的有毒物质，由于吸入时没有任何可以警告人们的征兆，故毒性系数应进行修正。当有毒物质重气味时，物质气味修正系数取 0；当其轻气味时，取 5；当其无气味时，取 10。

④ 物质状态修正系数。物质的状态对物质中毒易发性也有一定影响。有毒物质的状态不同，其污染和中毒的快慢程度不同。当气体发生泄漏后，会很快扩散，波及很大范围；泄漏的粉尘容易吸入人体内；泄漏的液体虽然具有流动性，但影响范围比气体小得多。应该说明的是绝大部分液化气体泄漏后会迅速气化，具备气体的特性，故液化气体应视为气体来进行修正。从泄漏后在同一时间内的污染范围来看，气体最大，粉尘次之，液体较小，固体最小。根据物质形态，物质状态修正系数按表 7-18 取值。

表 7-18　物质状态修正系数的取值

物质形态	气体(含液化气)	粉尘(粒径＜10μm)	液体	固体
物质状态修正系数	15	10	5	0

⑤ 综合评价分析。按中毒事故易发性计算公式及对各种系数进行综合分析，可将物质毒性划分为四级，如表 7-19 所示。

表 7-19　按物质中毒事故易发生系数的物质分级

易发性系数	75＜易发性系数≤100	50＜易发性系数≤75	25＜易发性系数≤50	≤25
物质分级	剧毒物质	高毒物质	中毒物质	轻毒物质

7.3.2　工艺过程事故易发性评价模型

工艺过程事故易发性与过程中的反应形式、物料处理过程、操作方式、工作环境和工艺过程等有关。确定 21 项因素为工艺过程事故易发性的评价因素，这 21 项因素是放热反应、吸热反应、物料处理、物料储存、操作方式、粉尘生成、低温条件、高温条件、负压条件、特殊的操作条件、腐蚀、泄漏、设备因素、密闭单元、工艺布置、明火、摩擦与冲击、高温体、电器火花、静电、毒物出料及输送。最后一种工艺因素仅与毒性物质有关系。对于一个工艺过程，可以从两方面进行评价，即火灾爆炸事故危险和工艺过程毒性。

7.3.2.1　火灾爆炸危险 B_{112}

（1）放热反应系数 B_{112-1}

只有化学反应单元才选取此项危险系数：轻微放热反应系数为 30；中等放热反应为 50；剧烈放热反应为 100；特别剧烈放热反应为 125；能形成爆炸物及不安定化合物反应为 125。

轻微放热反应包括：

① 加氢：给双键或三键结构的分子上加氢的反应；

② 水合：化合物与水的反应，如用氧化物制备硫酸或磷酸等；

③ 异构化：有机物分子中原子重新排列的反应，如把直链分子变成带支链分子；

④ 磺化：与硫酸反应，在有机化合物分子中引入磺基—SO_3H 反应；

⑤ 中和：酸和碱反应生成盐和水的反应，或碱和醇生成醇化物和水的反应。

中等放热反应包括：

① 烷基化：引入烷或形成各种有机化合物的反应；

② 酯化：有机酸和醇生成酯的反应；

③ 加成：不饱和碳氢化合物和无机酸的反应。对于无机酸为强酸时，反应过程的危险性增加，因此放热反应系数也相应增加到 75；

④ 氧化：物质在氧中燃烧生成 CO_2 和 H_2O 的反应，或者在控制条件下物质与氧反应生成 CO_2 和 H_2O 的反应；对于燃烧过程及使用氯酸盐、硝酸、次氯酸、次氯酸盐类强氧化剂时，放热反应系数增加到 100；

⑤ 聚合：分子互相连接成链状或其他大分子的反应；

⑥ 缩合：两个或两个以上有机化合物分子放出水、氯化氢等而生成一个较大分子的反应。

剧烈放热反应：指一旦反应失控有严重火灾、爆炸危险的反应。如卤化—有机化合物分子中引入卤素原子的反应。

特别剧烈放热反应：如硝化反应，即用硝基取代化合物中氢原子的反应。

能形成爆炸物及不安定化合物的反应：如重氮化反应及重金属的离子反应等。

（2）吸热反应系数 B_{112-2}

只有化学反应单元才采用吸热反应系数。反应器中发生的任何吸热反应，吸热反应系数均取 20。当吸热反应的能量是由固体、液体或气体燃料提供时，吸热反应系数增至 40。包括：

① 煅烧：加热物质以除去化合水和易挥发性物质的过程，B_{112-2} 取 40；

② 电解：用电流离解离子的过程，B_{112-2} 取 20；

③ 热解或裂解：在高温、高压和催化剂存在的条件下大分子裂解的过程，B_{112-2} 取 40。

当用电加热或高温气体间接加热时，$B_{112\text{-}2}$ 取 20；

④ 热解或裂解：直接火加热时，$B_{112\text{-}2}$ 取 40。

(3) 物料处理系数 $B_{112\text{-}3}$

① 封闭体系内进行的工艺操作，如蒸馏、气化等，$B_{112\text{-}3}$ 取 10；

② 离心机、间歇式反应器、混合器或过滤器等，采用人工加料或出料，由于空气导入会增大燃烧或发生反应的危险，$B_{112\text{-}3}$ 取 20；

③ 出现故障时可能引起高温或反应失控（如干燥等）、引起火灾爆炸，$B_{112\text{-}3}$ 取 30；

④ 混合危险：指工艺中两种或两种以上物质混合或相互接触时能引起火灾、爆炸或急剧反应的危险。$B_{112\text{-}3}$ 取 30；

⑤ 原材料质量。当固体物料中含有铁钉、砂石等杂质或物料纯度不合格时，能引起火灾、爆炸或急剧反应。在这种情况下，$B_{112\text{-}3}$ 取 30。

(4) 物料储存系数 $B_{112\text{-}4}$

① 储存物品的火灾危险性分类分项存放不符合防火规范要求，$B_{112\text{-}4}$ 取 20～40；

② 库房耐火等级、层数、占地面积或防火间距不符合防火规范，$B_{112\text{-}4}$ 取 20～40；

③ 储罐、堆场的布置（包括单罐最大储量、一组最大储量等）不符合防火规范，$B_{112\text{-}4}$ 取 20～40；

④ 储罐、堆场防火间距不符合防火规范，$B_{112\text{-}4}$ 取 20～40；

⑤ 露天、半露天堆场的布置不符合防火规范，$B_{112\text{-}4}$ 取 20～40；

⑥ 露天、半露天堆场防火间距不符合防火规范，$B_{112\text{-}4}$ 取 20～40；

⑦ 仓库、储罐区、堆场的布置及与铁路、道路的防火间距不符合防火规范，$B_{112\text{-}4}$ 取 20～40；

⑧ 易燃、可燃液体装卸不符合规范，$B_{112\text{-}4}$ 取 20～40；

⑨ 工房内料堆放不符合要求，$B_{112\text{-}4}$ 取 20～40。

(5) 操作方式系数 $B_{112\text{-}5}$

① 单一连续反应，$B_{112\text{-}5}$ 取 0；

② 单一间歇反应，反应周期较短（一小时以内）或较大（一天以上），$B_{112\text{-}5}$ 取 60；

③ 单一间歇反应，反应周期在一小时至一天范围内，$B_{112\text{-}5}$ 取 40；

④ 同一装置多种操作，同一设备内进行多种反应与操作，$B_{112\text{-}5}$ 取 75；

⑤ 炸药锯开及开孔，$B_{112\text{-}5}$ 取 60；

⑥ 装猛炸药，$B_{112\text{-}5}$ 取 50；

⑦ 装起爆药，$B_{112\text{-}5}$ 取 60；

⑧ 压猛炸药，$B_{112\text{-}5}$ 取 50；

⑨ 压起爆药，$B_{112\text{-}5}$ 取 60；

⑩ 压烟火药，$B_{112\text{-}5}$ 取 40；

⑪ 刮炸药、清螺扣，$B_{112\text{-}5}$ 取 60；

⑫ 火药切断及压伸，$B_{112\text{-}5}$ 取 50；

⑬ 火药筛选，$B_{112\text{-}5}$ 取 45；

⑭ 火药混合，B_{112-5} 取 40。

（6）粉尘系数 B_{112-6}

发生故障时（操作失误或装置破裂），装置内外可能形成爆炸性粉尘或烟雾。如高压的水压油、熔融硫黄等。在这种情况下，粉尘系数 B_{112-6} 取 100。

（7）低温系数 B_{112-7}

碳钢或其他金属材料在低温下可能存在低温脆性，从而导致设备损坏。分两种情况：
① 碳钢：操作温度等于或低于转变温度时，B_{112-7} 取 30；
② 其他材料：操作温度等于或低于转变温度时，B_{112-7} 取 20。

（8）高温系数 B_{112-8}

主要考虑高温对物质危险性的影响，对易燃液体影响最大，对可燃气体或蒸气也有很大影响。
① 操作温度≈熔点，B_{112-8} 取 15；
② 操作温度＞熔点，B_{112-8} 取 20；
③ 操作温度＞闪点，B_{112-8} 取 25；
④ 操作温度＞沸点，B_{112-8} 取 30；
⑤ 操作温度＞燃点，B_{112-8} 取 75。

（9）负压系数 B_{112-9}

此项内容适用于空气漏入系统会引起危险的场合。当空气与湿敏性物质或对氧敏感性物质接触时可能引起危险。在易燃混合物中引入空气也会导致危险。本系数只用于真空度大于 500mmHg 的情况。负压系数为 50。

（10）高压系数 B_{112-10}

操作压力越高，危险性越大。高压系数与操作压力的关系如表 7-20 所示。

表 7-20　高压系数 B_{112-10} 与操作压力 P 的关系

P/MPa	0.1～0.8	0.8～1.6	1.6～4.0	4.0～10	10～70	＞70
B_{112-10}	30	45	75	90	130	150

按上述原则确定系数后，再作如下修正：黏性物质，$B_{112-10}×0.7$；压缩气体，$B_{112-10}×1.2$；液化易燃气体，$B_{112-10}×1.3$。

（11）燃烧范围内及附近的操作系数 B_{112-11}

① 操作时处于燃烧范围内：如易燃液体储罐，由于突然冷却或溅出液体时，可能吸入空气；汽油储罐等放空时，也会形成可燃性气体。在此情况下 B_{112-11} 取 50；
② 发生故障的位置处于燃烧范围内：如氮气密封的甲醇储罐，氮气泄漏后，其蒸气空间可能在燃烧极限之内。在此情况下 B_{112-11} 取 40；
③ 操作处于燃烧范围内或附近，如有惰性气体吹扫，B_{112-11} 取 30；

④ 操作处于燃烧范围内或附近，如无惰性气体吹扫，B_{112-11} 取 80。

（12）腐蚀系数 B_{112-12}

尽管设计已经考虑了腐蚀余量，但因腐蚀引发的事故仍不断发生。此处的腐蚀速率指内部腐蚀速率和外部腐蚀速率之和，漆膜脱落可能造成的外部腐蚀也包括在内。

① 当腐蚀速率<0.5mm/a 时，B_{112-12} 为 10；

② 0.5mm/a≤腐蚀速率<1.0mm/a 时，B_{112-12} 取 20；

③ 腐蚀速率≥1.0mm/a 时，B_{112-12} 取 50；

④ 应力腐蚀，如在湿气和氨气存在时黄铜的应力腐蚀和在有 Cl^- 的水溶液中不锈钢的应力腐蚀等。有应力腐蚀时，B_{112-12} 取 75；

⑤ 有防腐衬里时，B_{112-12} 取 20。

（13）泄漏系数 B_{112-13}

① 装置本身有缺陷或操作时可能使可燃气体逸出，如 CO 水封高度不够等。此时 B_{112-13} 取 20；

② 在敞口容器内进行混合、过滤等操作时，有大量可燃气体外泄时，B_{112-13} 取 50；

③ 玻璃视镜等脆性材料装置往往成为物料外泄的重要部位，橡胶管接头、波纹管等处也常引起泄漏，现采用数量的多少决定泄漏系数：1～2 个时，B_{112-13} 取 50；3～5 个时，B_{112-13} 取 70；大于 5 个时，B_{112-13} 取 100。

④ 垫片、连接处的密封及轴封的填料处可能成为易燃物料的泄漏源，当它们承受温度和压力的周期性变化时，泄漏系数 B_{112-13} 选取办法为：对于焊接接头和双端面机械密封可不取系数；轴封、法兰处泄漏轻微取 10；轴封、法兰处一般泄漏取 30；物料为渗透性流体或磨蚀性物料取 40。

（14）设备系数 B_{112-14}

① 设计制造：按规范设计和制造的设备不取系数，非正规设计和加工的设备按下列规定选取系数 B_{112-14}。Ⅰ类压力容器非正规设计和加工的设备，取 70；Ⅱ、Ⅲ类压力容器非正规设计和加工的设备，取 100；

② 临近设备寿命周期和超过寿命周期，取 75；

③ 设备存在缺陷或采用不符合工艺条件的代用品时，取 75；

④ 在设备的负荷范围之外操作，如反应器装料量过大、机器超载及储槽超装等，取 75；

⑤ 压缩机等装置操作时会使相连的装置和管路产生振动，因发生疲劳而增大危险。在这种情况下，取 40；

（15）密闭单元系数 B_{112-15}

密闭单元指有顶盖且三面或四面有墙的区域或者无顶盖但四周封闭的区域。在密闭式单元中易燃液体和可燃气体容易积聚，即使有通风，效果也不如敞开结构。在密闭单元 B_{112-15} 取 40。

（16）工艺布置系数 B_{112-16}

① 单元内设备、阀门等的配置不合理，如阀门、仪表等控制装置在事故时不能方便地

进行操作，会使事故规模扩大。此时 B_{112-16} 取 40；

② 盛装氯、氧等氧化剂的设备、邻近易燃物料的设备 B_{112-16} 取 30；

③ 单元高度为 3～5m 时 B_{112-16} 取 10；

④ 单元高度为 5～10m 时 B_{112-16} 取 20；

⑤ 单元高度为 10～20m 时 B_{112-16} 取 30；

⑥ 单元高度为 20m 时 B_{112-16} 取 40。

(17) 明火系数 B_{112-17}

明火主要指生产过程中的加热用火、维修用火及其他火源。明火是引起火灾、爆炸事故的一个主要原因。有明火时明火系数取 80。

(18) 摩擦、冲击系数 B_{112-18}

摩擦和冲击可能产生过热和火花。导致火灾的摩擦主要发生在轴承、滑轮、制动器、切削机械等，冲击主要指钢制工具的碰撞等。

① 当摩擦、冲击部位≤2 个时，B_{112-18} 为 10；

② 当摩擦、冲击部位＞2 个时，B_{112-18} 为 50。

(19) 高温体系数 B_{112-19}

高温体则指未妥善处置的蒸气管道、电热器等，高温体系数 50。

(20) 电器火花 B_{112-20}

因设计缺陷或使用、维护不当，电动机、电灯、配线及开关等会成为火灾的原因。

① 严重违反《爆炸和火灾危险场所电力装置设计规范》的 B_{112-20} 为 50；

② 基本符合《爆炸和火灾危险场所电力装置设计规范》的 B_{112-20} 取 20；

③ 完全符合《爆炸和火灾危险场所电力装置设计规范》的 B_{112-20} 取 0。

(21) 静电系数 B_{112-21}

静电的产生与物料性质及工艺条件和装置有关。

① 可能发生粉尘摩擦及两相流体引起的静电时，取 40；

② 可能发生气体自管子中喷出引起的静电时，取 30；

③ 可能发生液体在管子中流动引起的静电时，取 30。

7.3.2.2　工艺过程毒性 b_{112}

工艺过程毒性由腐蚀系数、泄漏系数、介质影响系数、设备布置系数、出料系数、输送系数和分析系数给出，其中腐蚀系数、泄漏系数、设备布置系数三个系数如果在火灾爆炸危险评价时已经涉及，在工艺过程毒性评价时将不再考虑。

(1) 腐蚀系数 b_{112-1}

尽管设计已经考虑了腐蚀余量，但因腐蚀引发的事故仍不断发生。此处的腐蚀速率指内部腐蚀和外部腐蚀之和，漆膜脱落可能造成的外部腐蚀也包括在内。腐蚀系数如下选取：

① 腐蚀速率<0.5mm/a 时，取 10；

② 0.5mm/a≤腐蚀速率<1.0mm/a 时，取 20；

③ 腐蚀速率≥1.0mm/a 时，取 50；

④ 应力腐蚀，如在湿气和氨气存在时黄铜的应力腐蚀和在有 Cl⁻ 的水溶液中不锈钢的应力腐蚀等。有应力腐蚀时，取 75；

⑤ 当防腐衬里时，取 20。

（2）泄漏系数 b_{112-2}

① 装置本身有缺陷或操作时有少量有毒气体逸出时，b_{112-2} 取 20；

② 在敞口容器内进行混合、过滤等操作有大量有毒气体外泄时，b_{112-2} 取 50；

③ 玻璃视镜等脆性材料装置往往成为物料外泄的重要部位，橡胶管接头、波纹管等处也常常引起泄漏，视采用数量的多少决定泄漏系数。1～2 个时为 50；3～5 个时为 70；大于 5 个时为 100。

④ 垫片、连接处的密封及轴封的填料处可能成为有毒物料的泄漏源，当它们承受温度和压力的周期性变化时，更是如此。当连接处和填料处存在泄漏时，泄漏系数为：对于焊接接头和双端面机械密封可不取系数，轴封、法兰处泄漏轻微时为 10；轴封、法兰处一般泄漏时为 30；物料为渗透性流体或磨蚀性物料时为 40。

（3）介质影响系数 b_{112-3}

盛装剧毒物质的管道、容器的冷却或加热夹套中的介质如可与剧毒物质发生剧烈反应或生成强腐蚀性的产物时，区分以下两种情况确定介质影响系数：①未采取任何措施时为 30；②采取了某些安全措施时为 10。

（4）设备布置系数 b_{112-4}

① 如果盛有剧毒物质的储槽、反应器等设备毗邻其他操作岗位，一旦发生泄漏，则会波及其他岗位，为 20；

② 剧毒物质储槽、反应器等设备较多且布置拥挤时，根据设备台数确定危险系数。设备台数为 5～10 台时，为 20；设备台数为 10 台以上时，为 30。

（5）出料系数 b_{112-5}

① 下出料：剧毒、腐蚀性强的液体物料的出料管如果是底接或侧接，一旦阀门失灵或接管泄漏，会造成毒物泄漏，出料系数为 55；

② 下出料但有双阀：剧毒、腐蚀性强的液体物料的出料管虽然是底接或侧接，但设置了双阀门，降低了泄漏的危险，此时出料系数为 45。

（6）输送系数 b_{112-6}

① 气体压送：如果采用空气、氮气等压送剧毒物料，因压力不易控制等项原因，容易发生误操作，此时 b_{112-6} 为 60；

② 屏蔽泵：采用屏蔽泵之类的无泄漏泵输送剧毒物料时，b_{112-6} 为 20；

③ 液下泵：采用液下泵输送剧毒物料时不存在毒物外泄的可能，b_{112-6} 为 0。

（7） 分析系数 $b_{112\text{-}7}$

进行毒性物质的分析操作时，会因设备缺陷引起中毒事故，根据实际情况选取不同的系数：

① 无通风：无通风意指毒性物质的分析室内没有设置通风橱或有效的通风设施；或者虽安装了上述装置但排风管道配置不合理，有毒气体可能倒流入室内时，$b_{112\text{-}7}$ 为 30；

② 室内有取样管：主要指有毒物质通过管道直接引进分析室进行分析或引进控制室内进行监控的情况，此时会因取样管脱落、管道破裂以及考虑泄漏等项原因引起毒物外泄而致人员中毒，$b_{112\text{-}7}$ 为 40。

7.3.2.3 工艺过程事故易发性的计算方法

工艺过程火灾爆炸事故易发性为：

$$B_{112} = \frac{100 + \sum_{i=1}^{m} B_{112\text{-}i}}{100} \tag{7-7}$$

式中，B_{112} 是工艺危险性的评价值，无量纲；$B_{112\text{-}i}$ 是第 i 种工艺危险性的评价值，无量纲；m 是所涉及的火灾爆炸危险条款数目，无量纲。

工艺过程中毒事故易发性为：

$$B_{112} = \frac{(100 + \sum_{i=1}^{m} B_{112\text{-}i})(100 + \sum_{j=1}^{m} B_{112\text{-}j})}{10000} \tag{7-8}$$

式中，B_{112} 是工艺危险性的评价值，无量纲；$B_{112\text{-}i}$ 和 $B_{112\text{-}j}$ 是第 i 种或 j 种工艺危险性的评价值，无量纲；m 是所涉及的工艺过程毒性条款数目，无量纲。

7.3.3 工艺-物质危险性相关系数计算

同一种工艺条件对于不同类的危险物质所体现的危险程度是各不相同的，因此必须确定相关系数。W_{ij} 分为六级，如表 7-21 所示。W_{ij} 定级根据专家的咨询意见，详见表 7-22。

表 7-21　工艺-物质危险性相关系数的分级

级别	相关性	工艺-物质危险性相关系数 W_{ij}
A 级	关系密切	0.9
B 级	关系大	0.7
C 级	关系一般	0.5
D 级	关系小	0.2
E 级	没有关系	0

表 7-22　工艺-物质危险性相关系数

物质类别	工艺类别																				
	1	2	3	4	5	6	7	8	9	10	11	12	13	14	15	16	17	18	19	20	21
1.1	0.9	0.2	0.9	0.9	0.9	0.9	0	0.9	0.7	0.2	0.7	0.5	0.9	0.2	0.9	0.9	0.9	0.9	0.9	0.9	0
1.2	0.7	0	0.7	0.7	0.5	0.7	0	0.7	0.5	0	0.7	0.5	0.5	2	0.7	0.7	0.7	0.7	0.7	0.7	0

续表

物质类别	工艺类别																				
	1	2	3	4	5	6	7	8	9	10	11	12	13	14	15	16	17	18	19	20	21
1.3	0.9	0.2	0.7	0.9	0.7	0.7	0	0.9	0.7	0.2	0.5	0.5	0.7	0.2	0.9	0.9	0.9	0.7	0.9	0.9	0
1.4	0.7	0	0.2	0.5	0.2	0.2	0.0	0.7	0.0	0.0	0.2	0.2	0.2	0.0	0.2	0.7	0.5	0.5	0.5	0.9	0
1.5	0.5	0	0	0.2	0	0.2	0	0.5	0.7	0	0.2	0.2	0.2	0	0.2	0.5	0.7	0.2	0.5	0.5	0
2.1	0.7	0.7	0.9	0.7	0.5	0.9	0.7	0.9	0.7	0.9	0.9	0.7	0.9	0.9	0.9	0.9	0.9	0.9	0.9	0.9	0
2.2	0	0	0.2	0	0.2	0.2	0	0.5	0.5	0.2	0.5	0.2	0.2	0.2	0.5	0.5	0.2	0.2	0.2	0.2	0
3.1	0.9	0.7	0.9	0.9	0.7	0.9	0.7	0.9	0.9	0.9	0.9	0.7	0.9	0.9	0.9	0.9	0.9	0.9	0.9	0.9	0
3.2	0.7	0.5	0.7	0.5	0.5	0.5	0.7	0.7	0.7	0.7	0.7	0.7	0.7	0.7	0.7	0.7	0.7	0.7	0.7	0.7	0
3.3	0.5	0.5	0.2	0.5	0.2	0.2	0.2	0.5	0.5	0.5	0.5	0.5	0.5	0.5	0.5	0.5	0.5	0.5	0.5	0.5	0
4.1	0.7	0.7	0.9	0.7	0.5	0.9	0.9	0.7	0.5	0.7	0.5	0.7	0.9	0.9	0.9	0.9	0.7	0.9	0.7	0.7	0
4.2	0.5	0.5	0.7	0.5	0.2	0.7	0.7	0.5	0.5	0.7	0.5	0.7	0.7	0.7	0.7	0.7	0.5	0.7	0.5	0.5	0
4.3	0.5	0.5	0.7	0.2	0.7	0.9	0.7	0.7	0.2	0.7	0.2	0.7	0.9	0.9	0.9	0.9	0.9	0.9	0.9	0.9	0
5.1	0.9	0.7	0.9	0.9	0.9	0.9	0.9	0.9	0.5	0.9	0.5	0.9	0.5	0.9	0.5	0.9	0.5	0.9	0.9	0.9	0
5.2	0.7	5	0.5	0.7	0.5	0.5	0.5	0.5	0.2	0.5	0.2	0.5	0.2	0.2	0.5	0.5	0.5	0.5	0.5	0.5	0
6.1	0.9	0.5	0.7	0.7	0.7	0.7	0.7	0.7	0.7	0.7	0.7	0.7	0.7	0.7	0.5	0.7	0.7	0.7	0.7	0.7	0
6.2	0.2	0.5	0.5	0.5	0.5	0.2	0.5	0.5	0.5	0	0.7	0.5	0.5	0.5	0.5	0.5	0.5	0.5	0.5	0.5	0
7.1	0.7	0.5	0.5	0.7	0.5	0.5	0.2	0.5	0.5	0.5	0.5	0.5	0.5	0.5	0.5	0.7	0.5	0.5	0.7	0.7	0
7.2	0.9	0.7	0.5	0.9	0.7	0.7	0.5	0.7	0.7	0.9	0.7	0.7	0.7	0.7	0.5	0.7	0.7	0.9	0.7	0.7	0
8.1	0	0	0	0	0	0	0	0	0	0	0	0	0	0	0	0	0	0	0	0	1

7.4 化工事故后果定量计算模型

7.4.1 事故后果严重度评价模型

事故严重度用事故后果的经济损失表示。事故后果系指事故中人员伤亡以及房屋、设备、物资等的财产损失，不考虑停工损失。人员伤亡分为人员死亡数、重伤数、轻伤数。财产损失严格讲应分若干个破坏等级，在不同等级破坏区破坏程度是不相同的，总损失为全部破坏区损失的总和。在化工事故风险评估中为了简化方法，用统一的财产损失区来描述，假定财产损失区内财产全部破坏，在损失区外全不受损，即认为财产损失区内未受损失部分的财产同损失区外受损失的财产相互抵消。死亡、重伤、轻伤、财产损失各自均用一当量圆半径描述。对于单纯毒物泄漏事故仅考虑人员伤亡，暂不考虑动植物死亡和生态破坏所受到的损失。

（1）危险物与伤害模型之间的对应关系

不同的危险物具有不同的事故形态。事实上，即使是同一种类型的物质，甚至同一种物质，在不同的环境、条件下也可能表现出不同的事故形态。例如液化石油气罐，如果由于火焰烘烤而破裂，往往形成沸腾液体扩展蒸气爆炸；如果罐破裂后遇上延迟点大，则可能发生蒸气云爆炸。在事故过程中，一种事故形态还可能向另一种形态转化，例如火灾可引起爆炸，爆炸也可引起火灾。为了对可能出现的事故严重度进行预先判别，建立如下原则。

① 最大危险性原则　如果一种危险物具有多种事故形态，且它们的事故后果相差悬殊，则按后果最严重的事故形态考虑。

② 概率求和原则　如果一种危险物具有多种事故形态，且它们的事故后果相差不太悬殊，则按统计平均原理估计总的事故后果 S，即：

$$S = \sum_{i=1}^{N} P_i S_i \tag{7-9}$$

式中，S 是总的事故后果，无量纲；P_i 是事故形态 i 发生的概率，无量纲；S_i 是事故形态 i 的严重度，无量纲；N 是事故形态的个数，无量纲。

危险物分类中，1.1~1.5、7.1、7.2 类物质的主要危险是爆炸。2.1 类为爆炸性气体，如果超压破裂，则发生压力容器超压爆炸；如果液态储存，且瞬态泄漏后立即遇到火源，则发生喷射火或沸腾液体扩展为蒸气爆炸；如果瞬态泄漏后遇到延迟点火，或气态储存时泄漏到空气中，遇到火源，则可能发生蒸气云爆炸；如果遇不到火源，则将无害地消失掉。该类物质发生事故时，事故严重度 S 按下式计算：

$$S = AS_1 + (1-A)S_2 \tag{7-10}$$

式中，S 是总的事故后果，无量纲；S_1、S_2 是蒸气云爆炸或压力容器超压爆炸、喷射火或火球或沸腾液体扩展蒸气爆炸伤害模型计算的事故后果，无量纲；A、$1-A$ 是蒸气云爆炸压力容器超压爆炸、喷射火或火球或沸腾液体扩展蒸气爆炸发生的概率，取 $A=0.9$。

等效伤害破坏半径 R 用下式计算：

$$R = \left(\frac{S}{3.14\rho}\right)^{\frac{1}{2}} \tag{7-11}$$

式中，R 是破坏半径，无量纲；S 是总的事故后果，无量纲；ρ 是人员或财产密度，无量纲。

3.1、3.2、3.3 类为可燃液体，主要危险是池火灾。若池火灾或固体火灾发生在室内，燃烧产生的有毒有害气体是人员伤亡的主要原因，因此按室内火灾伤害模型计算事故严重度。

如上所述，火灾的种类不同、发生火灾的环境不同，应采用不同模型进行评价，评价模型如表 7-23 所示。对于 3.1、3.2、3.3 类池火灾和 4.1、4.2、5.1、5.2、6.1、6.2 类固体和粉尘火灾，当发生在室内时，应采用室内火灾的伤害模型进行评价。

表 7-23　危险物类型与伤害模型之间的对应关系

危险物分级号	对应模型
1.1~1.5、7.1、7.2	凝聚相含能材料爆炸
2.1	①气态储存为蒸气云爆炸或压力容器超压爆炸伤害模型；②液态储存为喷射火、火球或沸腾液体扩展蒸气爆炸伤害模型，按 $S = AS_1 + (1-A)S_2$ 计算事故后果
3.1、3.2、3.3	池火伤害模型
4.1、4.2、5.1、5.2、6.1、6.2	室内火灾伤害模型

(2) 一个危险单元内多种危险物并存时的处理办法

如果一个危险单元内有多种危险、但非爆炸性物质，则分别计算每种物质发生事故时的总损失，然后取最大者作为该单元的总损失 S，即：

$$S = \max_{1 \leqslant i \leqslant N} S_i \qquad (7\text{-}12)$$

式中，S 是总的事故后果，无量纲；S_i 是第 i 种物质发生事故的严重度，无量纲；N 是危险物质的种数，无量纲。

如果一个危险单元内有多种爆炸性物质，则按下式计算总的爆炸能量 E，然后按照总的爆炸能量计算总损失。

$$E = \sum_{i=1}^{k} Q_{B,i} W_i \qquad (7\text{-}13)$$

式中，E 是总的爆炸能量，J；$Q_{B,i}$ 是第 i 种爆炸物的爆热，J/kg；W_i 是第 i 种爆炸物的质量，kg；k 是单元内爆炸物的种数，无量纲。

若为地面爆炸，则以式(7-13)计算出的爆能的 1.8 倍作为总的爆能。一个危险单元发生事故可能波及其他单元，例如殉爆，这会导致事故规模扩大。本方法对危险单元间的相互作用不予考虑。简单而有效的处理是将可能互相影响的若干单元视作一个单元。

(3) 伤害模型

关于泄漏扩散事故，已经建立了液体泄漏、气体泄漏、液化气体泄漏、静态液池蒸发等 4 种泄漏速率计算模型（见第 3 章），喷射扩散、绝热扩散、中性浮力扩散和重气扩散等 4 种扩散模型，以及概率函数模型和液化气体扩散模型等中毒模型（见第 4 章）。关于火灾爆炸事故，已经建立了池火灾、喷射火、火球和室内火灾等 4 种火灾模型（见第 5 章），以及蒸气云爆炸、沸腾液体扩展蒸汽爆炸、凝聚相含能材料爆炸、压力容器超压爆炸、密闭容器气体爆炸等 5 种爆炸模型（见第 6 章）。

7.4.2 危险性抵消因子

尽管固有危险性是由物质危险性和工艺危险性所决定的，但是工艺、设备、建筑结构上各种用于防范和减轻事故后果的设施、危险岗位上操作人员良好的素质、严格的安全管理制度等能够大大抵消单元内的固有危险性。工艺设备和建筑结构抵消因子由 28 个指标组成评价指标集；安全管理状况由 10 类指标组成评价指标集；危险岗位操作人员素质由 4 项指标组成评价指标集。

7.4.2.1 工艺设备和建筑物抵消因子

(1) 工艺设备和建筑物抵消因子分类

工艺设备和建筑物抵消因子分为工艺设备、建筑物火灾爆炸抵消因子和工艺设备毒性、防止中毒措施抵消因子两类。工艺设备、建筑物火灾爆炸抵消因子共设 20 项，前 16 项为工艺设备方面的内容，后 4 项为建筑物方面的内容。工艺设备毒性、防止中毒措施抵消因子共设 8 项，前 5 项为工艺设备方面的内容，后 3 项为防止中毒措施方面的内容。工艺设备和建筑物火灾爆炸抵消因子评分如下。

(2) 工艺设备、建筑物火灾爆炸抵消因子

① 设备维修保养系数 $B_{21\text{-}1}$：严格按照计划对设备进行检查、维修和保养，建立设备情

况记录卡，对重要设备、仪表每天用检查表进行检查，受压容器按照《压力容器安全监察规程》进行检查，不超期服役。这是安全生产的基本要求。完全符合上述要求时，B_{21-1} 为 0.95；基本符合上述要求时，B_{21-1} 为 0.98。

② 抑爆装置系数 B_{21-2}：处理粉尘或蒸气的设备上安有抑爆装置或设备本身有抑爆作用时 B_{21-2} 为 0.84；采用防爆膜或泄爆口防止设备发生意外时，B_{21-2} 为 0.98。只有那些在突然超压（如燃爆）时，能防止设备或建筑物遭到破坏的释放装置才能给予抵消系数，对于那些所有压力容器上都配备的安全阀、储罐的紧急排放口之类常规超压释放装置则不考虑抵消系数。

③ 惰性气体保护系数 B_{21-3}：盛装易燃气体的设备有连续的惰性气体保护时，B_{21-3} 为 0.96；惰性气体系统有足够的能量并自动吹扫整个单元时，B_{21-3} 为 0.94；当惰性吹扫系统必须人工启动或控制时，不取系数，即 B_{21-3} 为 0。

④ 紧急冷却系数 B_{21-4}：工艺冷却系统能保证在出现故障时维持正常冷却 10min 以上时，B_{21-4} 为 0.99；有备用冷却系统，冷却能力为正常需要量的 1.5 倍，且至少维持 10min 时，B_{21-4} 为 0.97。

⑤ 应急电源系数 B_{21-5}：考虑到故障断电及故障检修的影响，重要岗位上除设有一般电源外，还设有紧急备用电源，如双电源、柴油发电机组等以保证有足够的安全防护设施用电和生产用电，此时 B_{21-5} 为 0.97；只有当应急电源能从正常状态自动切换到应急状态，且应急电源与评价单元中事故的控制有关时才考虑抵消系数，即 $B_{21-5}=0$。

⑥ 电气防爆系数 B_{21-6}：爆炸危险场所使用的防爆电气设备，在运行过程中，具备不引燃周围爆炸性混合物的性能。满足此要求的电气设备有隔爆型、增安型、本质安全型、正压型、充油型、充砂型、无火花型、防爆特殊型和粉尘防爆型。应根据防爆区域等级来选择合理的防爆电气型号，严格执行《爆炸和火灾危险环境电力装置设计规范》（GB 50058—92）。完全符合上述要求时，B_{21-6} 为 0.95；基本符合上述要求时，B_{21-6} 为 0.98。

⑦ 防静电系数 B_{21-7}：防止静电引起火灾爆炸所采取的措施包括生产过程中尽量少产生静电荷、泄漏和导走静电荷、中和物体上集聚着的静电荷；屏蔽带静电的物体，使物体内外表面光滑和无棱角等。完全符合上述要求时，B_{21-7} 为 0.95；基本符合上述要求时，B_{21-7} 为 0.98。

⑧ 避雷系数 B_{21-8}：高大建筑物、塔、储罐区、金属构架以及设备装置等必须安装避雷装置，并确保防雷装置安全可靠。要使防雷装置安全可靠必须做到：防雷接地电阻小于 10 欧姆；避雷针、避雷带与引下线采用焊接连接；独立的避雷针及接地装置不设在行人经常通过的地方，与道路或建筑物出入口及其他接地体距离大于 3m；装有避雷针或避雷线的构架上，不架设低压线或通信线；系统的定期检测，保证接地处于完好状态。完全符合上述要求时，B_{21-8} 为 0.95；基本符合上述要求时，B_{21-8} 为 0.98。

⑨ 阻火装置系数 B_{21-9}：使用阻火器、液封或者阻火材料，使火焰的传播局限在装置内，防止事故扩大。此时 B_{21-9} 为 0.97。

⑩ 事故排放及处理系数 B_{21-10}：如果采用备用泄料及处理装置，备用储槽能安全地（有适当的冷却和通风）直接接受单元内的物料时，B_{21-10} 为 0.98；备用储槽安置在单元外时，B_{21-10} 为 0.96；应急通风管能将全部安全阀、紧急排放阀及其他气体、蒸气物料排至火炬系统或密闭受槽时，B_{21-10} 为 0.96；如果采用双套管、双层容器，装有易燃性液体和液化气的管道、容器有双层夹套，在第一容器壁破裂后，第二容器壁能容纳泄放出来的物料时，B_{21-10} 为 0.95；如果采用防护堤，在储罐区域内，按照易燃性液体要求的标准，设有防护堤

时，B_{21-10} 为 0.98。

⑪ 装置监控系数 B_{21-11}：全体操作人员在单元所有部分，能用无线电或者类似的设备同控制室保持联系时 B_{21-11} 为 0.99；对装置日夜 24h 进行定期巡回检查，重要项目能用计算机或闭路电视仔细监视时，B_{21-11} 为 0.97；监视操作状况的在线计算机具有故障情况下的应急停车或故障排除功能时，B_{21-11} 为 0.90。

⑫ 设备布置系数 B_{21-12}：设备的布置应满足下列的条件，包括工艺生产装置内的露天设施、储罐、建筑物等，按生产流程集中联合布置；有火灾爆炸危险的生产设备、建筑物、构筑物，布置在装置内的边缘。其中有爆炸危险的设备布置在一端；生产装置的辅助设施及建筑物，布置在安全和便于管理的地方；设有真空系统的泵房，真空罐设在泵房外；有明火设备生产装置的布置，远离可能泄漏的可燃气体的工艺设备及储罐。且设置在可燃气体的设备、建筑物、构筑物的侧风向或上风向。完全符合上述要求时，B_{21-12} 为 0.95；基本符合上述要求时，B_{21-12} 为 0.98。

⑬ 工艺参数控制系数 B_{21-13}：温度、压力、流量等工艺控制仪表配备齐全一套时，B_{21-13} 为 0.99；同一参数有并行两套或两套以上仪表监控，有手动控制时，B_{21-13} 为 0.97；同一参数有并行两套或两套以上仪表监控，有自动控制时，B_{21-13} 为 0.95。

⑭ 泄漏检测装置与响应系数 B_{21-14}：在单元所有必要的地方，安装有气体或者蒸气泄漏检测装置，该检测装置能报警和确定危险带，B_{21-14} 为 0.98；该检测装置既能报警又能在达到燃烧下限之前使保护系统动作。B_{21-14} 为 0.94。

⑮ 故障报警及控制装置系数 B_{21-15}：单元设有出现异常情况紧急控制的装置，诸如某一种流体管线发生故障时，能可靠地切断另一种流体的联锁装置、在容器或泵的吸入侧设置远距离控制阀等。系数为 0.98；重要的转动设备如压缩机、透平机和鼓风机等装有振动测定仪，振动能报警。B_{21-15} 为 0.99；上述振动仪能使设备自动停车时，B_{21-15} 为 0.96。

⑯ 厂房通风系数 B_{21-16}：处理易燃性液体的工艺单元，以及研磨、喷涂、树脂熟化及敞口罐的工艺单元安在室内，能保证厂房有充分的换气时，B_{21-16} 为 0.95。

⑰ 建筑物泄压系数 B_{21-17}：将危险操作隔离在一个小的单独厂房里或从主厂房中隔离出来，配置适当的泄压设施（如厂房自动打开的窗、安全孔等），一旦压力升高时，能自动放出生成气体时，B_{21-17} 为 0.98。

⑱ 厂房结构系数 B_{21-18}：对于厂房结构和环境的要求包括以下几项。有爆炸危险的甲、乙类生产厂房（仓库）符合有关规范要求；可燃气体压缩机房采用敞开式或半敞式，非敞开式厂房通风良好；有易燃、爆炸危险物的生产厂房（仓库）采用不发火地面，门窗向外开；单元周围有防火墙、防火堤、水浸沟等建筑设施；易燃、易爆物品地上库房泄压面积符合防火要求。半地下仓库三分之一建在地下。地面部分以上覆盖，库内有通风装置，仓库四周有排水沟；易燃、易爆物品库房内的暖气采暖，其散热器和可燃物品的安全距离符合规范要求；易燃、易爆厂（库、泵）房等与建筑物相互距离符合规范要求。完全符合上述要求时，B_{21-18} 为 0.95；基本符合上述要求时，B_{21-18} 为 0.98。

⑲ 工业下水道系数 B_{21-19}：对于工业下水道的要求包括以下几项。工业下水道的结构设置符合规定要求；有易燃、可燃液体的污水，经水封井排入工业下水道，水封井高度大于 250mm；隔油池采用不燃材料建造，其间隔不少于两间；有可能产生化学反应引起火灾或爆炸的两种污水，不直接混合排入工业下水道，水蒸气及其冷凝水不排入工业下水道。完全符合上述要求时，B_{21-19} 为 0.95；基本符合上述要求时，B_{21-19} 为 0.98。

⑳ 耐火支撑系数 B_{21-20}：容器、设备、配管等支架是由混凝土、水泥或类似的耐火材料制成时，耐火支撑系数为 0.86。

(3) 工艺设备毒性、防止中毒措施抵消因子 b_{21}

① 储槽系数 b_{21-1}：分以下三种情况，若同时具备两种以上措施时，只取其中一个最小的系数。

a. 盛装液态剧毒物品的储槽设置在一密闭单间内，室内设有强制通风设施，保持微负压，此时 b_{21-1} 为 0.92；

b. 装有液态剧毒物品的管道、容器采用双层外壁，内层通干燥的氮气等惰性气体，形成密闭状态，一旦罐壁泄漏有压力检测器报警，而外层则通冷冻液时，b_{21-1} 为 0.83；

c. 设有相应备用储槽，以防万一发生事故时倒料时，b_{21-1} 为 0.98。

② 厂房系数 b_{21-2}：生产或处理毒性物质的工艺单元安置在密闭厂房内，无通风时，b_{21-2} 为 0.98；生产或处理毒性物质的工艺单元安置在密闭厂房内，室内有抽风装置时，b_{21-2} 为 0.95；生产或处理毒性物质的工艺单元安置在密闭厂房内，室内装设抽风装置，保持微负压，并且抽出的气体经处理后再排放时，b_{21-2} 为 0.88。

③ 隔离操作系数 b_{21-3}：在生产现场附近的隔离控制室内操作，且室内通风良好时 b_{21-3} 为 0.98；在控制室内进行远距离操作时，b_{21-3} 为 0.89。

④ 毒物检测系数 b_{21-4}：在生产现场或附近设有毒物泄漏检测装置（如毒物报警仪等）时，b_{21-4} 为 0.94；生产现场设有毒物报警装置，并根据泄漏检测从控制室进行远距离操作，使装置自动停车或应急处理等，在此条件下 b_{21-4} 为 0.87。

⑤ 应急破坏系统系数 b_{21-5}：生产装置设有紧急情况下应急破坏系统，对装置中所有容器和管道中的有毒物料进行处理，使之浓度达到安全极限以下，在此条件下，应急破坏系统系数为 0.87。

⑥ 个体防护用品系数 b_{21-6}：操作人员及所有有关人员进入有毒物质生产区域，各类防护用品佩戴齐全、完备时，个体防护用品系数取 0.89。

⑦ 风向标等系数 b_{21-7}：生产、使用有毒气体的工厂安设一个或一个以上风向标，其位置设在本厂职工和附近居民容易看到的高处时，风向标系数为 0.92。

⑧ 中毒急救系数 b_{21-8}：工厂设有中毒病人急救室和观察室，有专职医生昼夜值班，并备有足够量的急救药品和器材，中毒急救措施完备，在此条件下中毒急救系数为 0.91。

7.4.2.2 危险岗位操作人员素质评估

(1) 危险岗位操作人员素质评估的重要性

人失误的严重后果是导致事故的发生。作为造成事故的因素，可将人的失误分为行为因素与生理、心理因素两大类。而影响行为的因素可以概括为个人素质与环境条件两方面。生理、心理因素包括疲劳、情绪、觉醒程度、身体状况等。由于工业设施危险岗位的操作直接影响到整个系统的安全，在实际中这类操作人员要经过一定的选拔，已注意到操作人员的条件，因此，在进行素质评估时，假定操作人员中不存在明显的生理、心理缺陷的人。基于对系统中人的行为特征的分析，从根据操作人员的合格性、熟练性、稳定性及工作负荷量四个方面对工业设施危险岗位操作人员的群体素质进行评估。

（2）评价标准

① 定义

单元：是作为化学品事故风险分析进行考察、控制的对象，其人员可靠性记为 R_{ij}。

岗位：不是指一般的设岗，而是指那些"因人的失误而能导致设施及财物重大损失"的岗位，其人员可靠性记为 R_p。

② 单个人员的可靠性：单个人员的可靠性 R_s 是人员合格性 R_1、熟练性 R_2、稳定性 R_3 与负荷因子 R_4 的乘积，即：

$$R_s = \prod_{t=1}^{4} R_t \tag{7-14}$$

式中，R_s 是单个人员的可靠性，无量纲；R_1 是人员合格性，无量纲；R_2 是人员熟练性，无量纲；R_3 是人员稳定性，无量纲；R_4 是人员负荷因子，无量纲。

③ 人员的合格性：

$$R_1 = \begin{cases} 0，操作人员未经考核或不合格 \\ 1，持证上岗 \end{cases} \tag{7-15}$$

式中，R_1 是人员合格性，无量纲。

④ 人员的熟练性：

$$R_2 = 1 - \frac{1}{k_2\left(\dfrac{t}{T_2}+1\right)} \tag{7-16}$$

式中，R_2 是人员熟练性，无量纲；k_2 是比例系数，无量纲，如果人员经考核合格、持证上岗时其熟练程度可达 75%，则其值取为 4；t 是人员在一个岗位的工作时间，月；T_2 是达到某一熟练程度所需要的时间，对于不同的岗位，它所取的值可以有所调整，如果在一个岗位上工作两年后，其熟练程度达 95% 时，其值取为 6 个月。

⑤ 人员的操作稳定性：

$$R_s = 1 - \frac{1}{k_3\left[\left(\dfrac{t}{T_3}\right)^2+1\right]} \tag{7-17}$$

式中，R_s 是单个人员的可靠性，无量纲；k_3 是比例系数，无量纲，如果某一岗位或其人员刚刚发生事故，人员的操作稳定性降为 50%，则其值取为 2；t 是某一岗位或其人员发生事故后人员在该岗位上的工作时间，月；T_3 是事故发生后人员操作稳定性达到某一程度所需要的时间。事故发生后一年内，人员操作稳定性达 90%，其值取 6 个月；事故发生后三年，人员操作稳定性为 95%。

⑥ 岗位操作人员的负荷因子：

$$\begin{cases} R_4 = 1 - k_4\left(\dfrac{t}{T_4}-1\right)^2，\quad t \geqslant T_4 \\ T_4 = 1，\quad t < T_4 \end{cases} \tag{7-18}$$

式中，R_4 是人员负荷因子，无量纲，T_4 是一个岗位正常工作一个班的工作时间，h，可以取为 8h 或根据实际情况确定；t 是一人员在一个岗位上从上班到下班所工作的时间，h，如果一个岗位上应有 M_0 个工作，而实际上只有 N_0 人，且 M_0 大于 N_0 时，则工作时间 t 应进行折算，即：$t = t + \Delta t$，$\Delta t = \dfrac{M_0 - N_0}{N_0}$。

(3) 指定岗位人员素质的可靠性

① 在一个岗位上工作的可以是由数人构成的一个群体,在同一个部位操作的人,可以有 N 个(他们在不同时间内,在同一位置上工作),由于这 N 个人之间的关系既非"串联",也非"并联",因此指定岗位人员可靠性取平均值,即:

$$R_s = \sum_{i=0}^{N} \frac{R_{s,i}}{N} \tag{7-19}$$

式中,R_s 是单个人员的可靠性,无量纲;N 是人数,他们在不同时间内,在同一位置上工作;$R_{s,i}$ 是第 i 个人的可靠性,无量纲。

② 指定岗位人员素质的可靠性可表示为:

$$R_p = \prod_{i=0}^{n} R_{s,i} \tag{7-20}$$

式中,R_p 是指定岗位人员素质的可靠性,无量纲;$R_{s,i}$ 是第 i 个人的可靠性,无量纲;n 是一个岗位上操作的人数,无量纲。

③ 单元人员素质的可靠性。在含有危险岗位的单元,其标准设计应含有成为并联工作的要求,故单元人员素质的可靠性可表示为:

$$R_m = 1 - \prod_{i=0}^{m} (1 - R_{p,i}) \tag{7-21}$$

式中,R_m 是单元人员素质的可靠性,无量纲;m 是一个单元内的岗位数,无量纲;$R_{p,i}$ 是第 i 个指定岗位人员素质的可靠性,无量纲。

(4) 评估步骤

评估步骤包括采集数据和评估计算两个部分。

① 采集数据:采集的数据包括群体数据和个体数据。群体数据包括一个单元内的岗位数 m 和一个岗位上操作的人数 n。个体数据包括是否持证上岗、岗位工龄、平均工作时间(含代岗时间)、无事故工作时间等。

② 评估计算:a. 根据式(7-15)求出每个人的 R_1;b. 根据式(7-16)求出每个人的 R_2;c. 根据式(7-17)求出每个人的 R_3;d. 根据式(7-18)求出每个人的 R_4;e. 由式(7-19)求出 R_s;f. 由式(7-20)求出 R_p;g. 由式(7-21)求出 R_m。

7.4.2.3 危险源安全管理评价

(1) 安全生产责任制

该项总分值为 100 分。安全生产责任制的评价方法是:查看文本资料和现场抽查测试。一项不合格扣 20 分,直到扣完为止。

安全生产责任制的内容,概括地说,就是企业各级领导,应对所管辖范围内的安全工作负总的责任,各级工程技术人员、职能部门和生产工人在各自的业务(生产)范围内,对实现安全生产负责。其具体评价内容如下。

① 第一责任人(厂长、经理)的安全生产责任:贯彻落实有关安全生产方面的规定和技术规范;定期向职工代表大会(或职工大会)报告安全生产工作;安全生产工作要做到

"五同时"；按规定配备安全管理人员；贯彻、落实安全生产目标，并定期考核。

② 分管安全生产工作的副厂长（副经理）的安全生产责任：组织实施上级有关安全生产方面的规定和技术规范；组织制定并落实安全生产方面的制度和安全技术操作规程；组织制定实施安全技术措施计划；组织进行安全检查和安全评价，监督消除事故隐患；按"三不放过"原则查处各类生产事故。

③ 分管其他工作副厂长（经理）的安全生产责任：实施上级有关生产方面的规定和技术规范；落实有关安全生产规定和要求，完成安全生产目标。

④ 总工程师（技术负责人）安全生产责任：负责提出对使用新设备、采用新技术、新工艺、新材料、试制新产品过程中的安全技术措施。

⑤ 各职能部门负责人的安全生产责任：具体执行有关安全生产方面的规章制度；提出年度安全技术措施计划；组织安全生产检查，及时消除事故隐患；具体实施对新工人、调换工种的工作人员进行技术教育。

⑥ 车间主任的安全生产责任：执行有关安全生产方面的规章制度；组织安全检查，制定和组织实施本车间的劳动保护措施计划，及时消除事故隐患；对新职工进行车间安全教育，并经常向职工进行安全教育；制订各工种安全操作工程组织安全生产竞赛，严格按"三不放过"原则处理事故。

⑦ 班组长的安全生产责任：指导和督促职工认真遵守安全技术操作规程；负责班前、班后的安全检查；进行新工人和调换工种的工人进行岗位安全技术教育，对不合格工人不安排上岗工作；检查维护安全生产设备和防护装置，保证安全防护装置灵敏可靠。

⑧ 工会的安全生产监督责任：监督行政负责人贯彻有关安全生产方面的规定；协助行政领导对职工进行安全生产教育；参加安全生产检查；支持职工拒绝执行违章指挥；参加各级事故隐患评估和整改。

（2）安全生产教育

该项总评分为 100 分。安全生产教育的评价方法是：查文本资料，如卡片档案、成绩单、教材、花名册等；以及现场抽查考试。一项不合格扣 20 分，直到扣完为止。

① 新工人上岗前三级安全教育：三级安全教育是企业必须坚持的基本教育制度，包括入厂教育、车间教育和岗位教育。首先是入厂教育，由厂部负责人对新入厂的工人进行一般安全知识、劳动纪律和进入本企业特殊危险地区应注意的事项等内容的教育。其次是车间教育，由车间负责人对新到车间的工人进行劳动规则、遵守事项和车间危险地区的教育，使新职工对安全生产知识有一个概括的了解；最后是岗位教育，由班组负责对工人进行本岗位的工作性质、职责范围、操作规程和应注意的安全事项等方面的教育。通过这样的三级教育，使新入厂的工人牢固地树立安全生产的思想，熟悉各项规章制度。这对保证职工个人的安全健康，促进企业安全生产起到了重要作用。

② 特种作业人员专业培训：企业除进行一般的安全教育外，对于电气、焊接、起重、爆炸、锅炉压力容器、车辆驾驶、瓦斯监测等特殊工种，还必须进行专门培训，并规定只有在考试合格后，方准许进行独立操作。因为这些工种在生产中担负着特殊的任务，危险性大，他们的工作对整个企业的安全生产影响很大，是企业安全教育的重点。

③ "四新"安全教育：对采用新技术、新工艺、新设备、新材料的工人进行安全技术教育，企业一旦采用"四新"进行生产，就必须对从事该工作的工人进行必要的安全技术教

育，重点讲授操作规程、安全措施、防护装置的使用等方面的内容，使工人能够独立操作，安全生产。

④ 对复工工人进行安全教育：复工安全教育是指对因工受伤者及未受伤的责任者在复工后所进行的安全教育。教育内容包括学习国家有关安全生产的政策法令、安全生产责任制、劳动纪律、岗位安全技术操作规程、有关的安全技术知识等，参加事故分析、吸取事故教训、制订防护措施。

⑤ 对调换新工种的工人进行安全教育：调换工种以后工人对所从事的新工作不熟悉，对操作规程和技术不了解。为了安全生产，防止事故发生，就必须对他们进行教育。教育内容应包括劳动规章、遵守事项和企业、车间危险地区等方面，以及本岗位的工作责任、操作规程等方面的教育，使之树立安全生产的思想。

⑥ 中层干部安全教育：是指企业车间主任以上干部、工程技术人员和行政管理干部的安全管理和知识教育。干部的安全素质关系到企业的成败兴衰，随着经济的发展和企业自主权的扩大，对企业干部的安全教育成为企业管理中的一项重要工作。企业主要靠干部进行管理，因此必须在干部头脑中树立起"安全第一"的思想，处理好安全同生产经营等各项活动的关系，认真学习安全技术和安全管理知识，以身作则。在教育过程中，要借鉴国外现代管理理论和方法，结合具体实际对干部进行教育培训，提高干部的安全素质，使企业安全管理工作做得有声有色，从而促进企业生产。

⑦ 班组长安全教育：班组长是企业的基础领导，对企业的安全工作起着承上启下的作用，所以做好班组长的安全教育工作是非常重要的。班组长要认真学习上级有关安全指示，模范地遵守安全操作规程。对班组的安全情况应经常进行检查上报，及时召开安全会议，做好事故的调查分析并提出相应防护措施。企业对班组长应定期进行安全考评，并以此作为奖励和晋升的依据，失职者要严加处理。

⑧ 全员安全教育：企业对全体职员应进行安全教育，在广大职员中树立起"安全第一"的思想，遵守操作规程，实现生产安全化。全员安全教育必须有针对性、预见性、趣味性和灵活性，内容要生动活泼，鲜明具体。安全教育必须经常进行，这是因为人的思想经常变化，生产形式、劳动条件、环境气候等也是变化的，进行经常性的教育可以及时提醒、警钟长鸣、防患于未然，全员安全教育的形式是多种多样的，包括广播、板报、报刊、报告会、安全讨论会等。要宣传安全生产知识、报道典型事故案例、联系实际广泛开展安全生产宣传工作，提高广大职员的安全意识。

(3) 安全技术措施计划

该项总评分为 100 分。安全技术措施的评价方法是：查看文本资料和现场抽查考试，一项不合格扣 30 分，直到扣完为止。

① 安全技术措施计划：企业在编制生产、技术、财务计划时，必须同时编制安全技术措施计划。安全技术措施计划，可以把改善劳动条件、保证安全生产的工作纳入国家和企业的总计划中，使之实现经济保障。使企业的安全技术措施能有步骤地落实，成为制度化。

② 安全技术措施费用按要求提取并专款专用：按规定提取安全技术措施费用，专款专用。在编制安全技术措施计划时，要对所需经费进行预算，确定所需金额，并就费用筹措做出相应措施。经费问题是编制和执行安全技术措施计划的一个重要问题，是保证措施计划得以实现的物质基础。只有经费保证，措施计划才能实现。企业应该在本年度的财务计划预算

中列入安全技术措施费用，对于所筹费用，要专款专用。经费来源一般从企业更新改造资金或税后剩余利润中加以提留，国家规定，"企业安全技术措施费用每年应在固定资产更新和技术改造资金中安排 10%～20%（矿山、化工、金属冶炼企业应大于 20%）用于安全技术措施，不得挪作他用，所需材料设备等要纳入物资供应计划，切实予以保证"。

③ 安全技术措施计划中有明确实现的期限和负责人等内容：安全技术措施计划，要全面具体地反映问题，决不可含糊不清，主要应有以下一些内容：采取措施单位及负责人，计划措施名称及其主要内容，经费预算和筹措，工程期限，执行情况和效果。对于各项内容，要逐项落实，切实反映。

④ 企业年度工作计划中有安全目标值。

（4）安全生产检查，该项总评分为 100 分

安全生产检查的评价方法是：查阅文件资料和现场抽查考试。一项不合格扣 20 分，直到扣完为止。

① 定期组织全面检查：对企业进行安全检查，就必须毫无遗漏地检查安全管理所包含的全部事项。为了有条不紊地对各项工作进行检查，简便有效的办法是制定安全检查表。安全检查表不是一成不变的，必须根据目的和对象的不同，结合实际情况加以灵活运用。全面检查应包括安全管理方针、管理组织机构、管理业务内容、安全设施、操作环境、防护用品、卫生条件、运输管理、危险品管理、火灾预防、安全教育和安全检查制度等项内容。对全面检查的结果必须进行汇总分析，详细探讨所出现的问题及相应对策。

② 车间、班组进行经常性检查：车间、班组应开展经常性的安全检查，防患于未然，由于设备在使用过程中往往出现磨损、腐蚀、变质，使设备性能下降，并由此可能引起伤亡事故的发生，因此必须及时排除这种事故隐患。操作人员必须在工作以前，对所用的机械装置和工具进行仔细的检查，发现问题立即上报。除了班前检查外，还必须进行班后检查，做好设备的管理与维修保养工作，使机器设备能够健康运转。

③ 安全管理人员的专门安全检查：由于操作人员在进行设备的检查时，往往是根据其自身的安全知识和经验进行主观判断，因而有很大的局限性，不能反映出客观情况，流于形式。而安全管理人员则有着较丰富的安全知识和经验，通过其认真检查就能够得到较为理想的效果。安全管理人员在进行安全检查时，必须不徇私情，接章检查，发现违章操作情况要立即纠正，发现隐患加以指出并提出相应防护措施，并及时上报检查结果。

④ 年度专业性安全检查：每年要按规定进行专业性的安全检查。对于电气装置、起重装置、锅炉压力容器、易燃易爆物品、厂房工地、运输工具、防护用品等特殊装备和用品要进行专业检查。因为这些装备设施极为重要，对整个企业的安全生产影响很大。在检查中发现问题要及时解决，保证生产安全。

⑤ 季节性安全检查：要对防风防沙、防涝抗旱、防雷电、防暑防害等工作进行季节性的检查，根据各个季节自然灾害的发生规律，及时采取相应的防护措施。

⑥ 节假日检查：在节假日，企业人员往往放松思想警惕，厂房人员也较少，容易发生意外，而且一旦发生意外事故，也难以进行有效的救援和控制。所以节假日必须安排专业安全管理人员进行安全检查，同时配备一定数量的安全保卫人员，搞好安全保卫工作，企业要时刻注意安全第一，绝不能有麻痹大意的做法。

⑦ 要害部门重点安全检查：对于企业要害部门和重要设备必须进行重点检查。因为由

于其重要性和特殊性,一旦发生意外,会造成很大的伤害,给企业的经济效益和社会效益带来不良的影响。为了确保安全,对设备的运转和零件的状况要定时进行检查,发现损伤立刻更换,决不能"带病作业",一到有效年限即使没有故障,也应该予以更新,不能因小失大。

（5）安全生产规章制度

该项指标总评分为 100 分。安全生产规章制度的评价方法是:查文本资料和执行记录以及现场抽查考试。一项不合格扣 10 分,直到扣完为止。

① 安全生产奖励制度:建立企业职工安全生产奖励制度,目的是为了不断提高他们进行安全生产的自觉性,发挥劳动的积极性和创造性,防止和纠正违反劳动纪律、操作规程和违法失职的行为,以维护正常的生产秩序和工作秩序。各个企业的情况千差万别,其作业的危险程度也不尽相同,因此奖励制度不能千篇一律。企业在实行奖励制度时应结合本单位的实际情况制订执行,要奖惩分明、合理,充分发挥奖励制度对安全生产的促进作用。对于那些在规定时间内实现安全生产、没有发生重大伤亡事故的,对于在事故中表现积极、使人民生命和国家财产减少损失或对安全生产方面有重大的创新发明或提出合理新建议,及时发现隐患避免事故发生的人员,都应予以精神上和物质上的奖励。同时对于违反安全作业制度、发生重大伤亡事故、破坏事故现场并隐瞒小报或弄虚作假的企业或有关责任人员,应采取相应惩罚措施,实行经济上乃至法律上的处罚,决不能姑息养奸。

② 安全值班制度:安全值班制度要求企业的专业安全员轮流值班,通过在作业现场巡回检查,及时发现指出在安全方面需要加以注意或改进的地方,并在值班报告中加以反映。采取安全值班的方式就是要从制度上促使值班人员搞好安全工作。安全值班人员不仅要在班前对操作人员介绍有关安全操作规定,而且在巡回检查中必须认真监督操作人员是否按操作规程进行,发现违章情况要及时进行纠正,确保当班生产安全。

③ 各工种安全技术操作规程:操作人员进行生产作业时,必须按照操作规程执行,否则便容易引发事故。据统计,有 70%以上的事故是由于人员的操作行为存在失误和缺陷而发生的。为了确保现场作业的安全生产,就要制定各工种安全技术操作规程,并要求操作人员认真遵守执行,绝不能凭其经验或记忆来进行作业。各工作的操作程序和危险程度都不一样,所以技术规程也不尽相同。

④ 危险作业管理审批制度:进行危险作业的操作时,必须有审批制度。

⑤ 易燃、易爆、剧毒、放射性、腐蚀性等危险物品的生产、使用、储运管理制度:对于危险物品,要有适当的标志,分类管理,并派专人负责。对危险品的发放和搬运要按规定进行,其储藏和处理方法都要确保安全;对于锅炉房、机电室、油库、危险品库等要害部门必须有专人值班负责,未经许可不得入内。

⑥ 防护用品的发放和使用制度:防护用品具有消除或减轻事故影响的作用,对于企业的生产安全具有重大意义。发放防护用品,要按规定进行,进行登记建档,对发放的部门、数量、品别等要登记存档。对于防护用品的使用要有明确规定,并经常检查其性能,对失效或效力下降的及时予以更换。对操作人员有必要进行穿戴防护用品的训练,以确保他们能够正确穿戴和使用防护用品。

⑦ 安全用电制度:在生产中,要特别注意用电安全。对于电气设备和供电线路要派专人经常进行检查维修,确保绝缘良好,线路设置要合理,临时线路必须加以审批。检修电气设备时,要拉下电源开关,挂上警告牌或派专人看管,确定检修完毕方可送电。企业还应该

在电源、危险区域上设置警告标志，以防发生触电事故。

⑧ 加班加点审批制度：加班加点是指职工根据行政的命令和要求，在法定节日、公休假日进行工作和超过标准日以外进行工作。为了切实保障广大员工的切身利益，企业只有在下述情况下允许加班加点。在法定节假日工作不能间断，必须连续生产、运输和营业的；必须利用节假日停产期间进行设备检修保养的；由于生产设备、交通运输线路、公共设施等临时发生故障，必须进行检修的；由于发生严重自然灾害或者其他灾害，需要进行抢救的；为了完成国防紧急生产任务，或者上级安排的其他紧急生产任务，以及商业、供销企业在旺季完成收购、运输、加工副产品紧急任务的。

⑨ 危险场所动火作业审批制度。

⑩ 防人防爆及防雷、防静电危害管理制度。

⑪ 危险岗位巡回检查制度。

⑫ 防止物料泄漏、跑损管理制度。

⑬ 安全标志管理制度。

(6) 安全生产管理机构及人员

指标总分为 100 分。安全生产管理机构及人员的评价方法是：查文本资料、机构编制、考核档案以及现场抽查、考试。一项不合格扣 20 分，扣完为止。

① 建立企业安全生产委员会：安全生产委员会由单位领导、安全、技术、生产、设备、工艺、工会等部门的代表组成，定期或不定期举行会议，汇总、讨论、协调有关全厂共同性质的安全问题，直接向厂长负责，它不是一个决策和领导机构，只是起沟通信息、统一思想、承上启下、咨询参谋的作用，它所讨论研究的问题最后要由厂长（或经理）等决策人员进行决策，指挥下属单位执行，并授权安全部门进行监督和指导。

② 建立或指定安全管理组织机构：建立专门组织、机构对安全生产进行管理指导，对安委会提供的信息和问题进行讨论决策，制订具体实施方案，下达执行，并派专人负责。企业必须按职工人数的 2%～5%配备专职安全管理人员，并对他们进行必要的培训。

③ 车间（班组）按规定配备专职或兼职安全管理人员：安全管理人员协助车间领导进行车间的安全管理工作，对解决不了的问题或有关安全信息经过加工整理后及时上报，经上级决策后指挥执行。

④ 企业工会设三级劳保组织，配专职或兼职劳保干部，负责安全保卫工作，对日常出现的问题进行分析处理，并上报备案。

⑤ 专职安全管理人员具备劳动部门认可的安全监督员资格：对专职安全管理人员应进行系统培训，经考核合格并上报后才允许上岗。对于安全知识和技能需有相当了解和经验，能处理突发事故，对安全生产负责。

(7) 事故统计分析

本指标总分 100 分。该项评价方法为：查文本资料、事故记录、事故档案、事故统计图表。每大项下合格扣 25 分，扣完为止。

① 有系统完整的事故记录。

② 有完整的事故调查、分析报告。

③ 事故处理符合规定。

④ 有年度、月度事故统计、分析图表。

（8）危险源评价与整改

本项指标总分为 100 分。危险源评价与整改评价方法为：查看文本资料和现场考查。一项不合格扣 25 分，扣完为止。

① 二年内是否进行过危险评价（或安全评价）。
② 有无危险源分级管理制度。
③ 对事故隐患是否按要求整改。
④ 整改后是否上报并经审查验收。

（9）应急计划与措施

本项指标总评分为 100 分。该项评价方法是：查文本资料和现场抽查与考试。一项不合格扣 20 分，直到扣完为止。

① 有应急指挥和组织机构。
② 有场内应急计划、事故应急处理程序和措施。
③ 有场外应急计划和向外报警程序。
④ 有安全装置、报警装置、疏散口装置、避难场所位置图。
⑤ 安全进、出口路线畅通无阻，数量、规格符合要求。
⑥ 急救设备（担架、氧气瓶、防护用品等）符合规定要求。
⑦ 通信联络与报警系统可靠。
⑧ 与应急服务机构建立联系（医院、消防等）。
⑨ 每年进行一次事故应急训练和演习。

（10）消防安全管理

指标总评分为 100 分。消防安全管理的评价方法为：查文本资料和现场抽查与考试。一项不合格扣 10 分。

① 有防火安全委员会。
② 有领导负责的逐级防火责任制。
③ 有专职或兼职的防火安全人员。
④ 有健全的三级火灾隐患管理制度，并建立了隐患治理台账。
⑤ 防火区设有防火安全标志。
⑥ 有重点防火部位分布图，灭火计划平面图。
⑦ 根据《消防条例》设有消防站或消防车、消防艇、消防栓、灭火器等（干粉、泡沫、水），且符合消防安全规定。
⑧ 消防用水、干粉等灭火剂充足。
⑨ 火灾通信系统完备可靠。
⑩ 每年进行一次防火演习。

7.4.2.4 抵消因子的关联算法

根据易燃易爆有毒化学品的评价模型，若 A 为化工事故风险的评价值，B_1 为固有危险性的评价值，B_{21} 为工艺设备和建筑结构的抵消因子，B_{22} 为人员素质的抵消因子，B_{23} 为安全管理的抵消因子，则有：

$$A = B_1 \times (1 - B_{21})(1 - B_{22})(1 - B_{23}) \tag{7-22}$$

式中，A 是化工事故风险的评价值，无量纲；B_1 是固有危险性的评价值，无量纲；B_{21} 是工艺设备和建筑结构的抵消因子，无量纲；B_{22} 是人员素质的抵消因子，无量纲；B_{23} 是安全管理的抵消因子，无量纲。

令：

$$V_1 = \frac{工艺设备、容器、建筑结构抵消因子的实得分值}{工艺设备、容器、建筑结构抵消因子的应得分值} \tag{7-23}$$

$$V_2 = 人员素质抵消因子评价值 \tag{7-24}$$

$$V_3 = \frac{安全管理实得分值}{安全管理应得分值} \tag{7-25}$$

分别按上述给定的方法测算，则有：

$$\begin{cases} B_{21} = B_{2A} V_1 \\ B_{22} = B_{2B} V_2 \\ B_{23} = B_{2C} V_3 \end{cases} \tag{7-26}$$

式中，B_{21} 是工艺设备和建筑结构的抵消因子，无量纲；B_{22} 是人员素质的抵消因子，无量纲；B_{23} 是安全管理的抵消因子，无量纲；B_{2A}、B_{2B}、B_{2C} 称为实际抵消比率，无量纲。B_{2A} 的物理含义是：当工艺、设备、容器、建筑结构的抵消因子全部满足要求时，即 $V_1 = 1$ 时，它抵消掉的单元固有危险性的百分数为 B_{2A}、B_{2B} 和 B_{2C} 的意义是类似的。因此，B_{2A}、B_{2B}、B_{2C} 称为最大抵消率。

很显然，B_{2A}、B_{2B}、B_{2C} 的值简单地用 V_1、V_2、V_3 取代是不合理的，因为这时只要某一抵消比率达到理想值 1，现实危险性将变为零。这与实际情况明显相背。众所周知，机械设备故障、人为误操作和安全管理的缺陷是引发事故的三大原因。但并非所有事故，甚至并非大多数的事故都是这三种因素同时出现时才发生的。因此只控制其中的一种因素是不可能避免所有事故的。甚至当所有上述三种因素都得到很好控制时，也不等于所有危险均已消除。只要有危险源存在，仍有可能因某种意外原因而发生事故，尽管这种事故的概率是很小的。

引入记号：a 表示工艺、设备、容器因素；b 表示操作人员素质因素；c 表示安全管理状态因素。则由事故统计结果可得这些条件概率的值：

$$P(\bar{a}|\overline{bc}) = 0.216 \quad P(\bar{a}|b\bar{c}) = 0.552 \quad P(\bar{a}|\bar{b}c) = 0.254 \quad P(\bar{a}|bc) = 0.982$$
$$P(\bar{b}|\overline{ac}) = 0.658 \quad P(\bar{b}|a\bar{c}) = 0.792 \quad P(\bar{b}|\bar{a}c) = 0.775 \quad P(\bar{b}|ac) = 0.969$$
$$P(\bar{c}|\overline{ab}) = 0.347 \quad P(\bar{c}|a\bar{b}) = 0.379 \quad P(\bar{c}|\bar{a}b) = 0.569 \quad P(\bar{c}|ba) = 0.923$$

任何一种因素在控制事故发生方面所起的作用是同另外两种因素是否得到控制和控制的程度有十分密切的关系。在评价系统中，a、b、c 三种因素对应三个众多元素组成的指标集合 A、B 和 C。我们说 a 因素得到了良好控制，是指 A 指标集中的所有指标都达到了理想值，即 $V_1 = 1.0$，同理 a 因素未得到控制是指 $V_1 = 0.0$，而实际情况往往是，$0 \leqslant V_1 \leqslant 1.0$。同样 $0 \leqslant V_2 \leqslant 1.0$ 和 $0 \leqslant V_3 \leqslant 1.0$。即以评价单元作为论域时，集合 A、B、C 都是模糊集。若 X_A、X_B、X_C 代表评价单元对 A、B、C 的隶属度，则 $X_A = V_1$、$X_B = V_2$、$X_C = V_3$，若 $\bar{A}$、$\bar{B}$、$\bar{C}$ 分别代表 A、B、C 的补集，则评价单元对 $\bar{A}$、$\bar{B}$、$\bar{C}$ 的隶属度为 $X_{\bar{A}} = 1 -$

V_1、$V_{\bar{B}}=1-V_2$、$X_{\bar{C}}=1-V_3$，现在最大抵消率可以用诸条件概率的加权和来表示，即：

$$\begin{cases} B_{2A}=W(bc)P(\bar{a}\,|\,bc)+W(b\bar{c})P(\bar{a}\,|\,b\bar{c})+W(\bar{b}c)P(\bar{a}\,|\,\bar{b}c)+W(\overline{bc})P(\bar{a}\,|\,\overline{bc}) \\ B_{2B}=W(ac)P(\bar{b}\,|\,ac)+W(a\bar{c})P(\bar{b}\,|\,a\bar{c})+W(\bar{a}c)P(\bar{b}\,|\,\bar{a}c)+W(\overline{ac})P(\bar{b}\,|\,\overline{ac}) \\ B_{2C}=W(ab)P(\bar{c}\,|\,ba)+W(a\bar{b})P(\bar{c}\,|\,a\bar{b})+W(\bar{a}b)P(\bar{c}\,|\,\bar{a}b)+W(\overline{ab})P(\bar{c}\,|\,\overline{ab}) \end{cases} \quad (7\text{-}27)$$

式中，B_{2A}、B_{2B}、B_{2C} 称为实际抵消比率，无量纲。

令：

$$X_{T,1}=X_{AB}+X_{A\bar{B}}+X_{\bar{A}B}+X_{\overline{AB}} \quad (7\text{-}28)$$

$$X_{T,2}=X_{AC}+X_{C\bar{A}}+X_{\bar{C}A}+X_{\overline{CA}} \quad (7\text{-}29)$$

$$X_{T,3}=X_{BC}+X_{C\bar{B}}+X_{\bar{C}B}+X_{\overline{CB}} \quad (7\text{-}30)$$

$$W(ab)=\frac{X_{AB}}{X_{T,1}}W(a\bar{b})=\frac{X_{A\bar{B}}}{X_{T,1}}W(\bar{a}b)=\frac{X_{\bar{A}B}}{X_{T,1}}W(\overline{ab})=\frac{X_{\overline{AB}}}{X_{T,1}} \quad (7\text{-}31)$$

$$W(bc)=\frac{X_{BC}}{X_{T,3}}W(b\bar{c})=\frac{X_{\bar{C}B}}{X_{T,3}}W(\bar{b}c)=\frac{X_{C\bar{B}}}{X_{T,3}}W(\overline{bc})=\frac{X_{\overline{CB}}}{X_{T,3}} \quad (7\text{-}32)$$

$$W(ac)=\frac{X_{AB}}{X_{T,2}}W(a\bar{c})=\frac{X_{\bar{C}A}}{X_{T,2}}W(\bar{a}c)=\frac{X_{C\bar{A}}}{X_{T,2}}W(\overline{ac})=\frac{X_{\overline{CA}}}{X_{T,2}} \quad (7\text{-}33)$$

式中，X_{AB} 代表评价单元对交集 $A\cap B$ 的隶属度；$X_{A\bar{B}}$ 代表评价单元对交集 $A\cap\bar{B}$ 的隶属度；其余符号解释类似。

根据模糊集理论有：

$$\begin{cases} X_{AB}=\min(X_A,X_B)=\min(V_1,V_2) \\ X_{A\bar{B}}=\min(X_A,X_{\bar{B}})=\min(V_1,1-V_2) \\ X_{\bar{A}B}=\min(X_{\bar{A}},X_B)=\min(1-V_1,V_2) \\ X_{\overline{AB}}=\min(X_{\bar{A}},X_{\bar{B}})=\min(1-V_1,1-V_2) \\ X_{AC}=\min(X_A,X_C)=\min(V_1,V_3) \\ X_{\bar{C}A}=\min(X_A,X_{\bar{C}})=\min(V_1,1-V_3) \\ X_{C\bar{A}}=\min(X_{\bar{A}},X_C)=\min(1-V_1,V_3) \\ X_{\overline{CA}}=\min(X_{\bar{A}},X_{\bar{C}})=\min(1-V_1,1-V_3) \\ X_{BC}=\min(X_C,X_B)=\min(V_3,V_2) \\ X_{\bar{C}B}=\min(X_{\bar{C}},X_B)=\min(1-V_3,V_2) \\ X_{C\bar{B}}=\min(X_C,X_{\bar{B}})=\min(V_3,1-V_2) \\ X_{\overline{CB}}=\min(X_{\bar{C}},X_{\bar{B}})=\min(1-V_3,1-V_2) \end{cases} \quad (7\text{-}34)$$

7.4.3　危险性分级与危险控制程度分级

单元危险性分级应以单元固有危险性大小作为分级的依据（这也是国际惯用的做法）。分级目的主要是为了便于政府对危险源进行分级控制。决定固有危险性大小的因素基本上是由单元的生产属性决定的，从而是不易改变的。因此用固有危险性作为分级依据能使受控目标集保持稳定。分级标准划定严格说不是一项技术方法，而是一项政策性行为，分级标准严和宽将直接影响各级政府行政部门直接控制危险源的数量配比。按照我国的实际情况，建议把全国易燃、易爆、有毒化学品重大危险源划分为四级，一级化学品重大危险源应由国家级安全管理部门直接控制；二级化学品重大危险源由省和直辖市政府安全管理机构控制；三级化学品重大危险源由县、市政府安全管理机构控制；四级化学品重大危险源由企业重点管理控制。分级标准划定原则应使各级政府直接控制的危险源总量自下而上呈递减趋势。推荐用 $A' = \lg(B_1')$ 作为危险源分级标准，式中 A' 是以十万元为基准单位的单元固有危险性的评分值，其定义见表 7-24。

表 7-24 危险源分级标准

化学品重大危险源级别	一级	二级	三级	四级
A'/十万元	≥3.5	2.5~3.5	1.5~2.5	<1.5

单元综合抵消因子的值 B_2 越小，说明单元现实危险性与单元固有危险性比值越小，即单元内危险性的受控程度越高。因此可以用单元综合抵消因子值的大小说明该单元安全管理与控制的绩效。一般说来，单元的危险性级别越高，要求的受控级别也应越高。建议用表 7-25 给出的标准作为单元危险性控制程度的分级依据。

表 7-25 危险源危险控制程度分级标准

单元危险控制程度级别	A 级	B 级	C 级	D 级
B_2	≤0.001	0.001~0.01	0.01~0.1	>0.1

各级化学品重大危险源应该达到的受控标准是：一级危险源在 A 级以上，二级危险源在 B 级以上，三级和四级危险源在 C 级以上。

7.5 化工事故风险定量评价实例分析

以某公司原料罐区的火灾爆炸风险评价简要说明"易燃、易爆、有毒重大危险评价技术"的过程。

(1) 原料罐区的事故易发性 B_{11} 评价

原料罐区事故易发性 B_{11} 包含物质事故易发性 B_{111} 和工艺事故易发性 B_{112} 两方面及其耦合。

① 物质事故易发性 B_{111}：原料罐区共计 8 个化学危险品储罐，基本情况如表 7-26 所示。

表 7-26 储罐基本情况

编号	T-100	T-102	T-202	T-104	T-105	T-213	T-223
直径/m	2	2	2.6	2.9	2.9	2.9	6
容积/m³	30	30	80	80	80	80	200
储存物质名称	氨水	丙烯腈	丙烯腈	丁二烯	丁二烯	苯乙烯	苯乙烯
储存最大量/m³	24	25.5	68	64	64	68	68

化学物质的主要物化特性见表 7-27。

选取丁二烯、丙烯腈和苯乙烯作为物质易发性评价的对象。表 7-28 是丁二烯易发性计算结果。

丙烯腈是二级易燃液体,物质事故易发性 $B_{111}=50$。

苯乙烯是三级易燃液体,物质事故易发性 $B_{111}=40$。

表 7-27　化学物质主要物化特性

物质名称	丁二烯	丙烯腈	苯乙烯	氨
分子量	54.09	53.064	104.14	17
液体相对密度	0.6211	0.806	0.9059	1.88~0.96
沸点/℃	4.4	77.3	145.2	
燃点/℃	450	481	490	630
闪点/℃	−60	2.5	32.3	
蒸汽压/mmHg		83.81	4.3	
爆炸上限/%(体积分数)	2	3	1.1	15.3
爆炸下限/%(体积分数)	12	17	6.1	28
临界温度/℃	161.8	263		
临界压力/mmHg	42.6	45		
燃烧热/(kcal/mol)	607.9	420.5		

注:1mmHg=133.3224Pa;1kcal=4.1868kJ。

表 7-28　丁二烯易发性计算结果

项目	性质	分级	得分
爆炸气体特征	最大安全缝隙	0.9~1.14	10
	爆炸极限	2%~12%	11
	最小点燃电流	0.86A	10
	最小点燃能	0.31mJ	14
	引燃温度	450℃	8
	总分		53
易发性系数	1.0		
危险系数	1.0×53=53		
化学活泼系数	0.12		
丁二烯的物质事故易发性	$B_{111}=C_{ij}(1+K)=53\times(1+0.12)=59.36$		

② 工艺过程事故易发性 B_{112}:从 21 种工艺影响因素中找出罐区工艺过程实际存在的危险,在以下几方面有特殊表现,构成工艺过程事故易发性。物质事故易发性与工艺事故易发性之间相关性并用相关系数 W_{ij} 表示,二者耦合成为事故易发性 B_{11}。二者耦合结果见表 7-29。

表 7-29　二者耦合结果

影响因素	内容与参数	B_{112}	相关系数
B_{112-9}高压	0.1~0.8MPa	30	$W_{ij}=2.1_{j=10}=0.9$
B_{112-11}腐蚀	速率 0.5~1.0mm/s	20	$W_{ij}=2.1_{j=12}=0.9$
B_{112-13}泄漏	设备泄漏	20	$W_{ij}=2.1_{j=13}=0.9$
B_{112-21}静电	液体流动	30	$W_{ij}=2.1_{j=31}=0.9$

③ 事故易发性 B_{11}:

$$B_{11} = \sum_{i=1}^{n} \sum_{j=1}^{m} B_{111} W_{ij} (B_{112}) = 59.36 \times (30 \times 0.9 + 20 \times 0.7 + 20 \times 0.9 +$$
$$30 \times 0.0) + 50 \times (30 \times 0.7 + 20 \times 0.7 + 20 \times 0.7 + 30 \times 0.0) +$$
$$40 \times (30 \times 0.5 + 20 \times 0.5 + 30 \times 0.0)$$
$$= 6952.24$$

式中，B_{11} 是事故易发性，无量纲；m 是工艺种类数，无量纲；n 是物质种类数，无量纲；B_{111} 是物质危险性的评价值，无量纲；B_{112} 是工艺危险性的评价值，无量纲；W_{ij} 是第 j 项工艺与第 i 种物质危险性的相关系数，无量纲。

(2) 原料罐区的伤害模型及伤害/破坏半径

原料罐区最大的火灾爆炸风险是丁二烯罐的燃烧爆炸，其伤害模型有两种：①蒸气云爆炸（VCE）模型；②沸腾液体扩展蒸气爆炸（BLEVE）模型。

不同的伤害模型将有不同的伤害/破坏半径，不同伤害/破坏半径所包围的封闭面积内人员多少、财产价值多少将影响事故严重度大小。伤害/破坏半径划分为：死亡半径、重伤（二度烧伤）半径、轻伤（一度烧伤）半径及财产破坏半径。

① 丁二烯蒸气云爆炸（VCE）：丁二烯有两个储罐，分别是 T-104 罐（悬挂圆柱立罐，最大储存量 64m³）和 T-105 罐（悬挂圆柱立罐，最大储存量 64m³）。故最大储存重量：$W_f = (64+64) \times 621.1 = 79500.8 \text{kg}$。

a. TNT 当量计算

$$W_{TNT} = \alpha W_f Q_f / Q_{TNT} \times 1.8 \tag{7-35}$$

式中，W_{TNT} 是 TNT 当量，kg；1.8 是地面爆炸系数，无量纲；α 是蒸气云当量系数，取 0.04；W_f 是燃料质量，kg；Q_f 是丁二烯的爆热，取 46977.7kJ/kg；Q_{TNT} 是 TNT 的爆热，取 4520kJ/kg。

$$W_{TNT} = 1.8 \times 0.04 \times 79500.8 \times 46977.7 / 4520 = 59491.8 \text{kg}$$

b. 死亡半径 R_1　$R_1 = 13.6(W_{TNT}/1000)^{0.37} = 61.7 \text{m}$。

c. 重伤半径 R_2　由下列方程式求解：

$$\Delta P_s = 0.137 Z^{-3} + 0.119 Z^{-2} + 0.269 Z^{-1} - 0.019 \tag{7-36}$$

$$Z = R_2/(E/P_0)^{1/3} = 0.00722 R_2 \tag{7-37}$$

$$\Delta P_s = \frac{44000}{P_0} = 0.4344 \tag{7-38}$$

式中，ΔP_s 是冲击波超压，Pa；R_2 是重伤半径，m；P_0 是环境压力，Pa，1 个大气压（atm）近似等于 101300Pa；E 是爆炸总能量，J。

得 $R_2 = 151.7 \text{m}$。

d. 轻伤半径 R_3　求解下列方程组：

$$\Delta P_s = 0.137 Z^{-3} + 0.119 Z^{-2} + 0.269 Z^{-1} - 0.019 \tag{7-39}$$

$$Z = R_3/(E/P_0)^{1/3} = 0.00722 R_3 \tag{7-40}$$

$$\Delta P_s = \frac{17000}{P_0} = 0.1678 \tag{7-41}$$

式中，ΔP_s 是冲击波超压，Pa；R_3 是轻伤半径，m；P_0 是环境压力，Pa；E 是爆炸总能量，J。

得 $R_3 = 271.7\text{m}$。

e. 财产损失半径　对于爆炸性破坏，财产损失半径 $R_{财}$：

$$R_{财} = K_{\text{II}} W_{\text{TNT}}^{1/3} / \left[1 + \left(\frac{3175}{W_{\text{TNT}}} \right)^2 \right]^{1/6} \tag{7-42}$$

式中，K_{II} 是二级破坏系数，$K_{\text{II}} = 5.6$。

计算得 $R_{财} = 218.3\text{m}$。

将结果列表如表 7-30 所示。

表 7-30　事故伤害计算结果

蒸气云爆炸伤害	死亡半径	重伤半径	轻伤半径	破坏半径
破坏半径/m	61.7	151.7	271.7	218.3

② 丁二烯扩展蒸气爆炸（BLEVE）：丁二烯两个罐储存，取 $W = 0.7 \times 79500.8 = 55650.6\text{kg}$。

使用 ILO 模型进行计算：

火球半径：$R = 2.9 W^{1/3} = 110.7\text{m}$。

火球持续时间：$t = 0.45 W^{1/3} = 17.2\text{s}$。

当伤害概率 $P_r = 5$ 时，伤害百分数 $D = \int_{-\infty}^{P_r} e^{-u^2/2} du = 50\%$。死亡、一度烧伤、二度烧伤及烧毁财物，都以 $D = 50\%$ 定义。下面求不同伤害、破坏时的热通量。

a. 死亡：

$$P_r = -37.23 + 2.56 \ln(tq_1^{4/3})$$

式中，$P_r = 5$；t 是火球持续时间，$t = 17.2\text{s}$，得 $q_1 = 27956.0\text{W/m}^2$。

b. 二度烧伤（重伤）：

$$P_r = -43.14 + 3.0188 \ln(tq_2^{4/3})，得 q_2 = 18515.6\text{W/m}^2。$$

c. 一度烧伤（轻伤）：

$$P_r = -39.83 + 3.0186 \ln(tq_3^{4/3})，得 q_3 = 8141.7\text{W/m}^2。$$

d. 财产损失：

$$q_4 = 6730 t^{-4/5} + 25400 = 26091.2\text{W/m}^2。$$

按上述 q_1、q_2、q_3、q_4 热辐射通量值计算伤害/破坏半径，由热辐射通量公式计算：

$$q(r) = q_0 R^2 r (1 - 0.058 \ln r) / (R^2 + r^2)^{3/2} \tag{7-43}$$

式中，R 是火球半径，$R = 110.7\text{m}$；q_0 是圆柱罐取 $q_0 = 270000\text{W}$。

此方程难于手算解出，用计算机求解。已知火球半径 $R = 110.7\text{m}$，伤害/破坏半径应有 $R_L > R$。

e. 按死亡热通量 $q_1 = 27956.0\text{W/m}^2$，计算死亡半径 R_1。得扩展蒸气爆炸的死亡半径 $R_1 = 247.5\text{m}$。

f. 按重伤（二度烧伤）热通量 $q_2 = 18515.6\text{W/m}^2$，计算重伤（二度烧伤）半径 R_2。得扩展蒸气爆炸时的重伤（二度烧伤）半径为 $R_2 = 316.4\text{m}$。

g. 由轻伤（一度烧伤）热通量 8141.7W/m^2，计算轻伤（一度烧伤）半径 R_3。得轻伤（一度烧伤）半径 $R_3 = 491.0\text{m}$。

h. 由财产烧毁热通量 $q_4 = 26091.2\text{W/m}^2$，由上述同样办法计算得到财产破坏半径

$R_4 = 258.5\text{m}$。

综合各项，得扩展蒸气爆炸伤害/破坏半径如表 7-31 所示。

表 7-31 扩展蒸气爆炸伤害/破坏半径

沸腾液体扩展蒸气爆炸伤害/破坏半径/m	死亡半径	重伤半径(二度烧伤)	轻伤半径(一度烧伤)	财产破坏半径
	247.5	316.4	491.0	258.5

显然如果丁二烯罐发生扩展蒸气爆炸，火球半径 $R = 110.7\text{m}$，使整个原料罐区成为火海一片，全部吞没；由于死亡半径 $R_1 = 247.5\text{m}$，财产损失半径 $R_4 = 258.2\text{m}$，使得罐区如果发生扩展蒸气爆炸，厂区内的人员难以幸免，而且会殃及四邻。

(3) 事故度严重 B_{12} 的估计

事故度严重 B_{12} 用符号 S 表示，它反映发生事故造成的经济损失大小。包括人员伤害和财产损失两个方面，并把人的伤害也折算成财产损失（万元）。可用下式表示总损失值：

$$S = C + 20(N_1 + 0.5N_2 + 105N_3/6000) \tag{7-44}$$

式中，C 是财产破坏价值，万元；N_1、N_2、N_3 是事故中人员死亡、重伤、轻伤人数。

事故度严重 B_{12} 取决于伤害/破坏半径构成圆面积中财产价值和死伤人数。由于丁二烯罐区爆炸伤害模型是二个，即蒸气云爆炸和扩展蒸气爆炸，可能同时发生，则储罐爆炸事故严重度应是二种严重度加权求和。

$$S = a \times S_1 + (1-a)S_2 \tag{7-45}$$

式中，S_1、S_2 分别为二种爆炸事故后果，而 $a = 0.9$、$(1-a) = 0.1$ 分别为二种爆炸的发生概率。蒸气云爆炸的可能性远大于扩展蒸气爆炸，蒸气云爆炸是主要的。

严重度计算结果为：

$$S_1 = 3062.8 + 20 \times (30 + 0.5 \times 60 + 105 \times 30/6000) = 4273.3 \text{（万元）}$$

$$S_2 = 3062.8 + 20 \times 120 = 5462.8 \text{（万元）}$$

$$S = 0.9S_1 + 0.1S_2 = 4392.3 \text{（万元）}$$

原料罐区爆炸事故严重度计算结果如表 7-32 所示。

表 7-32 原料罐区爆炸事故严重度计算结果

事故类型		死亡		重伤(二度烧伤)		轻伤(一度烧伤)		财产破坏	
		伤害/破坏半径/m	波及范围暴露人员	伤害/破坏半径/m	波及范围暴露人员	伤害/破坏半径/m	波及范围暴露人员	伤害/破坏半径/m	波及范围暴露人员
储罐爆炸	蒸气云爆炸	61.7	罐区变电站控制室冷冻站水泵房冷却塔约30人	151.7	大部分区域约60人	271.7	厂区波及其他区域	218.3	厂区外界广泛区域
	沸腾液体扩展蒸气爆炸	247.5	厂区全部人员					258.2	全部财产

（4） 固有危险性 B_i 及危险性等级

原料罐区的固有危险性：

$$B_1 = B_{11} \times B_{12} = 6952.24 \times 4392.3 = 30536323.752$$

危险性等级：

$$A^* = \lg(B_1/10^5) = 2.52。$$

$2.5 < A^* < 3.5$ 属于一级化学品重大危险源。

（5） 抵消因子 B_2 及单元控制等级估计

抵消因子取值根据抵消因子关联算法实例的结果。

① 安全管理评价：安全管理评价的主要目的是评价企业的安全行政管理绩效。安全管理评价指标体系共 10 个项目，72 个指标，总分 1000 分。

检查结果如下：

- 安全生产责任制：100 分。
- 安全生产教育：80 分。
- 安全技术措施计划：100 分。
- 安全生产检查：80 分。
- 安全生产规章制度：70 分。
- 安全生产管理机构及人员：100 分。
- 事故统计分析：100 分。
- 危险源评估与整改：75 分。
- 应急计划与措施：100 分。
- 消防安全管理：70 分。

安全管理评价的实得分为：$100+80+100+80+70+100+100+75+100+70=875$ 分。

② 危险岗位操作人员素质评价：原料罐区有 5 名操作工，均是持证上岗，岗位工龄为 6 年，无事故工作时间为 6 年，每天平均工作 8 小时。

人员的合格性：$R_1 = 1$

人员的熟练性：$R_2 = 1 - \dfrac{1}{k_2\left(\dfrac{t}{T_2}+1\right)} = 1 - \dfrac{1}{4\left(\dfrac{6}{0.5}+1\right)} = 0.9808$

人员的操作稳定性：$R_3 = 1 - \dfrac{1}{k_3\left[\left(\dfrac{t}{T_3}\right)^2+1\right]} = 1 - \dfrac{1}{2\left[\left(\dfrac{6}{0.5}\right)^2+1\right]} = 0.9966$

操作人员的负荷因子：$R_4 = 1 - k_4\left(\dfrac{t}{T_4}-1\right)^2 = 1 - k_4\left(\dfrac{8}{8}-1\right)^2 = 1$

单元人员的可靠性：$R_5 = R_1 R_2 R_3 R_4 = 1 \times 0.9808 \times 0.9966 \times 1 = 0.9775$

指定岗位人员素质的可靠性：

$$R_s = \sum_{i=0}^{N} \frac{R_\mu}{N} = 0.9775$$

$$R_p = \prod_{i=0}^{N} R_\mu = 0.9775$$

单元人员素质的可靠性：

$$R_W = 1 - \prod_{i=0}^{m} (1 - R_\mu) = 1 - (1 - 0.9775) = 0.9775$$

③ 工艺设备抵消因子评价：工艺设备抵消因子评价的应得分为：$8 + 35 + 12 + 7 + 7 + 35 + 11 + 15 + 62 + 40 + 25 + 10 = 267$。

实得分为：$8 + 11 + 10 + 7 + 7 + 27 + 11 + 11 + 24 + 22 + 25 + 5 = 168$。

④ 抵消因子的关联算法：

$$B_{21} = 0.5630$$
$$B_{22} = 0.8627$$
$$B_{23} = 0.6766$$

综合抵消因子：$B_2 = \prod_{k=1}^{3} (1 - B_{Z,k}) = 0.0222$。

原料罐区控制程度等级是 C 级。原料罐区的危险等级是二级，而控制能力等级是 C 级。控制能力没有和危险等级相匹配，控制能力未能达到危险等级所要求的 B 级，说明对原料罐区的安全措施和安全管理还未达到较理想的状况。

（6） 事故定量风险 A

原料罐区发生爆炸的现实危险性由于抵消因子的抵消和控制作用，已经较固有危险性大大降低。罐区发生爆炸的事故风险可以定量为：

$$A = \prod_{k=1}^{3} (1 - B_{Z,k}) = B_1 \times B_2 = 30536323.752 \times 0.0222 = 677906.38$$

事故风险 A 值是固有危险性 B_1 值的 2.22%，可见有效的安全技术装备和管理会使系统的危险性大大减小。

（7） 原料罐区评价单元结论

原料罐区的安危关系到工厂的存亡，原料罐区的安全装备、安全管理是至关重要的。原料罐区的丁二烯火灾爆炸事故发生是极小概率事件，是可以预防的，但是丁二烯爆炸的后果是严重的。用数学模型计算分析测算表明：原料罐区是二级化学品重大危险源，一旦发生爆炸，将是毁灭性的，将可能导致全厂绝大多数人员死亡或重伤，基地大部分财产毁于一旦。原料罐区的爆炸，在上述分析中都是以 2 个丁二烯罐作为研究分析对象，它的严重后果足以说明问题，已不必再考虑整个罐区同时爆炸的严重后果。

参 考 文 献

[1] 蒋军成，王志荣. 工业特种设备安全. 第二版 [M]. 北京：机械工业出版社，2019.

[2] 王志荣. 安全工程学原理 [M]. 北京：中国石化出版社，2018.

[3] 蔡凤英，王志荣，李丽霞. 危险化学品安全 [M]. 北京：中国石化出版社，2017.

[4] 田兰，曲和鼎，蒋永明等. 化工安全技术 [M]. 北京：化学工业出版社，1984.

[5] 伍作鹏. 消防燃烧学 [M]. 北京：中国建筑工业出版社，1994.

[6] 赵衡阳. 气体和粉尘爆炸原理 [M]. 北京：北京理工大学出版社，1996.

[7] 刘相臣，张秉淑. 化工装备事故分析与预防 [M]. 北京：化学工业出版社，2003.

[8] 蒋军成. 事故调查与分析技术 [M]. 北京：化学工业出版社，2003.

[9] 蒋军成，郭振龙. 工业装置安全卫生预评价方法 [M]. 北京：化学工业出版社，2003.

[10] 魏新利，李惠萍，王自建. 工业生产过程安全评价 [M]. 北京：化学工业出版社，2005.

[11] 吴宗之，高进东，魏利军. 危险评价方法及其应用 [M]. 北京：冶金工业出版社，2001.

[12] 吴宗之，高进东，张兴凯. 工业危险辨识与评价 [M]. 北京：气象出版社，2000.

[13] 闫善郁. 危险源辨识、控制与评价 [D]. 大连：大连交通大学，2003.

[14] 国家安全生产监督管理局. 危险化学品安全评价 [M]. 北京：中国石化出版社，2004.

[15] 刘景良. 化工安全技术 [M]. 北京：化学工业出版社，2003.

[16] 许文. 化工安全工程概论 [M]. 北京：化学工业出版社，2002.

[17] 蔡凤英，谈宗山. 化工安全工程 [M]. 北京：科学出版社，2001.

[18] 蒋军成，虞汉华. 危险化学品安全技术与管理 [M]. 北京：化学工业出版社，2005.

[19] 杨立中. 工业热安全工程 [M]. 合肥：中国科学技术大学出版社，2001.

[20] 严传俊，范玮. 燃烧学 [M]. 西安：西北工业大学出版社，2006.

[21] 高永庭. 防火防爆工学 [M]. 北京：国防工业出版社，1989.

[22] 李民权，曹德扬，欧阳福康，等译. 工业污染事故评价技术手册 [M]. 北京：中国环境科学出版社，1992.

[23] 谢兴华. 燃烧理论 [M]. 徐州：中国矿业大学出版社，2002.

[24] ［美］欧文·格拉斯曼. 燃烧学 [M]. 赵惠富，张宝诚译. 北京：科学出版社，1983.

[25] 傅维标，张永廉，王清安. 燃烧学 [M]. 北京：高等教育出版社，1989.

[26] 傅维标，卫景彬. 燃烧物理学基础 [M]. 北京：机械工业出版社，1984.

[27] 许晋源，徐通模. 燃烧学 [M]. 北京：机械工业出版社，1979.

[28] ［美］F. A. 威廉斯. 燃烧理论——化学反应流动系统的基础理论 [M]. 李荫亭，贾文奎译. 北京：科学出版社，1990.

[29] 公安部政治部. 消防燃烧学 [M]. 北京：中国人民公安大学出版社，1997.

[30] 宇德明. 易燃、易爆、有毒危险品储运过程定量风险评价 [M]. 北京：中国铁道出版社，2000.

[31] 刘诗飞，詹予忠. 重大危险源辨识及危害后果分析 [M]. 北京：化学工业出版社，2004.

[32] ［美］丹尼尔·A. 克劳尔. 化工过程安全理论及应用 [M]. 蒋军成，潘旭海译. 北京：化学工业出版社，2006.

[33] 杨泗霖. 防火与防爆 [M]. 北京：首都经济贸易大学出版社，2000.

[34] ［英］J. 克罗斯，D. 法勒著. 粉尘爆炸 [M]. 项云林译. 北京：化学工业出版社，1993.

[35] 张守中. 爆炸基本原理 [M]. 北京：国防工业出版社，1988.

[36] 冯肇瑞，杨有启. 化工安全技术手册 [M]. 北京：化学工业出版社，1993.

[37] 田兰，曲和鼎，蒋永明等. 化工安全技术 [M]. 北京：化学工业出版社，1984.

[38] 崔克清. 化工过程安全工程 [M]. 北京：化学工业出版社，2002.

[39] 匡永泰，高纬民. 石油化工安全评价技术 [M]. 北京：中国石化出版社，2005.

[40] 李荫中. 石油化工防火防爆手册 [M]. 北京：中国石化出版社，2003.

[41] 王凯全，邵辉. 事故理论与分析技术 [M]. 北京：化学工业出版社，2004.

[42] 邵辉，王凯全. 危险化学品生产安全 [M]. 北京：中国石化出版社，2005.

[43] Drysdale D D. An introduction to fire dynamics [M]. New York：John Wiley & Sons, 1985.

[44] Daniel A Crowl. Understanding explosions [M]. New York：American Institute of Chemical Enginers, 2003.

[45] Willie Hammer, Dennis Price. Occupational safety management and engineering [M]. New York: Pearson Education, 2001.

[46] Wang Zhirong, Hu Yuanyuan, Jiang Juncheng. Numerical investigation of leaking and dispersion of carbon dioxide indoor under ventilation condition [J]. Energy and Buildings, 2013 (66), 461-466.

[47] Wang Z R, Pan M Y, Jiang J C. Experimental investigation of gas explosion in single vessel and connected vessels [J]. Journal of Loss Prevention in the Process Industries, 2013, 26 (6): 1094-1099.

[48] Dou Z, Jiang J C, Wang Z R, et al. Kinetic analysis for spontaneous combustion of sulfurized rust in oil tanks [J]. Journal of Loss Prevention in the Process Industries, 2014 (32): 387-392 (corresponding author).

[49] Wang Z R, Hu Y Y, Luo Q K, et al. Numerical analysis of propane dispersion under continuous release condition in a multi-room building [J]. Environmental Progress & Sustainable Energy, 2015, 34 (4): 973-981.

[50] Zuo Qingqing, Wang Zhirong, Zhen Yaya, et al. Effect of obstacle on methane-air explosion in spherical vessel connected with pipeline [J]. Process Safety Progress, 2017, 36 (1): 67-73.

[51] Zhang Kai, Wang Zhirong, Ni Lei, et al. Effect of one obstacle on methane-air explosion in linked vessels [J]. Process Safety and Environmental Protection, 2017 (105): 217-223.

[52] Cui Y Y, Wang Z R, Zhou K B, et al. Effect of wire mesh on double-suppression of CH_4/air mixture explosions in a spherical vessel connected to pipelines [J]. Journal of Loss Prevention in the Process Industries, 2017 (45): 69-77.

[53] Cui Y Y, Wang Z R, Ma L S, et al. Influential factors of gas explosion venting in linked vessels [J]. Journal of Loss Prevention in the Process Industries, 2017 (46): 108-114.

[54] Zhang Kai, Wang Zhirong, Yan Chen, et al. Effect of size on methane-air mixture explosions and explosion suppression in spherical vessels connected with pipes [J]. Journal of Loss Prevention in the Process Industries, 2017 (49), 785-790.

[55] Tong Xuan, Wang Zhirong, Zhou Chao, et al. A modeling method for predicting the concentration of indoor carbon dioxide leakage and dispersion based on similarity theory [J]. Energy and Buildings, 2017 (151): 585-591.

[56] Zhang Kai, Wang Zhirong, Gong Junhui, et al. Experimental study of effects of ignition position, initial pressure and pipe length on H_2-Air explosion in linked vessels [J]. Journal of Loss Prevention in the Process Industries, 2017 (50): 295-300.

[57] Dou Z, Jiang J C, Zhao S P, et al. Analysis on oxidation process of sulfurized rust in oil tank [J]. Journal of Thermal Analysis and Calorimetry, 2017, 128 (1): 125-134.

[58] Yan Chen, Wang Zhirong, Cheng Zhen, et al. Numerical simulation of size effects of gas explosions in spherical vessels [J]. Simulation: Transaction of the Society for Modeling and Simulation International, 2017, 93: 695-705.

[59] Zhen Yaya, Wang Zhirong, Gong Junhui. Experimental study of the initial pressure effect on methane-air explosions in linked vessels [J]. Process Safety Progress, 2018, 37 (1): 86-94.

[60] Zhang Kai, Wang Zhirong, Wang Supan, et al. Effect of small vent area on a small-scale methane-air explosion [J]. Process Safety Progress, 2018, 37 (2): 294-299.

[61] Zhang Kai, Wang Zhirong, Chen Zhen, et al. Influential factors of vented explosion position on maximum explosion overpressure of methane-air mixture explosion in single spherical container and linked vessels [J]. Process Safety Progress, 2018, 37 (2): 248-255.

[62] Lu Yawei, Wang Zhirong, Dou Zhan, et al. Study of corrosion of oil tank parts and gas phase space in different tanks [J]. Process Safety Progress, 2018, 37 (3).

[63] Zhen Y Y, Wang Z R, Wang J H, et al. Experimental and numerical study on connecting pipe and vessel size effects on methane-air explosions in interconnected vessels [J]. Journal of Fire Sciences, 2018, 36 (3): 164-180.

[64] Yan C, Wang Z R, Jiao F, et al. Numerical simulation on structure effects for linked cylindrical and spherical vessels [J]. Simulation: Transaction of the Society for Modeling and Simulation International, 2018, 94 (9).

[65] Lu Yawei, Wang Zhirong, Jiang Juncheng, et al. Corrosion of sedimentary liquids on internal bottom plate of tanks amongst coal liquefaction process [J]. Process Safety Progress, 2018, 37 (4): 506-517.

[66] Cui Yiqing, Wang Zhirong, Jiang Juncheng, et al. Size effect on explosion intensity of methane-air mixture in

spherical vessels and pipes [J]. Procedia Engineering, 2012 (45): 483-488.

[67] Zhou Can, Wang Zhirong, Qian Hailin, et al. The experimental study on different combinations of connected vessels in airtight explosion process [J]. Procedia Engineering, 2012 (45): 470-476.

[68] 王志荣, 蒋军成. 液化石油气罐区火灾危险性定量评价 [J]. 化工进展, 2002, 21 (8): 607-610.

[69] 王志荣, 蒋军成. 化工装置爆炸事故模式及预防研究 [J]. 工业安全与环保, 2002, 28 (1): 20-24.

[70] 王志荣, 蒋军成, 张礼敬等. 焦化汽油储罐腐蚀模拟实验研究 [J]. 工业安全与环保, 2002, 28 (5): 25-28.

[71] 王志荣, 蒋军成, 潘旭海. 模拟评价方法在劳动安全卫生预评价中的应用研究 [J]. 石油与天然气化工, 2003, 32 (4): 181-184.

[72] 王志荣, 蒋军成. 可燃气体泄漏蒸气云可燃范围的定量分析 [A]. 2003 中国 (南京) 首届城市与工业安全国际会议论文集. 南京: 东南大学出版社, 2003: 211-216.

[73] 王志荣, 蒋军成. 预测管道中气体爆炸超压的改进 ME 法 [J]. 化工学报, 2004, 55 (9): 1510-1514.

[74] 王志荣, 蒋军成, 李玲. 容器内可燃气体燃爆温度与压力的计算方法 [J]. 南京工业大学学报, 2004, 26 (1): 9-12.

[75] 王志荣, 蒋军成, 王三明. 基于客户机/服务器的化工过程灾害模拟评价系统 [J]. 石油化工高等学校学报, 2004, 17 (1): 75-79.

[76] 王志荣, 蒋军成, 王三明. 典型化工过程灾害性事故的模拟分析系统 [J]. 天然气工业, 2004, 24 (5): 123-126.

[77] 王志荣, 蒋军成. 受限空间工业气体爆炸研究进展 [J]. 工业安全与环保, 2005, 31 (3): 43-46.

[78] 王志荣, 蒋军成. 管状容器气体燃爆泄放过程的数值模拟 [J]. 天然气工业, 2005, 25 (6): 122-124.

[79] 王志荣, 蒋军成. 室外池火灾火焰环境研究进展 [J]. 石油与天然气化工, 2005, 34 (4): 321-324.

[80] 王志荣, 蒋军成. 小空间局部可燃气体燃爆温度与压力的热力学计算 [A]. 2005 中国 (南京) 第二届城市与工业安全国际会议论文集. 南京: 东南大学出版社, 2005: 302-307.

[81] 王志荣, 蒋军成, 郑杨艳. 连通容器内气体爆炸过程的数值分析 [J]. 化学工程, 2006, 34 (10): 13-16.

[82] 王志荣, 蒋军成, 徐进. 气体爆炸作用下抗爆结构动力学响应 [J]. 石油化工高等学校学报, 2006, 19 (3): 76-80.

[83] 王志荣, 潘勇, 严建骏等. 气体爆炸作用下爆破片安全泄放的模拟安全设计 [J]. 石油与天然气化工, 2006, 35 (6): 489-492.

[84] 韩冬梅, 王志荣, 蒋军成. 工业重大危险源事故后果定量分析 [J]. 南京工业大学学报, 2006 (28): 111-116.

[85] 徐进, 蒋军成, 王志荣. 球形容器在爆炸试验中的安全性模拟分析 [J]. 工业安全与环保, 2006, 32 (4): 51-53.

[86] 王志荣, 王睿, 蒋军成. 工业重大危险源安全与环境影响研究 [J]. 安全与环境工程, 2007, 14 (1): 104-108.

[87] 王志荣, 蒋军成, 郑杨艳. 连通容器气体爆炸流场的 CFD 研究 [J]. 化工学报, 2007, 58 (4): 854-861.

[88] 师喜林, 蒋军成. 连通器内混气体泄爆过程的数值模拟 [J]. 中国安全生产科学技术, 2007, 3 (6): 24-26.

[89] 师喜林, 蒋军成, 王志荣等. 甲烷-空气预混气体泄爆过程的实验研究 [J]. 中国安全科学学报, 2007, 17 (12): 107-110.

[90] 师喜林, 蒋军成, 王志荣等. 加管道球形容器内预混气体爆炸过程的实验研究 [J]. 工业安全与环保, 2008, 34 (4): 5-7.

[91] 严建骏, 蒋军成, 王志荣. 连通容器内预混气体爆炸过程的实验研究 [J]. 化工学报, 2009, 60 (1): 260-264.

[92] 师喜林, 王志荣, 蒋军成. 球形容器内气体的泄爆过程 [J]. 爆炸与冲击, 2009, 29 (4): 390-394.

[93] 胡园园, 王志荣, 黄天一. 多组分可燃液体闪点的实验研究 [J]. 工业安全与环保, 2010, 36 (5): 57-59.

[94] 胡园园, 王志荣. 危险性液体储罐泄漏过程的建模及工程应用 [J]. 化学工程, 2010, 38 (12): 93-96.

[95] 周超, 王志荣, 蒋军成. 室外液氯泄漏条件下室内气体浓度影响因素的研究 [J]. 中国安全科学技术, 2010, 6 (4): 28-32.

[96] 王爽, 王志荣. 危险化学品重大危险源辨识中存在问题的研究与探讨 [J]. 中国安全科学学报, 2010, 20 (5): 120-124.

[97] 尤明伟, 蒋军成, 王志荣等. 连通容器中不同连通管径爆炸数值模拟分析 [J]. 工业安全与环保, 2010, 36 (12): 25-26.

[98] 王志荣, 周超, 贾羲. 油罐沸溢火灾前期特性的实验研究 [J]. 消防科学与技术, 2010, 29 (1): 21-25.

[99] 尤明伟, 蒋军成, 喻源等. 球形连通容器预混气体爆炸研究 [J]. 消防科学与技术, 2010, 29 (5): 376-378.

[100] 尤明伟，蒋军成，王志荣等. 连通容器中不同连通管径爆炸数值模拟分析 [J]. 工业安全与环保，2010，36 (12)：25-26.

[101] 倪磊，王志荣，蒋军成. 基于 NET Framework 和 Direct 3D 技术实现危险性液体储罐泄漏过程的三维仿真 [J]. 中国安全生产科学技术，2011，7 (1)：25-28.

[102] 袁颖，王志荣. 某烷基苯厂 F-101A 加热炉炉管爆炸事故分析 [J]. 安全与环境工程，2011，18 (3)：80-83.

[103] 王志荣，蒋军成，倪磊. 室内有害气体连续泄漏扩散质量浓度模型的研究与分析 [J]. 安全与环境学报，2011，11 (4)：185-188.

[104] 周超，王志荣，蒋军成. 室内空间重气扩散浓度场变化过程的实验研究 [J]. 安全与环境学报，2011，11 (5)：193-197.

[105] 尤明伟，蒋军成，喻源，王志荣. 泄爆面积对连通容器预混气体泄爆影响的实验研究 [J]. 实验流体力学，2011，25 (5)：51-54.

[106] 周超，王志荣. 立式储罐液体泄漏过程的模拟试验. 油气储运，2011，30 (4)：308-311.

[107] 王爽，王志荣，蒋军成. 厂房内 H_2 连续泄漏扩散的模拟分析 [J]. 中国安全科学技术，2011，7 (7)：42-46.

[108] 尤明伟，喻源，蒋军成. 内置障碍物连通容器内气体爆炸的火焰传播 [J]. 南京工业大学学报，2011，33 (1)：90-94.

[109] 喻源，蒋军成，张庆武. 球形容器在弯管条件下的泄爆收容 [J]. 南京工业大学学报，2012，34 (3)：27-30.

[110] 袁颖，王志荣，蒋军成. 球形容器泄爆过程影响因素的数值模拟 [J]. 南京工业大学学报，2012，34 (5)：89-93.

[111] 刘志琨，王志荣，崔益清. 气体爆炸实验装置的抗爆-泄爆安全设计方法 [J]. 压力容器，2012，29 (11)：38-42.

[112] 周灿，王志荣，蒋军成. 超大空间空气流动的数值分析 [J]. 工业安全与环保，2012，38 (1)：31-34.

[113] 张俐，王志荣，袁颖等. 连通容器泄爆过程的 CFD 模拟 [J]. 南京工业大学学报，2013，35 (3)：101-106.